碳酸盐

开发技术丛书

碳酸盐岩缝洞型油藏实用油藏工程新方法

胡文革　谭　涛　彭小龙　邓　鹏　等著

中国石油大学出版社
CHINA UNIVERSITY OF PETROLEUM PRESS

山东·青岛

图书在版编目（CIP）数据

碳酸盐岩缝洞型油藏实用油藏工程新方法/胡文革
等著. --青岛：中国石油大学出版社，2021.10
（碳酸盐岩缝洞型油藏描述及开发技术丛书；卷十）
ISBN 978-7-5636-6956-1

Ⅰ．①碳… Ⅱ．①胡… Ⅲ．①碳酸盐岩油气藏－油藏
工程－研究 Ⅳ．①TE34

中国版本图书馆 CIP 数据核字（2020）第 261564 号

书　　　名：碳酸盐岩缝洞型油藏实用油藏工程新方法
　　　　　　TANSUANYANYAN FENGDONGXING YOUCANG SHIYONG YOUCANG GONGCHENG XINFANGFA
著　　　者：胡文革　谭　涛　彭小龙　邓　鹏　等
责任编辑：张　廉（电话　0532-86981531）
封面设计：悟本设计　张　洋
出　版　者：中国石油大学出版社
　　　　　　（地址：山东省青岛市黄岛区长江西路 66 号　邮编：266580）
网　　　址：http://cbs.upc.edu.cn
电子邮箱：shiyoujiaoyu@126.com
排　版　者：青岛天舒常青文化传媒有限公司
印　刷　者：青岛北琪精密制造有限公司
发　行　者：中国石油大学出版社（电话　0532-86981531，86983437）
开　　　本：787 mm×1 092 mm　1/16
印　　　张：11.75
字　　　数：285 千字
版 印 次：2021 年 10 月第 1 版　2021 年 10 月第 1 次印刷
书　　　号：ISBN 978-7-5636-6956-1
定　　　价：120.00 元

丛书前言

塔河油田位于我国新疆塔里木盆地,于 1997 年被发现,经过 20 多年的开发,已建成年产原油 737×10^4 t(包括碳酸盐岩缝洞型油藏、碎屑岩油藏等)的特大型油田。塔河油田已成为我国油气增储上产的主阵地之一,是我国"稳定东部、发展西部"的重要能源战略支撑。

塔河油田碳酸盐岩缝洞型油藏是一类超深、以缝洞为储集体的特殊类型油藏,与常规碎屑岩油藏和裂缝型油藏有本质区别。这类油藏开发的主要特征:一是油藏埋藏深(5 000～7 000 m),具有高温高盐的特点;二是储集空间特征尺度大,且非均质性极强,储集空间既有大型溶洞,又有溶蚀孔隙和不同尺度的裂缝,其中大型洞穴是最主要的储集空间,裂缝是主要的连通通道;三是油藏流体流动符合管流-渗流耦合流动特征,常规油藏工程理论和方法适用性差;四是油藏产量递减快,与国内外类似油藏相比采收率偏低;五是以缝洞单元为开发单元,其类型多样,不同类型缝洞单元的开发模式也不同。此类油藏的描述和开发没有现成技术和管理经验可以借鉴,属于世界级开发难题。

中国石油化工股份有限公司西北油田分公司开发科研团队,以国家 973 计划项目"碳酸盐岩缝洞型油藏开采机理及提高采收率基础研究"以及"十二五""十三五"国家科技重大专项"塔里木盆地大型碳酸盐岩油气田开发示范工程""塔里木盆地碳酸盐岩油气田提高采收率关键技术示范工程"等为依托,历时十余年创建了断溶体油藏开发理论与技术,实现了缝洞型油藏描述与开发技术的重大突破,为塔河油田的科学、高效开发提供了理论依据和技术支撑。在上述科学研究、技术开发和生产实践所获得的科技成果的基础上,科研团队凝练提升并精心撰写了"碳酸盐岩缝洞型油藏描述及开发技术丛书"。

该丛书共十卷,既有理论创新,又有实用技术。其中,卷一、卷二分别介绍了塔里木盆地古生界碳酸盐岩断溶体油藏认识及开发实践、碳酸盐岩古河道岩溶型缝洞结构表征技术;卷三、卷四、卷五分别介绍了碳酸盐岩缝洞型油藏试井解释方法研究与应用、高产井预警技术与现场实践、油藏连通性分析与评价技术;卷六、卷七、卷八、卷九分别介绍了碳酸盐岩缝洞型油藏开发实验物理模拟技术、改善水驱开发技术、能量变化曲线特征与应用、单井注氮气提高采收率技术;卷十介绍了碳酸盐岩缝洞型油藏实用油藏工程新方法。

上述成果集中体现了该领域理论研究和技术开发的现状、研究前沿和发展趋势,推动了塔河油田的科学高效开发,填补了缝洞型油藏开发相关领域的空白,为保障国家能源安全、拓展海外资源领域提供了重要技术支撑。

随着国内外海相碳酸盐岩油气勘探的深入发展,越来越多的碳酸盐岩缝洞型油气藏将不断被发现并投入开发。希望该丛书的出版能够促进碳酸盐岩缝洞型油气藏勘探开发的科技进步和高效生产。

前　言

　　碳酸盐岩油藏是全世界最重要的油气勘探开发领域之一,占全球已探明石油储量的52%,全球油气总产量的60%,其中裂缝-溶洞型油藏占比超过30%。该类油藏的主要储集空间以构造变形产生的构造裂缝和岩溶作用形成的孔、洞、缝为主,其中大型溶洞是主要的储集空间,裂缝是主要的渗流通道。塔河油田位于塔里木盆地北部,是目前国内已发现的储量规模最大的碳酸盐岩缝洞型油藏,其埋深超过5 000 m,原始地层压力在60 MPa左右,地层温度在125 ℃以上,属于超深、超高温高压复杂储层油藏。自1997年塔河油田发现以来,已探明储量规模达$14.2×10^8$ t,2019年塔河油田原油产量突破$1×10^8$ t,已成为中国石化西部原油产量上产的主要阵地。

　　以塔河油田为代表的碳酸盐岩缝洞型油藏,其开发过程十分复杂。塔河油田碳酸盐岩经历了加里东期表生岩溶、海西早期裸露风化岩溶和埋藏期层状岩溶等3个旋回、4个期次的岩溶作用过程,其中最主要的是数亿年前海西构造运动早期裸露风化环境下所形成的储层,该储层后期又经历了多期构造运动并被埋藏岩溶作用叠加改造。缝洞型油藏与孔隙型和裂缝-孔隙型油藏在特征上有着巨大的差异,其储集介质由溶洞、裂缝和溶孔组成,分布极不连续;储集体中存在多种流动状态,主要储集体——缝洞介质内流体流动不符合达西渗流规律。缝洞型油藏复杂的地质情况和流动特征给剩余油认识、开发参数优化以及开发政策调整带来了很大的困扰。

　　习近平总书记在北京大学考察时指出,广大科研工作者要发扬刻苦攻关、勇于创新的科研精神。面对碳酸盐岩缝洞型油藏开发过程中的诸多挑战,塔河油田现场专业技术人员大胆实践,不断提升总结,同时联合有关科研院所及高校,完成了"塔里木盆地碳酸盐岩油气田提高采收率关键技术示范工程"等一系列大型科研攻关任务。针对缝洞单元的高效开发问题系统地开展了油藏开发基础研究,提出了诸多原创性技术方案,特别是在碳酸盐岩缝洞型油藏的开发指标预测、油藏动态分析、提高采收率技术研究等领域形成了一套较为完善的技术政策方法,为塔河油田千万吨级产能建设目标提供了有力的技术支撑。

本书总结了塔河油田碳酸盐岩缝洞型油藏开发实践过程中一些油藏工程方法的提出背景、技术原理以及实践应用情况。全书共分为 8 章:第 1 章简要介绍碳酸盐岩缝洞型油藏开发特征;第 2 章阐述碳酸盐岩缝洞型油藏缝洞开发单元类型划分及评价方法;第 3 章分别从容积法、体积雕刻法以及常用的动态计算方法出发,详细地介绍碳酸盐岩缝洞型油藏的储量计算方法;第 4 章采用动静态结合的方法,对碳酸盐岩缝洞型油藏井间连通性问题进行研究;第 5 章分析碳酸盐岩缝洞型油藏天然能量开发阶段合理产能的确定方法;第 6 章和第 7 章分别从注水开发和注气开发的角度对碳酸盐岩缝洞型油藏单井和单元的开发进行数值模拟研究;第 8 章主要介绍碳酸盐岩缝洞型油藏开发方案中油藏工程部分的设计要点。本书具有较强的理论基础和实用性,可为同类油藏开发问题的研究提供借鉴和帮助。

本书汇集中国石化西北油田分公司多年的研究与实践认识成果,其中第 1 章、第 2 章由胡文革、谭涛撰写,第 3 章由潜欢欢、李峰撰写,第 4 章由彭小龙、谭涛撰写,第 5 章由尚根华、李小波撰写,第 6 章由邓鹏、刘洪光撰写,第 7 章由彭小龙、谭涛撰写,第 8 章由胡文革、谭涛撰写。全书由胡文革、谭涛、彭小龙、邓鹏统稿并定稿。另外,王超文、李青、田园媛、朱苏阳、袁飞宇、李涛、田亮、陈园园、陈勇、郭臣、谢爽、窦莲、张艺晓等参与了部分内容的修编。本书在撰写过程中,得到了中国石化西北油田分公司领导与专家以及西南石油大学、成都理工大学、西安石油大学等的大力支持,同时参阅和引用了大量的前人研究成果,在此一并表示衷心的感谢!

由于著者水平有限,加之编写时间短,书中难免存在错误,希望各位读者不吝赐教,以便及时改正。

目　录

第 1 章
碳酸盐岩缝洞型油藏开发特征

1.1　地质特征

1.1.1　构造特征

塔河油田位于塔里木盆地北部沙雅隆起阿克库勒凸起。阿克库勒凸起为下古生界奥陶系碳酸盐岩大型褶皱-侵蚀型潜山，潜山四周倾伏呈背斜形态，顶部断层复杂，形成近东西向的断裂组合分布特征，凸起可划分为北部斜坡、阿克库木断垒、中部平台、阿克库勒断垒和南部斜坡等 5 个区。该区域构造变形强烈，加之大气淡水下渗、溶蚀与流动，在下奥陶统顶面（T_7^4）（部分为上奥陶统顶面）形成大量岩溶残丘、岩溶丘丛，构造类型以岩溶残丘（丛）、断块残丘（丛）为主。

就整个塔里木盆地而言，加里东中晚期的主应力场方向是近南北向的，形成了整个近东西走向、西端偏南的塔北隆起。自早奥陶世末起，在北西—南东偏南的主压应力场（垂直于阿克库勒凸起轴线，与整个盆地的应力场略有差异）挤压下，阿克库勒逐步形成北东向南西倾伏的鼻状凸起。在海西早期北西—南东向的压扭应力作用下，鼻状凸起进一步发育，并发育阿克库木、阿克库勒等近东西走向的背冲断裂及与之相配套的北东和北西向的剪切断裂，海西晚期运动使该凸起进一步抬升，露出水面，断裂进一步活动。海西期剧烈的抬升运动，使凸起大部分长期暴露并经受风化剥蚀和淋滤溶蚀，形成了大量岩溶缝洞型储集体。印支—燕山运动在盆地内部表现为整体沉降运动。喜马拉雅期库车前陆盆地急剧沉降，在差异沉降作用下，阿克库木断裂以北的沉降量相对较大，使凸起上下古生界顶面由早期的鼻状凸起转为大型背斜。中—新生代时期，盆地内以沉降活动为主，沉积了巨厚的地层，不同层位地层超覆在奥陶系潜山之上，使潜山得到了保存。

1.1.2　断裂特征

阿克库勒地区经历了多次构造运动，断裂体系较为复杂，断裂不仅控制了塔河油田研究区的主要局部构造,而且在储集体改造以及油源沟通方面起到了十分重要的作用。塔河油田受加里东中晚期—海西早期、海西晚期构造运动影响,发育不同级别、期次叠加的断裂系统。

加里东期主应力方向为北西西—南东东,由于挤压应力较弱,研究区内主要发育北东向挤压断裂、北北西(近南北)向和近东西向剪切断裂。

海西早期主压应力方向为北西—南东,在此作用下,研究区内形成一系列与主压应力方向垂直的北东向压扭性断裂、北西向扭性断裂及少数近南北向与近东西向共轭剪切断裂,北东向、近东西向和南北向断裂具有继承性。

海西晚期主压应力由早期的北西—南东转为南北向,在强大的南北向构造挤压作用下,研究区内形成近东西向纵向断裂,构造具逆冲性质和压扭(扭动)性质,变形强度及剥蚀程度北强南弱。研究区内前期形成的主干断裂再次活动,且发生力学性质的转换,可延伸到上覆下石炭统上部、二叠系地层中,断裂方向也有所调整,走向上可分为东西向、北东向以及近南北向、南西向4组。

1)平面特征

受区域性挤压、压扭和张扭应力作用及石炭系岩层塑性流动的影响,研究区内形成了4种不同性质的断裂,且断裂在平面上具明显的方向性,清楚地呈现出近东西向的逆断裂、北东向的正断裂、近北北东向的压扭性正断裂以及北北西向的逆断裂,在平面上成排成带分布。根据其性质、走向可将研究区内断裂分为4个带:近东西向背冲逆断裂发育带(包括阿克库木、阿克库勒、艾协克),北东向断裂发育带(包括牧场—桑塔木盐边及塔河南),西达里亚北北东向斜列断裂发育带,艾丁—塔里木乡1号北北西向断裂发育带。

(1)阿克库木、阿克库勒及艾协克近东西向背冲逆断裂发育带。该断裂带控制了阿克库木、阿克库勒及艾协克断块构造的形成,断裂在剖面上多表现为背冲逆断裂组合,平面上具有斜列特征,在断裂带内表现为不同断裂平面上的斜列展布以及同一断裂不同段的斜列展布。该断裂带延伸(12~50 km)长,垂直断距(50~100 m)大,切割层位深,是沟通油源岩的主要断裂带。该断裂带断裂走向大体分为近东西向、北西向、北南向3组。

(2)牧场—桑塔木盐边及塔河南北东向断裂发育带。该断裂带的形成与盐的逆向流动及底辟作用形成的局部拉张有关,主要形成于印支期,以正断层为主要发育类型,断开层位为石炭系卡拉沙依组—三叠系,垂直断距20 m左右,断层走向以北东向为主,单个断层平面延伸(2~8 km)有限,但其组成的北东向雁行斜列排布的正断裂系统贯穿全区。这组断裂带对盐边背斜及盐丘背斜有明显改造作用。

(3)西达里亚北北东向斜列断裂发育带。该断裂带位于研究区东南部,总体呈北北东向展布,由多条断层组成,多为北东向的正断层,倾向多为南东倾方向,是区域左旋压扭应力作用下产生的张扭应力场造成的。这一断裂带的断开层位为泥盆系—三叠系,其中有的断裂向下延伸至奥陶系,是沟通油源岩的重要通道。该断裂带延伸较短,垂直断距大,断层面在空间上多呈铲状,浅层断面陡,向深部断面变缓,平面上呈斜列组合。

(4)艾丁—塔里木乡1号北北西向断裂发育带。该断裂带位于塔河油田西部,总体呈北北西向展布,由2~3组断层组成,多为北北西向的逆断层,是早期断裂在印支—燕山期北东—南西向主压应力作用下继承发育形成的。这一断裂的断开层位为奥陶系—三叠系,断裂延伸较短,垂直断距小,断层面陡,可能有水平断距。目前勘探发现该组断裂对奥陶系岩溶缝洞型储层的形成具有改善作用。该断裂带与阿克库勒凸起北东向轴部的交会部位是目前钻井揭示储层较为发育的部位。

2）纵向特征

研究区内的断裂发育情况与构造期次演化密切相关，不同应力性质产生不同的断裂系统。根据研究区构造运动和沉积特点，以海西早期和海西晚期形成的两个大的不整合面（T_6^0，T_5^0）为界，纵向上形成了具不同构造特征的 3 层结构，自下而上分别为第 I 结构层（T_6^0面之下）、第 II 结构层（T_5^0—T_6^0之间）、第 III 结构层（T_5^0面之上）。断裂纵向上在第 I，II，III 结构层均有分布，其中第 I，II 结构层中的断裂规模大，延伸长，切割层位深，有的断裂断开层位向上可延伸至三叠系，向下断开至寒武系，如阿克库木、阿克库勒及艾协克背冲逆断裂。这些断裂为区内主干断裂，对局部构造的形成起控制作用。第 III 结构层内的断裂有一部分是第 I，II 结构层的断裂向上延伸形成，这一部分断裂也具有延伸长、垂直断距大等特点，另一部分是由于局部的张扭作用和盐拱形成的正断裂，单个断裂规模小，延伸短，走向以北东向为主，对局部构造起改造作用。

1.1.3　储集体发育特征

塔河油田碳酸盐岩缝洞型油藏极其复杂，具有埋藏（5 300 m 以下）深、储集体非均质性强、储集空间复杂多样、油水关系复杂的特点。油藏的主要储集空间以构造变形产生的构造裂缝与岩溶作用形成的孔、缝、洞为主，储集空间往往由孔、缝、洞叠加组合，具有储层连通网络多变、裂缝切割、展布规律复杂的特点。

1）孔隙

孔隙包括晶间孔与晶间溶孔、粒间孔与粒间溶孔、铸模孔、粒内溶孔等类型，一般直径范围在数微米至数百微米之间，是塔河油田奥陶系储层普遍存在的储集空间类型。其中，粒间孔与粒间溶孔在 S76，S85，S91 等井一间房组非常发育。S76 井一间房组处于 5 590.25～5 595.86 m，岩芯段针状溶蚀孔隙十分发育，孔隙度为 3.1%～6.4%，岩芯整体均匀含油。晶间孔与晶间溶孔主要发育在白云石化豹斑灰岩段，如 S79 等井该段岩芯晶间孔和晶间溶孔发育，可见原油外渗现象。

2）裂缝

裂缝主要指构造缝、压溶缝及溶蚀缝等，是区内油气显示十分活跃的有效储集空间。构造缝主要表现为剪切缝，其次为张性裂缝，以立缝和微裂隙最为发育，早期形成的各种裂缝多数已被方解石、泥质或沥青充填或半充填，局部区域多期不同产状的裂缝相互交切形成网状裂缝；压溶缝（缝合线）多数与层面平行，呈锯齿状，在本区内十分发育，多数缝合线已被方解石、泥质或沥青不同程度充填或溶蚀扩大，据荧光薄片资料，部分缝合线有较强的荧光显示，存在有效储集空间；溶蚀缝主要是早期裂缝系统溶蚀扩大、改造而形成，溶蚀缝在本区内十分发育，缝宽一般大于 1 mm，表现为破裂面的不规则溶蚀扩大，沿断裂面壁生长粒状、透明白色、晶型完好的方解石晶体或晶簇。

3）孔洞

孔洞分为溶蚀孔洞和大型洞穴。溶蚀孔洞是指沿裂缝、微裂隙或缝合线发生溶蚀作用而形成的孔洞，其直径范围在几百微米至 100 mm 之间，部分或全部被泥质充填，或密集分布或孤立发育。大型洞穴是指直径大于 100 mm 的溶洞，往往表现出充填岩溶角砾岩、巨晶方解石、溶积砂泥岩、钻井放空、钻井液大量漏失、钻时加快等现象。

塔河油田奥陶系储层在上述基本储集空间类型的基础上，按不同的方式及规模组合成 3 类主要储集体类型：溶洞型、裂缝-孔洞型、裂缝型。由于地质条件复杂，基质的孔隙度、渗透性极差，难以构成有效的储集空间，只能作为储集体的封堵体（或隔层、夹层），分隔和遮挡各类储集空间。钻井、测井、酸压、测试及各类动态资料表明，塔河油田奥陶系碳酸盐岩储集体的特殊性在于溶洞是最主要的储集空间，裂缝是次要的储集空间，基质部分不具有储油能力。目前塔河油田主体区及外围地区共钻遇识别溶洞 502 个，大型溶洞主要分布于塔河四区、六区及七区、八区西部和二区北部、十区西部、十二区西南部和中部。根据岩芯资料发现的最大的全充填溶洞视高度达 20 m（T615 井 5 535～5 555 m），根据测井资料识别的最大的全充填溶洞视高度达 72 m（TK409 井 5 586～5 658 m），最大的未充填溶洞视高度达 30 m（TK471X 井 5 540～5 570 m）。

塔河油田主体区海西早期古岩溶残丘与 T$_7^4$ 的构造叠合部位，尤其是继承性发育的古岩溶残丘高部位、残丘的翼部，受褶皱体系控制，缝洞体发育多呈现蜂窝状和网状分布，多位于风化壳的浅层部位，展布范围广，不同深度的溶洞之间连通性较好，连通规模大，底水能量强，油井产能高，如 S48 井区、S65 井区、S74 井区（图 1-1）。

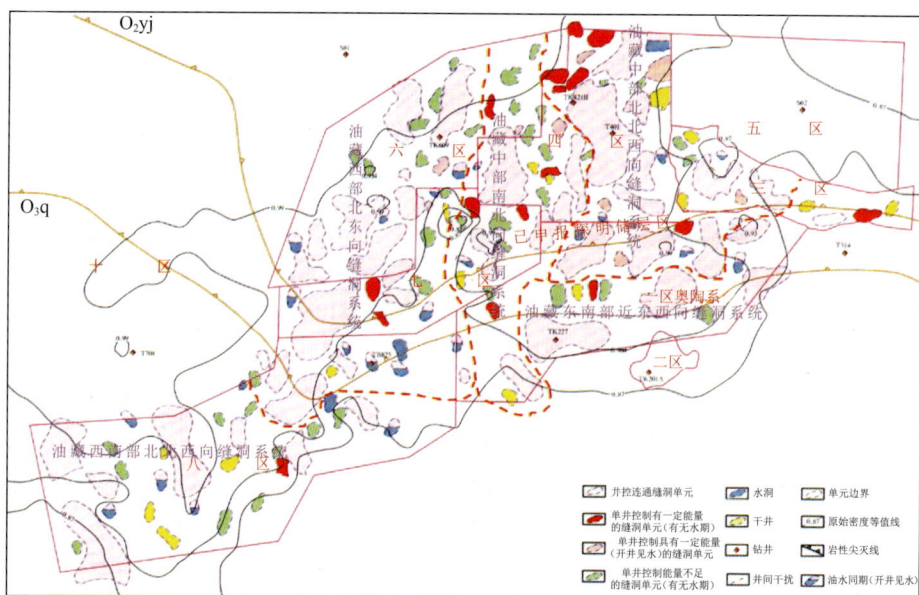

图 1-1 塔河油田主体区奥陶系油藏缝洞体平面分布图

塔河油田主体区岩溶斜坡及沟谷区处岩溶缝洞不发育，浅层多以不规则的孤立单体形式存在，平面呈椭圆形、不规则形态，储集体横向连通较差，开发动态多表现为定容特征，主要分布在塔河三区、四区西北部、七区和二区的交界地带以及上奥陶尖灭线（O$_3$s）以南部分地区。该地区剖面上大量发育串珠状组合，并且主要呈现串珠状反射，圈定这些以串珠状反射为主的强反射并结合钻井分析可知，此类储集体与外界的物质和能量交换较差，以孤立的落水洞发育为主，深、浅层缝洞体的连通性较差，属于不同岩溶期的产物。

塔河油田外围地区的南部、西北部受岩溶断裂和古地貌发育影响，现存的线状构造体系与岩溶洞穴类型、岩溶体系之间具有较好的对应关系,缝洞体的发育主要受控于断裂、构造变形,沿断裂带发育的缝洞体控制了油水分布,平面呈条带状、树枝状分布,沿缝洞体的钻井放空、漏失较多,单井产能高,含油溶洞段主要分布于一间房组,鹰山组缝洞逐渐发育。

1.2　开发特征

塔河油田碳酸盐岩缝洞型油藏的开发地质特征与砂岩油藏相比有很大的差别,主要体现在以下几方面:

(1)碳酸盐岩缝洞型油藏有效储集空间以规模不等的溶洞为主,溶蚀孔洞和裂缝次之,裂缝是主要的渗流通道。

(2)碳酸盐岩缝洞型油藏油水关系复杂,没有统一的压力系统,没有统一的油水界面,开发动态也不尽相同。

(3)碳酸盐岩缝洞型油藏缝洞结构差异性明显,储集空间分隔严重,缝洞单元是基本储渗单元,同时也是油田开发的基本单元。

(4)碳酸盐岩缝洞型油藏具有多重介质特征,渗流特征不符合达西定律,毛细管作用、岩石压缩系数作用影响较小。

碳酸盐岩缝洞型油藏开发动态特征主要体现在:

(1)油井初期产能高,但递减快,井间产能差异大。缝洞体的主要流动通道是不同尺度的裂缝或溶洞系统,溶洞型储集体、裂缝-孔洞型储集体以及裂缝型储集体之间的油井渗透率可相差上千毫达西($1\ mD=1\times10^{-3}\ \mu m^2$),采油指数相差较大,最小为 $0.1\ m^3/(d\cdot MPa)$,最大为 $788\ m^3/(d\cdot MPa)$。

(2)油井见水后,含水上升速度快,递减较大。碳酸盐岩缝洞型油藏油水相对渗透率曲线最显著的特点是低含水饱和度段水相渗透率增加很快,油相渗透率剧烈下降,油井见水后即使在低含水阶段,月含水上升速度也高达 19.7%,每采出 1% 地质储量,含水上升33.3%,油井月产量递减20.2%,有的井甚至高达 53.3%。

(3)采油指数在高含水期随着油相渗透率的显著降低而急剧下降。砂岩油藏在高含水阶段为保持油井的稳产,往往采用提液的措施,但对于溶洞型油井,高含水后提液基本无效,对于裂缝-孔洞型或裂缝型油井,提液效果不明显,因为提液导致具有高导流能力通道的油井含水上升速度加快,并不能像砂岩油藏那样起到挖掘低渗透层潜力的作用。

(4)油井含水驱替特征曲线变化形状多呈"S"形或"厂"字形。研究表明,碳酸盐岩缝洞型油藏的油井含水变化主要有两种类型,第一类含水驱替特征曲线形状呈"S"形,第二类含水驱替特征曲线形状呈"厂"字形,不同含水变化类型所对应的开发效果差别较大。

显然,碳酸盐岩缝洞型油藏的地质特征和开发动态决定了该类油藏的开发有别于常规砂岩油藏,开发模式也不能照搬砂岩油藏。尤其是塔河油田,无论从地质特征还是开发特征上来讲,虽然与砂岩油藏有共性的一面,但更多的还是表现出其特殊性。

1.2.1　产量变化特征及递减规律

统计塔河油田历年投产的新井产量(图 1-2)可知,碳酸盐岩缝洞型油藏油井产量呈现明显的两段式递减规律,即快速递减和缓慢递减。生产特点表现为投产建产后 $1.5\sim2.5$ 年内递减率较高,一般为 $30\%\sim38\%$,随着开采时间的延长,递减率有所降低,为 $23\%\sim28\%$。研究表明,塔河油田的递减规律符合指数递减规律。近 3 年来,塔河油田投产新井的产量占年产量的 49.7%(平均),这部分产量处于高速递减阶段,平均递减率达 30.3%。

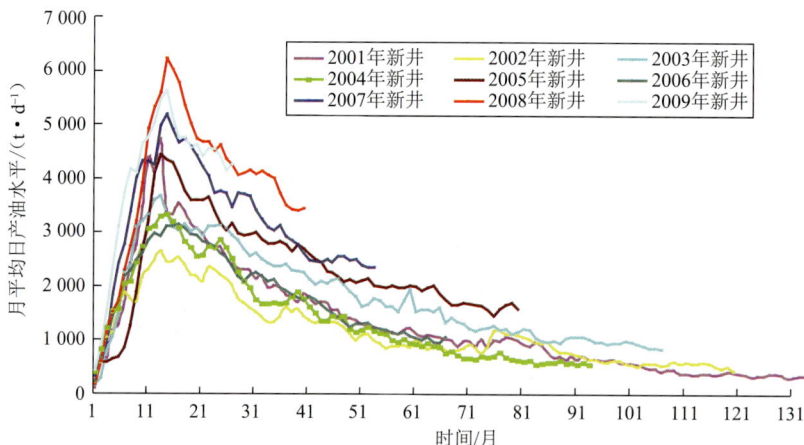

图 1-2 塔河碳酸盐岩油藏历年新井月均日产油水平拉平曲线

碳酸盐岩缝洞型油藏储集体组合和流体分布的多样性决定了这类油藏产量递减规律的复杂性。产量递减往往不是由某个单一因素决定的,而是多种因素共同作用的结果。随着生产过程中开发方式以及各种实施措施的变化,不同生产阶段有不同的主要递减因素。

碳酸盐岩缝洞型油藏产量递减的原因主要有两点:

(1)含水上升是影响油井和缝洞单元产量递减的主要因素。统计高含水井的生产资料可明显看出,90% 以上的油井一旦见水,含水上升很快,一般 $3\sim5$ 个月就上升到高含水期,不到一年含水率便高达 90% 以上,相应地,产量快速递减,平均月递减率高达 20% 以上,单井日产油由 100 t/d 以上下降到 2 t/d 左右甚至水淹停产。不同区块的油井和1/3的单元均表现出见水后产油量大幅度递减特征,如 S23CH,S46,S48,S74,T414,T606 等单元。油井开发初期油嘴过大、采油速度过高,都会导致油井过早底水锥进,致使油井停喷,产量大幅度递减。

(2)能量下降是导致产量递减的另一个重要原因。通过对典型井、典型单元的采液速度随含水率变化趋势分析,大部分单元和油井的产液量随含水上升呈下降趋势,60% 左右的油井由自喷转机抽时产液能力大幅度下降,这说明整个油藏能量不足,仅有 1/3 的单元或油井产液能力随含水上升而增加或保持稳定。

综上,塔河油田碳酸盐岩缝洞型油藏能量差异大,主体区水体能量较充足,含水上升是导致产量递减的主要因素;塔河油田外围地区水体能量相对较弱,能量不足是导致产量递减的另一主要因素。

1.2.2 含水变化特征及规律

对塔河油田碳酸盐岩缝洞型油藏开发历史上初期单井产量大于 80 t/d 的 180 口油井

含水上升类型进行研究,可将油井的含水率变化类型分为缓升型、台阶式上升型、快速上升型、暴性水淹型、波动变化型和含水下降型等 6 种类型(图 1-3),并根据各类型油井的储层类型、含水率、含水上升速度等指标建立了碳酸盐岩缝洞型油藏油井含水率变化类型定量划分原则。

(1)缓升型:油井见水后,连续一年以上月含水上升速度在 3% 以内,具有此种特征的油井多为裂缝-孔洞型储集体,井周储层发育连通性较好,供油面积大,地层能量充足。

(2)台阶式上升型:油井见水后出现台阶,出现台阶后含水率在 60% 以下并保持半年以上的相对稳定(台阶期含水率波动范围在 5% 以内),出现台阶前平均月含水上升速度一般小于 10%,具有此种特征的油井多为多层溶洞型储集体,井周纵向发育两套以上溶洞,水驱油以逐洞水淹为主。

(3)快速上升型:见水后半年内月含水上升速度大于 10%,含水率大于 60% 以后含水上升速度开始放缓,出现缓升段或者台阶,具有此种特征的油井一般为裂缝型储集体。

(4)暴性水淹型:暴性水淹是指油井突然见水,且含水率迅速上升,一年内油井含水率在 90% 以上或高含水停产,月含水上升速度大于 10%,具有此种特征的油井多为单层溶洞型储集体。

(5)波动变化型:含水率曲线上下来回波动(波动周期<半年,波动范围>20%),推测为多套储层交替供油。

(6)含水下降型:储集体内水体有限,生产过程中含水率曲线表现为逐步下降甚至降到零。

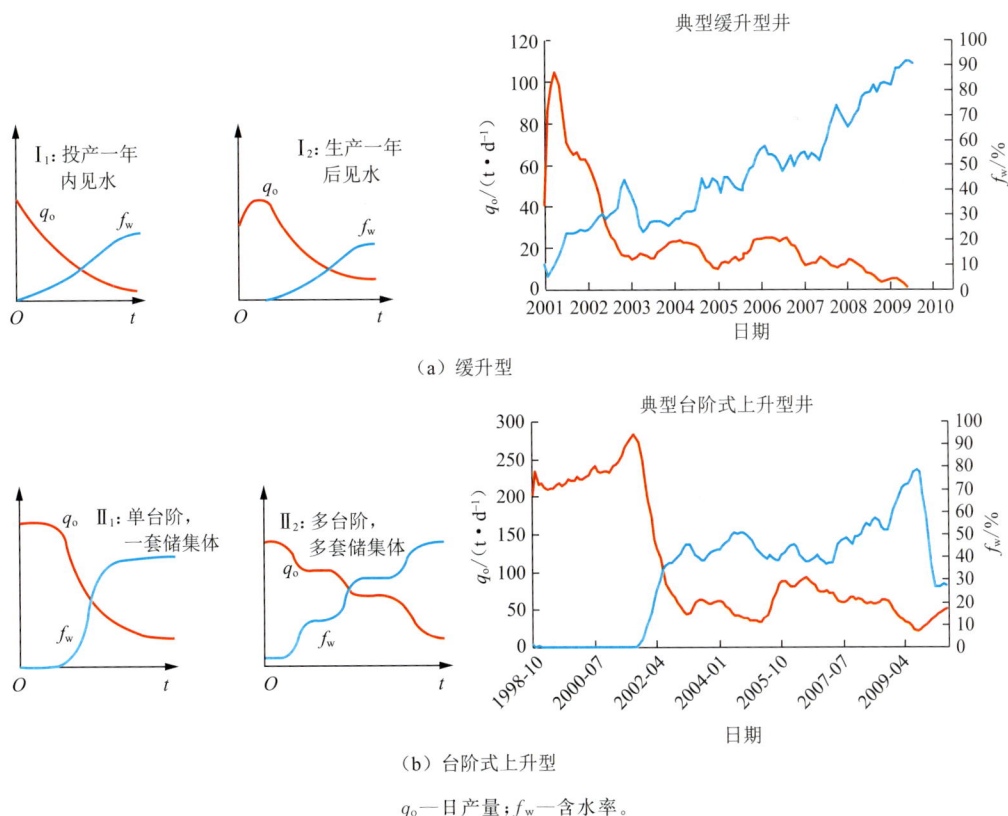

(a)缓升型

(b)台阶式上升型

q_o—日产量;f_w—含水率。

图 1-3　含水变化类型图版及典型井采油曲线实例

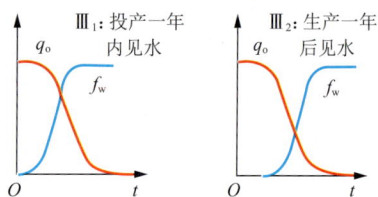

（c）快速上升型

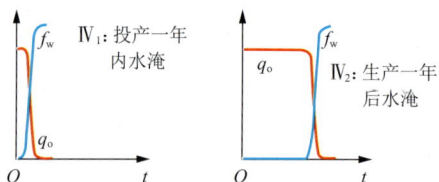

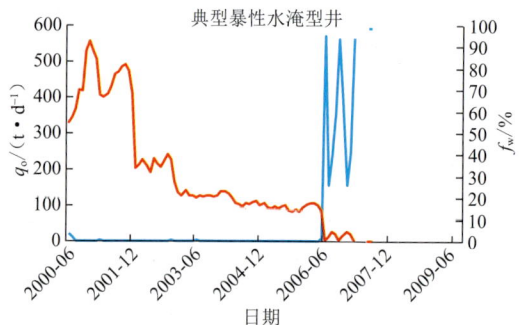

（d）暴性水淹型

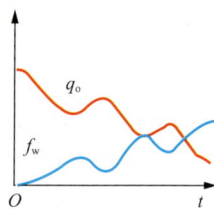

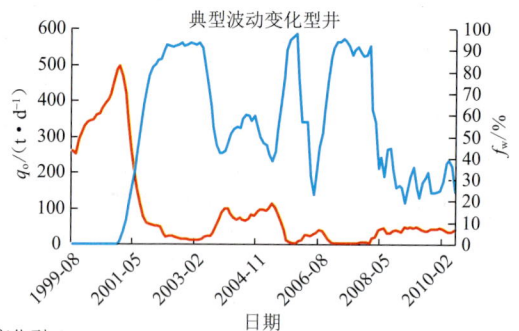

（e）波动变化型

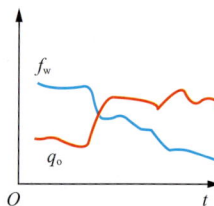

（f）含水下降型

q_o—日产量；f_w—含水率。

图 1-3(续)　含水变化类型图版及典型井采油曲线实例

1.2.3　天然能量变化规律

对 348 个单元中有压力资料的 278 个单元进行能量评价（表 1-1），其中天然能量充足和较充足的单元有 55 个,占 20%;天然能量一般的单元有 93 个,占 33%;天然能量不充足的单元有 130 个,占 47%。可见大部分单元能量不足,需要人工注水补充能量进行开发。

表 1-1 塔河油田缝洞单元天然能量分级结果表

分　类	级　别	单元个数			当前压力保持水平/%	目前液面水平/m
		多井单元	单井单元	小　计		
Ⅰ	天然能量充足	16	8	24	96.37	341
Ⅱ	天然能量较充足	22	9	31	94.35	664
Ⅲ	天然能量一般	37	56	93	92.15	849
Ⅳ	天然能量不充足	22	108	130	89.57	1 038

根据华北冀中地区裂缝型潜山油藏的开发标准,用物质平衡法对压力资料较全的 30 个多井单元的边底水体积进行估算,并计算水油体积比。其中,水油体积比大于 100 的为边底水能量充足油藏,此类单元有 1 个;水油体积比为 50~100 的为边底水能量较充足油藏,此类单元有 7 个;水油体积比为 10~50 的为边底水能量不足油藏,此类单元有 19 个;水油体积比小于 10 的为边底水能量较弱油藏,此类单元有 3 个。由以上资料可知,73% 的单元水油体积比在 50 以下,能量不足,需要注水补充能量。

通过静压与累产液关系曲线可判断驱动阶段,当曲线斜率出现明显拐点时,说明驱动方式发生了改变,或者说边底水作用发挥充分。如果曲线趋于平稳,说明边底水能量较大;如果曲线斜率减小,说明边底水能量有限;如果曲线急剧下降,说明无边底水或边底水能量微弱,油藏处于纯弹性驱动阶段。利用上述方法,对压力资料较全的 30 个多井单元进行驱动阶段划分。驱动阶段划分结果显示,除少数几个单元目前处于纯弹性驱动阶段外,大部分多井单元存在一定的水侵,经历了弹性驱动、天然水驱和混合水驱 3 个阶段(图 1-4)。

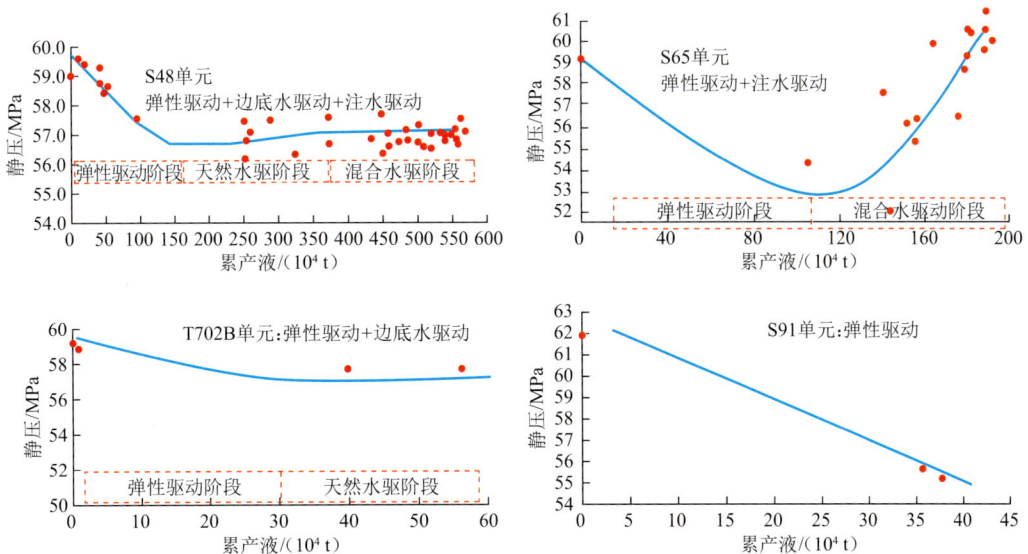

图 1-4 不同缝洞单元驱动阶段划分实例图

第2章
碳酸盐岩缝洞型油藏缝洞开发单元类型划分及评价方法

2.1 缝洞单元的概念

自20世纪80年代以来,油藏开发特性表征中出现了一个重要概念,即流动单元(flow unit),又称水力单元(hydraulic unit)。流动单元更突出了流体的渗流特征,是对储层单元的进一步细分,不同的流动单元具有不同的流体流动特征及生产性能。因此,可以把流动单元定义为具有相同渗流特征的储层单元。流动单元的概念为认识油藏的非均质性提供了有效的手段,已成为精细油藏描述的关键和最基本地质单元。

碳酸盐岩缝洞储集体不仅是油气的主要储集空间,也是流体输导体系的组成部分。碳酸盐岩缝洞储集体的内部边界面及流动单元划分是认识储集体(层)非均质性和内部结构特点的重要途径,也是研究和认识储集体(层)非均质性的重要内容和方法。碳酸盐岩缝洞型油藏流动单元该如何定义、划分和描述是一个尚待探索的理论问题,几乎没有什么资料可以借鉴,一直是岩溶碳酸盐岩缝洞型油藏开发阶段油藏描述攻关的技术难点和研究方向。

塔河油田碳酸盐岩缝洞型油藏的开发实践表明,该油藏具有严重分隔性,呈现出多缝洞系统、多压力体系、多流动单元的开发特征。油藏本身的复杂性和储集体连通程度、连通关系的差异性决定了油藏静态地质描述碳酸盐岩缝洞储集体小尺度下的非均质性及其流动单元方面具有局限性,相比之下动态资料在评价此类储集体流动单元方面却能发挥重要作用。因此,采用动静结合的方式,深化对油藏连通单元与封隔体的分布规律研究,是认识复杂碳酸盐岩缝洞型油藏流动特性的有效方法。

自"九五"以来,针对碳酸盐岩缝洞型油藏的特点,研究人员以储层成因相关性和储层连通性为基础,以系统层次性为原则,以开发为目标,提出了缝洞系统和缝洞单元两个基本理论概念(相对应于砂岩油藏中的砂体和流动单元概念),构筑了两个级次上的连通性缝洞体系分类,并形成了相应的研究思路和配套技术,初步形成了一套针对碳酸盐岩缝洞型油藏描述与开发的系统思想和方法体系。

对塔河油田碳酸盐岩缝洞型油藏的认识具有层次性,这是一个不断深入的过程,可以划分为缝洞系统研究和缝洞单元研究两个阶段。

缝洞系统研究：缝洞系统是储集体特征的宏观表述，是单个缝洞单元或多个缝洞单元在空间上的叠合体，是研究和划分缝洞单元的基础。缝洞系统强调了储集体成因上的一致性，但对各缝洞系统内连通性的研究程度不够深入。

缝洞单元研究：由于储层发育的非均质性，缝洞系统内流体连通性及渗流特征存在差异，在储集体成因研究的基础上，综合应用反映流体性质、储集能力和流体渗流能力的各类参数，结合缝洞系统内（间）的流体连通性分析、研究，进行缝洞系统内的缝洞单元划分。

将缝洞单元作为油藏开发的基本单位进行研究、管理、开发更符合实际的开发指导，缝洞单元划分对油藏的开发及管理具有以下 6 个重大意义：

（1）有助于认识岩溶储集体（层）的非均质性，深化对不同类型缝洞储集体开发地质特征的认识和不同油藏性质的把握。对于油气开发，划分缝洞单元对了解油、气、水运动规律及油水运动范围具有特殊的意义。

（2）有助于进行动态分析，达到提高动态预测精度的目的。塔河油田碳酸盐岩缝洞型油藏天然能量的评价、生产动态的规律性认识及单井合理产量的确定等都是生产中要面对的复杂问题，仅依据区块或单井分析认识其规律性十分困难。利用缝洞单元进行分析，可突出各缝洞单元动态生产特征的规律性，有效提高动态预测精度，制定的合理工作制度也更加符合生产实际。

（3）有助于刻画缝洞网络状油藏的储层流动单元与封隔体的间互分布特征，并以此来描述此类储层的强烈非均质特征和油藏的复杂性，指导开发方案、调整方案的制定以及采油工艺的选择。

（4）开发方案以及井网的部署应立足于缝洞单元划分的基础上。根据不同的缝洞单元类型及其分布和连通性程度，调整井距，而不是采用传统的平均井距、井网。

（5）不同的缝洞单元类型控制了剩余油的分布形式及存在方式，剩余油的开采应根据缝洞单元类型的不同而采取不同的挖潜措施。

（6）实现碳酸盐岩缝洞型油藏以缝洞单元为开发管理对象的精细化管理，实施针对性的开发技术政策。

2.2　缝洞单元划分方法

回顾塔河油田勘探开发过程，缝洞单元划分主要经历了以下 3 个阶段（图 2-1）：

（1）开发前期。划分有利缝洞储集条带即缝洞系统，解决缝洞储集体的识别问题，为部署评价井做准备。

（2）开发初期。在静态法划分的基础上，结合有限的动态连通资料划分缝洞单元，此阶段侧重缝洞单元边界的刻画。利用储层对比和地震属性体等静态资料刻画有利储集条带或缝洞系统的分布。例如，根据碳酸盐岩储层发育特征提取地震振幅变化率，可以预测碳酸盐岩孔、缝、洞发育带：局部强振幅变化率体或强振幅变化率区域很可能是溶洞及裂缝的发育部位，储层连通性较好，连通范围较大；反之，振幅变化率普遍偏小的区域是孔、缝、洞储集体的欠发育部位，储层连通性可能较差，是低渗或致密的基岩部位。

```
┌──────────┐        ┌────────────────────┐
│ 缝洞系统划分 │───────┤   缝洞系统划分的方法   │
└──────────┘        ├────────────────────┤
      │             │    缝洞系统对比划分    │
      │             └────────────────────┘
      ▼
┌──────────┐        ┌────────────────────┐
│ 缝洞单元划分 │───────┤   缝洞单元划分的方法   │
└──────────┘        ├────────────────────┤
      │             │    缝洞单元对比划分    │
      │             └────────────────────┘
      ▼
┌──────────┐        ┌────────────────────┐
│ 缝洞单元分类 │───────┤    缝洞单元储量计算    │
└──────────┘        ├────────────────────┤
      │             │    缝洞单元对比分类    │
      │             └────────────────────┘
      ▼
┌──────────┐        ┌──────────────────────┐
│ 缝洞单元开发 │───────┤  不同类型缝洞单元的开发特征  │
│  技术对策  │        ├──────────────────────┤
└──────────┘        │ 不同类型缝洞单元的开发技术对策 │
                    ├──────────────────────┤
                    │ 不同缝洞单元提高采收率方针政策 │
                    └──────────────────────┘
```

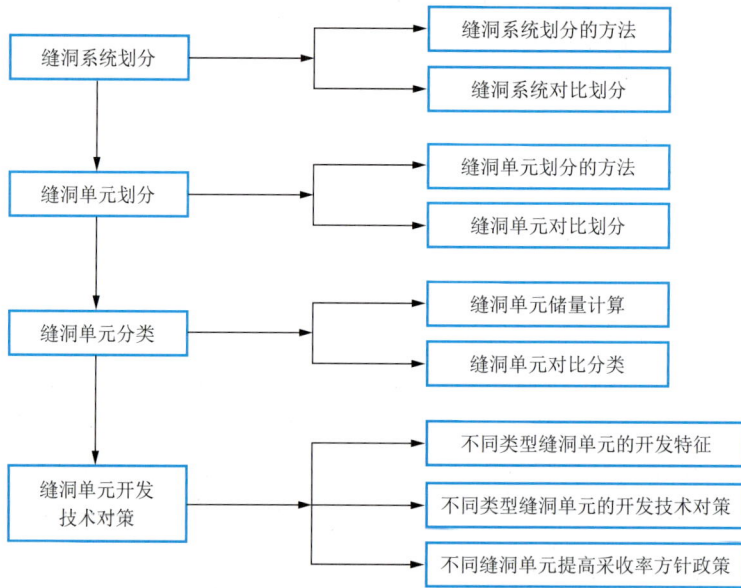

图 2-1　缝洞单元研究工作流程图

（3）正式开发期。采用以动态法为主，结合静态法的缝洞单元划分方法，该方法侧重于单元内部连通性及结构的刻画，主要利用干扰试井、注采关系、示踪剂等动态资料刻画缝洞单元的分布和特征。

2.2.1　缝洞单元划分的主要原则

1）缝洞系统划分的原则

纵向上各期次岩溶叠合成一个缝洞系统。缝洞系统在纵向上应有相对连续致密隔层分隔的岩溶单元，但由于断裂、裂缝是塔河油田碳酸盐岩缝洞型油藏岩溶作用的主要控制因素，岩溶储集体发育部位往往发育垂直或高角度裂缝，纵向上很难形成连续致密的隔层，因此，纵向上可看作一个缝洞系统。平面上的同一缝洞系统是受断裂和古水系控制的树枝状管道溶洞、网络状缝洞组合体。

2）缝洞单元划分的原则

在研究缝洞储集体发育规律及缝洞系统划分的基础上，综合利用各类动静态资料，采取局部就近的原则，从相邻井组出发，进行对比分析和缝洞单元的划分。

缝洞单元平面划分的基本原则是：① 位于同一岩溶残丘构造、相似的地震振幅变化率或地震波形特征区域，生产动态特征一致的井组；② 流体的性质或变化特征相似或相近的井组；③ 具有相对一致的压力降落或压力变化趋势的井组；④ 生产中具有井间干扰现象的井组。

缝洞单元纵向划分的基本原则是：① 纵向上单井生产层段（产液剖面的出液段）间存在厚度较大的致密隔层；② 产液性质和生产特征在纵向不同产液段具有明显差异。

缝洞单元边界的确定原则是：① 现今岩溶地貌的岩溶冲沟（或沟谷）、断崖（或封闭断裂)、岩溶洼地等形成的岩溶缝洞单元内流体渗流的自然边界;② 地震振幅变化率图上表现为椭圆形、串珠状、条带状振幅变化的位置;③ 流体性质变化强烈的部位很有可能是由于储集体连通性较差引起的,其通常伴随波阻抗体异常,该特征可作为缝洞单元边界的判定条件;④ 波形、频谱分解等定量化预测储集体在三维空间的分布范围;⑤ 封闭油藏的供油半径或不渗透范围作为缝洞单元边界;⑥ 无其他参考情况下,可将井距的一半作为缝洞单元的边界。

2.2.2 缝洞单元划分的主要技术方法

缝洞单元划分方法包括静态法和动态法,静态法是缝洞单元边界划分的基础,动态法是缝洞单元划分的主要验证依据。静态连通而动态不连通的井组分别属于不同的缝洞单元,相反,动态连通而静态无明显连通显示的井组属于同一个缝洞单元。

(1)岩溶古地貌。岩溶作用的发育与岩溶区古地貌、水动力条件有关。岩溶低部位往往是古地表水系的主干河道,碳酸盐岩剥蚀严重,同时裂缝充填严重,溶洞垮塌充填严重,不是储集体发育的有利区域;而在岩溶残丘或岩溶相对较高的部位,裂缝、溶洞型储集体遭受破坏的程度较小,充填相对较弱,储集体连通性较好,是储集体发育分布的有利部位。处于同一岩溶古地貌部位的储集体发育区域为同一个缝洞单元,岩溶冲沟、岩溶洼地等为缝洞单元的边界。

(2)地震振幅变化率。地震振幅变化率与振幅的横向变化有关,与振幅的绝对值无关。在岩性变化不大的碳酸盐岩中,当裂缝、溶洞发育时,地震时间剖面上会出现弱振幅或空白反射特征,缝洞发育区域与围岩产生波阻抗差异,横向上的振幅会发生变化,产生较强的振幅变化率,缝洞发育区域在沿层振幅变化率值平面图上表现为椭圆形、串珠状、条带状强振幅变化率异常。

(3)波阻抗体。采用随机反演波阻抗结果,将测井解释洞穴与预测洞穴进行地质统计分析,将 56 口钻遇洞穴井的洞穴段与所对应波阻抗值进行对比分析可知,洞穴发育部位与低波阻抗值对应关系较好,两者的吻合率达 74%。波阻抗体是储集体静态连通性判断的主要依据之一。

(4)波形分析。将储层测井解释成果标定到地震剖面,通过调整参数控制使预测结果最大限度地吻合储层测井解释成果,确定储层发育有效值域范围,即确定储层边界(缝洞单元边界)。最终预测结果可以基本表达储层纵、横向在三维空间的分布特征。

(5)频谱分解。根据生产实践标定,塔河油田碳酸盐岩缝洞型油藏地震反射纵向发育范围与储层发育范围是完全对应的。圈定奥陶系内异常强反射的几何形态及范围,对原始地震数据体进行频谱分解,得到奥陶系所在层段主频 30 Hz 左右是缝洞储集体研究的主要分析频率。通过小尺度缝洞储集体的反射机理及反射正演模型可知,反射波振幅与缝洞储集体的大小呈正比,但实际资料中振幅受多种因素的影响,不一定是正比关系,总体来说,小尺度反射体越大,反射振幅越强。对研究区 184 口放空、漏失井的 224 个放空、漏失段的高度进行标定并统计分频,高于 40 的区域为缝洞储集体发育区,低于 20 的区域为缝洞储集体不发育部位,20~40 的区域为缝洞储集体分频的门槛值域。

通过生产实践标定,不同地区的缝洞单元预测边界值是变化的,需要根据标定结果确定。塔河油田碳酸盐岩缝洞型油藏缝洞单元边界值的振幅变化率通常为 40～60,小于 40 的区域缝洞储集体不发育或发育程度差,大于 60 的区域缝洞储集体发育,40～60 是缝洞单元划分的边界值域,但在不同区块,边界值有所不同(表 2-1)。

表 2-1 缝洞单元的边界地震属性界限值

参数指标	岩 溶	振幅变化率/%	分频(频率)/Hz	波 形
缝洞单元边界	沟谷	40～60	20～40	−44～−20
缝洞单元内部	局部残丘高部位、斜坡	>60	>20	<−44
缝洞单元外部		<40	<40	>−20

如前所述,缝洞单元边界的确定主要依据以下几点:① 岩溶谷底或构造低洼处;② 地震振幅变化率、趋势面、波形、分频等表现出的储集体边界;③ 封闭油藏的供油半径或不渗透边界;④ 井距的一半作为缝洞单元的边界。勘探开发不同阶段进行缝洞单元的划分主要依据以下几点:① 开发前期主要依据振幅变化率、古地貌对缝洞条带(缝洞系统)进行划分;② 开发初期是在静态法划分的基础上,结合有限的动态连通资料划分缝洞单元;③ 正式开发期采用以动态法为主,结合静态法的缝洞单元划分方法。

2.2.3 动态连通验证

1)压力趋势法

处于同一缝洞单元的各井,压力可以互相传递,只要原油的物性和流体性质相对均质,各井的压降会大致相同,即压降趋势一致。投产初期具有统一压力趋势的相邻井间动态连通,而不同缝洞单元应具有不同的地层压力变化特征。

2)干扰试井

干扰试井是研究井间连通性和层间连通性的重要技术手段,其理论基础是渗流力学理论的变流量问题,是渗流力学理论在油藏开发中的应用和发展。干扰试井是借助两口井(一口干扰井和一口观察井),通过研究观察井接收到的干扰井干扰信号来判断井间地层的连通性。该方法产生的干扰信号较为强烈,适合油藏内多口井之间干扰信号叠合比较。

3)生产特征相似性

油压、产量与含水率等是油井重要的生产动态数据,直接反映了地层流体的变化。缝洞单元内相邻井产量递减、含水特征类似表明井间可能动态连通。

4)流体性质

塔河油田碳酸盐岩缝洞型油藏开发实践证实,油藏内流体性质变化复杂,流体性质相同或相近的井相互连通的可能性较大;反之,成为孤立体系的可能性较大。流体性质可作为判断相邻井组是否是同一个缝洞单元的一个依据。

5)注采法

注水是油藏开发过程中较强的激动干扰现象。当注水井注水时,若相邻井表现出不同程度的干扰信息,则表明井间动态连通;反之,若无井间干扰现象,两井之间的油层就有可能不连通。

6）示踪剂法

示踪剂法是通过在注水井中加入示踪元素,监测邻井地层微量元素是否明显变化来证实井间是否连通。多个峰值可以解释为井间有多个高渗通道,也可以认为是注水井有多个吸水段,生产井有多个产出段。

7）定容体划分

定容体就是一个单独的溶洞油藏,其储集体连通范围有限,未沟通大底水。根据塔河油田碳酸盐岩缝洞型油藏的特点,定容体划分的主要依据是:① 在单相流情况下,地层压力或油压以常速下降提示可能存在一个单独的溶洞油藏,压力先下降后稳定,则可能存在气顶;② 产油(液)量以常速下降;③ 含水不稳定,油水同出;④ 累产液量低,一般低于 1×10^4 t;⑤ 具有独立压力体系或流体性质与邻井有明显差异的单井。

通过动静结合,综合研究,不断修正调整,将塔河油田碳酸盐岩缝洞型油藏主体区(塔河二区、三区、四区、五区、六区、七区、八区)全部 333 口井划分为 138 个缝洞单元,其中单井控制的缝洞单元 95 个,2 口或 2 口以上井控制的缝洞单元 43 个。

塔河十区、十一区、十二区、S72 区和托甫台区处于开发初期,开发井网尚不完善,井距大,动态激动干扰信息不明显,主要采用地震振幅变化率、趋势面、相干体等资料进行缝洞储集体分布特征研究和缝洞单元的静态法划分。以静态法划分为基础,结合大量的井间连通性分析,将塔河十区、十一区、十二区、S72 区和托普台区全部 251 口井划分为 160 个缝洞单元,其中单井控制的缝洞单元 121 个,2 口或 2 口以上井控制的缝洞单元 39 个。

通过综合分析研究,将塔河油田碳酸盐岩缝洞型油藏共划分为 298 个缝洞单元,其中单井控制的缝洞单元 216 个,2 口或 2 口以上井控制的缝洞单元 82 个。

2.3　缝洞单元的分类评价技术

为了对缝洞单元进行较好的分类评价,认识不同类型缝洞单元开发规律,实现各类缝洞单元的高效开发,下面主要从 4 个方面开展缝洞单元的综合分类评价研究:① 反映缝洞单元储集体性质的连通程度分类评价;② 反映产能的油藏天然能量分类评价;③ 反映开发规模的储量规模大小分类评价;④ 开发效果分类评价。

2.3.1　缝洞单元连通程度分类

缝洞储集体连通性是指储集体在纵、横向上的沟通程度,目前还没有文献资料对缝洞单元连通程度进行表征。本书提出利用缝洞单元断裂密度、缝洞单元单井投产初日产油能力、Ⅰ类+Ⅱ类储集体储地比等参数进行缝洞单元连通程度的评价描述。

1）缝洞单元连通程度评价方法

（1）缝洞单元断裂密度。

缝洞单元断裂密度是指缝洞单元内单位面积的断裂条数,该数值越大,缝洞单元连通程度越高。从塔河二区、三区、四区、五区、六区、七区、八区 43 个多井缝洞单元断裂密度来看,可以分为 3 类:① 断裂密度大于 2 条/km²;② 断裂密度为 0.5～2 条/km²;③ 断裂密度小于 0.5 条/km²(图 2-2)。

(2) 缝洞单元单井投产初日产油能力。

排除工作制度影响,日产油能力越高表明储集体规模越大,连通性越好。从缝洞单元单井投产初日产油能力来看,可以分为 3 类:① 单元投产初半年平均单井日产油大于 120 t/d;② 单元投产初半年平均单井日产油为 40～120 t/d;③ 单元投产初半年平均单井日产油小于 40 t/d(图 2-3)。

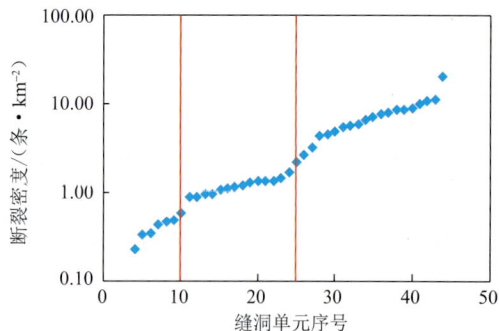

图 2-2　缝洞单元断裂密度分类图

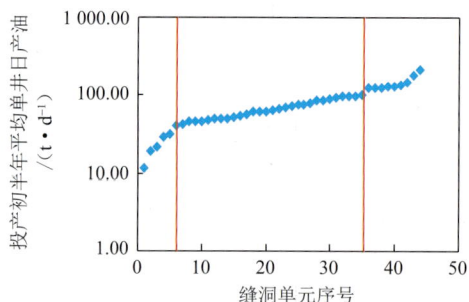

图 2-3　缝洞单元投产初半年
平均单井日产油分类图

(3) Ⅰ类+Ⅱ类储集体储地比。

Ⅰ类+Ⅱ类储集体储地比是指缝洞单元内各单井钻遇的Ⅰ类+Ⅱ类储集体总厚度与相应钻井揭开 T_7^4 面总厚度的比值,该比值越大表明储集体连通性越好。塔河油田多井缝洞单元钻遇的Ⅰ类+Ⅱ类储集体储地比可以分为 3 类:① Ⅰ类+Ⅱ类储集体储地比大于 25 m/m;② Ⅰ类+Ⅱ类储集体储地比为 12～25 m/m;③ Ⅰ类+Ⅱ类储集体储地比小于 12 m/m(图 2-4)。

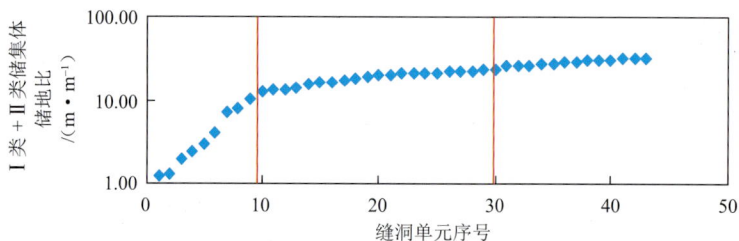

图 2-4　缝洞单元Ⅰ类+Ⅱ类储集体储地比分类图

(4) 示踪剂产出响应状况。

在碳酸盐岩缝洞型油藏注水、注气开发中,可通过注入示踪剂对多井单元的连通程度进行判别。根据大量的实验和实践认识,目前形成了缝洞单元井间连通级别划分标准:① 一级连通,即示踪剂与生产动态响应剧烈:连通程度最高,可为储量动用研究及后期井网建立提供强力支撑;② 二级连通,即示踪剂与部分生产动态指标响应:连通程度较弱,具有进一步优化井网潜力;③ 三级连通,即仅有示踪剂监测响应,生产动态无反应:仅为可能连通,连通性有待进一步确定。

2）缝洞单元连通程度的综合分类

根据上述缝洞单元连通程度分类,结合示踪剂扩散速度分析结果,将塔河油田碳酸盐岩缝洞型油藏多井缝洞单元按连通程度分为好、一般、差 3 类。分类原则为:① 若一个缝洞单元的断裂密度、单井投产初日产油能力、Ⅰ类＋Ⅱ类储集体储地比和示踪剂产出响应状况 4 项指标中有 3 项指标属于同一类,则该单元连通程度就属于该类;② 若一个缝洞单元的断裂密度、单井投产初日产油能力、Ⅰ类＋Ⅱ类储集体储地比和示踪剂产出响应状况 4 项指标中各有 2 项指标分属于两类,则主要依据示踪剂产出响应状况进行类型判断。

2.3.2　缝洞单元天然能量分类

塔河油田碳酸盐岩缝洞型油藏属于地饱压差(高达 39 MPa)大,原始气油比低,胶质、沥青质含量高的低饱和黑油油藏。其天然能量主要包括两种形式:一种是油藏内部的弹性膨胀能,即内部弹性能量,与其相对应的是弹性驱动方式,一般来说这种能量很弱,多作用于开发初期;另一种是油藏外部的有限边底水弹性能,即外部水驱能量,与其相对应的是弹性水压驱动方式,这种能量是主要的天然能量形式。

评价一个油藏的天然驱动能量,可以根据构造、储集体、流体性质和实际的生产动态数据等资料,利用无因次弹性产能比值 N_{pr} 和每采出 1% 地质储量压降值 D_{pr} 对其做出定性评价。N_{pr} 反映的是实际弹性产能与封闭条件下理论弹性产能的比值,该值越大,说明天然能量越充足。D_{pr} 反映了油藏天然能量的充足程度,其值越小,说明油藏的天然能量越充足。应用公式为:

$$N_{pr} = \frac{N_p B_o}{N B_{oi} C_t (p_i - \overline{p})} \tag{2-1}$$

$$D_{pr} = \frac{N(p_i - \overline{p})}{100 N_p} \tag{2-2}$$

式中　p_i, $\overline{p}$——原始地层压力和目前地层压力,MPa;

　　　N_p——累积产油量,10^4 t;

　　　N——原油地质储量,10^4 t;

　　　C_t——综合压缩系数,MPa^{-1};

　　　B_o, B_{oi}——原油体积系数和原始条件下的原油体积系数。

根据缝洞单元天然能量分布情况(图 2-5),对比行业标准,得到评价指标,见表 2-2。利用上述指标对塔河油田多井缝洞单元进行天然能量评价和分类。

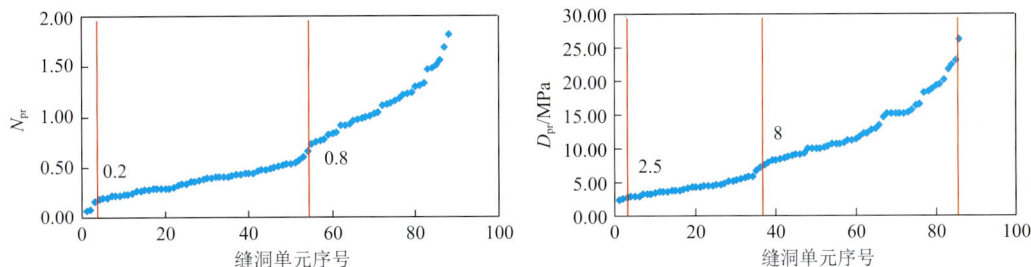

图 2-5　缝洞单元天然能量分类图

表 2-2　油藏天然能量分类指标表

级　别	指标标准	
	D_{pr}/MPa	N_{pr}
天然能量充足	<0.2	>30
天然能量较充足	0.2~0.8	8~30
具有一定天然能量	0.8~2	2.5~8
天然能量不足	>2	<2.5

2.3.3　缝洞单元储量分类

根据缝洞单元储量分布情况(图 2-6)，可以将缝洞单元划分为 4 类：① Ⅰ类，缝洞单元储量大于 $500×10^4$ t；② Ⅱ类，缝洞单元储量为 $100×10^4$~$500×10^4$ t；③ Ⅲ类，缝洞单元储量为 $10×10^4$~$100×10^4$ t；④ Ⅳ类，缝洞单元储量小于 $10×10^4$ t。

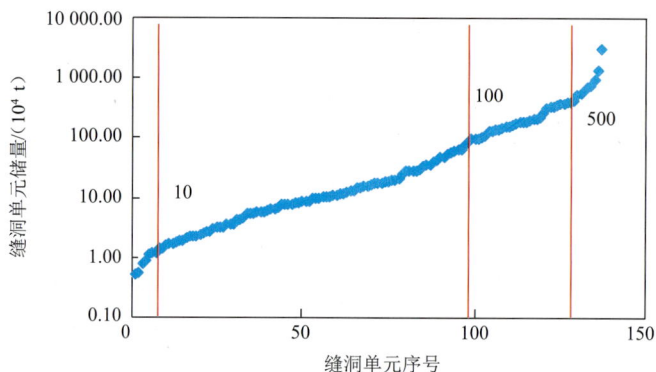

图 2-6　缝洞单元储量分类图

利用上述分类标准对塔河油田主体区 138 个缝洞单元进行储量评价和分类，评价结果见表 2-3，如图 2-7 所示。塔河油田碳酸盐岩缝洞型油藏主体区缝洞单元储量规模大于 $500×10^4$ t 的单元有 8 个，数量占 5.80%，储量占 50.79%；缝洞单元储量为 $100×10^4$~$500×10^4$ t 的单元有 29 个，数量占 21.01%，储量占 38.64%；缝洞单元储量为 $10×10^4$~$100×10^4$ t 的单元有 46 个，数量占 33.33%，储量占 9.17%；缝洞单元储量小于 $10×10^4$ t 的单元有 55 个，数量占 39.86%，储量只占 1.40%。

表 2-3　塔河油田缝洞单元储量评价表

分　类	储量范围/(10^4 t)	单元数量		单元储量	
		数量/个	占比/%	储量/(10^4 t)	占比%
Ⅰ	>500	8	5.80	8 567	50.79
Ⅱ	100~500	29	21.01	6 519	38.64
Ⅲ	10~100	46	33.33	1 547	9.17
Ⅳ	<10	55	39.86	236	1.40

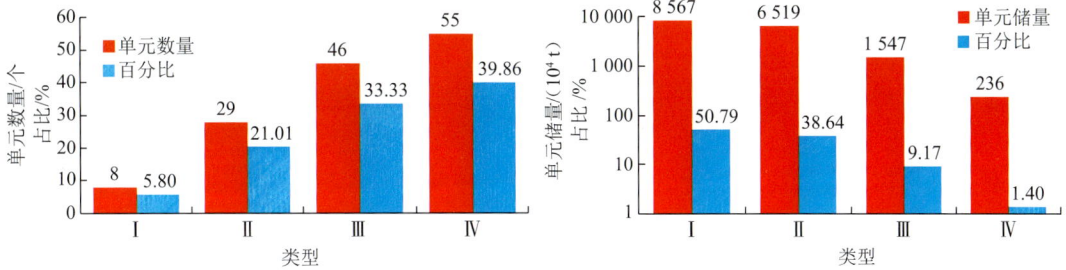

图 2-7　缝洞元储量分类

2.3.4　缝洞单元开发效果分类

参照中国石油天然气集团有限公司发布的行业标准,根据塔河油田各缝洞单元开发实际情况,主要针对稳产期采出程度、剩余可采储量采油速度和年产油量综合递减率制定了缝洞单元开发效果评价分类指标(表 2-4)。

表 2-4　缝洞单元开发效果评价分类指标表

序　号	项　目		类　型			
			I	II	III	IV
1	稳产期采出程度 /%		>14	9.5～14	6～9.5	<6
2	剩余可采储量采油速度 /%	采出程度<50%	>8	1～8	0.1～1	<0.1
		采出程度≥50%	>33	8.5～33	3～8.5	<3
3	年产油量综合递减率 /%	采出程度<50%	<3.6	3.6～12	12～36	>36
		采出程度≥50%	<3.5	3.5～19	19～50	>50

注:以上 3 项中,哪个类型居多,该缝洞单元就属于哪一类。

1) 稳产期采出程度

采出程度按由小到大进行排序,将明显出现拐点的采出程度作为评价指标的界限,把稳产期采出程度分为 3 个类别,稳产期采出程度越大则缝洞单元开发效果越好,以此作为评价缝洞单元开发效果的依据之一。

由图 2-8 可见,稳产期采出程度大于 14% 时为 I 类,在 9.5%～14% 时为 II 类,在 6%～9.5% 时为 III 类,小于 6% 时为 IV 类,此时开发效果较差。

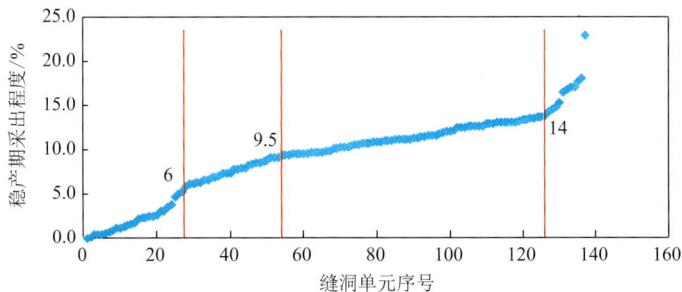

图 2-8　缝洞单元稳产期采出程度分类图

2) 剩余可采储量采油速度

剩余可采储量采油速度是用于评价油藏开发效果的重要指标之一。剩余可采储量采油速度可分为可采储量采出程度<50%和≥50%两个开发阶段进行评价。

（1）采出程度<50%。

剩余可采储量采油速度按由小到大进行排序，将明显出现拐点的采油速度作为评价指标的界限，采油速度越大则开发效果越好。塔河油田主体区各缝洞单元剩余可采储量采油速度分布变化如图 2-9 所示。

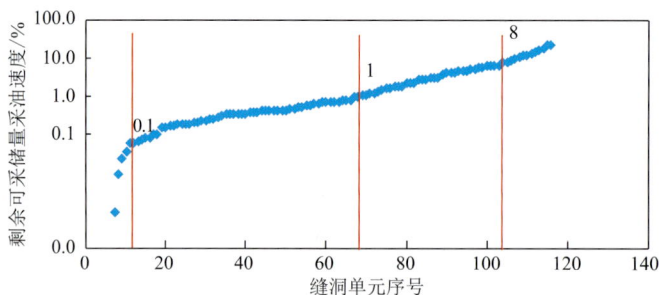

图 2-9　缝洞单元剩余可采储量采油速度分类图（采出程度<50%）

由图 2-9 可见，剩余可采储量采油速度在 0.1%，1%，8%处出现明显拐点，因此，剩余可采储量采油速度大于 8%时为Ⅰ类，在 1%～8%时为Ⅱ类，在 0.1%～1%时为Ⅲ类，小于 0.1%时为Ⅳ类。

（2）采出程度≥50%。

剩余可采储量采油速度按由小到大进行排序，其分布变化如图 2-10 所示。

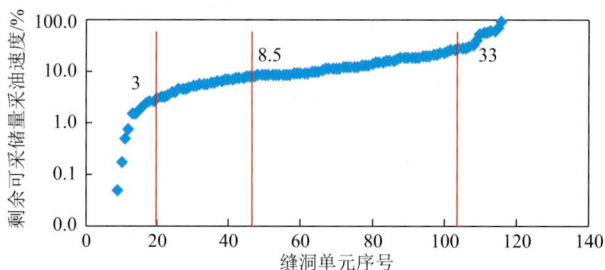

图 2-10　缝洞单元剩余可采储量采油速度分类图（采出程度≥50%）

由图 2-10 可见，剩余可采储量采油速度在 3%，8.5%，33%处出现明显拐点，因此，剩余可采储量采油速度大于 33%时为Ⅰ类，在 8.5%～33%时为Ⅱ类，在 3%～8.5%时为Ⅲ类，小于 3%时为Ⅳ类。

3) 年产油量综合递减率

年产油量综合递减率也是用于评价油藏开发效果的重要指标之一。年产油量综合递减率可分为可采储量采出程度<50%和≥50%两个开发阶段进行评价。

（1）采出程度<50%。

年产油量综合递减率按由小到大进行排序，将明显出现拐点的递减率作为评价指标的界限，递减率越小则开发效果越好。塔河油田主体区各缝洞单元年产油量综合递减率分布变化如图 2-11 所示。

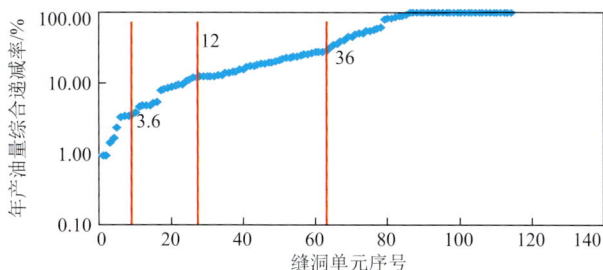

图 2-11　缝洞单元年采油量综合递减率分类图(采出程度< 50%)

由图 2-11 可见,年产油量综合递减率在 3.6%,12%,36% 处出现明显拐点,因此,年产油量综合递减率小于 3.6% 时为Ⅰ类,在 3.6%～12% 时为Ⅱ类,在 12%～36% 时为Ⅲ类,大于 36% 时为Ⅳ类。

(2)采出程度≥50%。

年产油量综合递减率按由小到大进行排序,分布变化如图 2-12 所示。

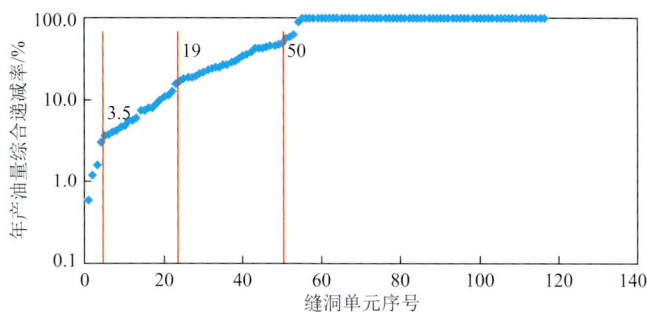

图 2-12　缝洞单元剩余可采储量采油速度分类图(采出程度≥50%)

由图 2-12 可见,年产油量综合递减率在 3.5%,19%,50% 处出现明显拐点,因此,剩余可采储量采油速度小于 3.5% 时为Ⅰ类,在 3.5%～19% 时为Ⅱ类,在 19%～50% 时为Ⅲ类,大于 50% 时为Ⅳ类。

4)开发效果综合分类

利用上述分类标准对塔河油田主体区 138 个缝洞单元进行开发效果评价和分类,评价结果见表 2-5,如图 2-13 所示。

表 2-5　塔河油田缝洞单元开发效果评价表

分　类	单元数量		单元储量	
	数量/个	占比/%	储量/(10⁴ t)	占比/%
Ⅰ	14	10.15	8 427.49	49.96
Ⅱ	50	36.23	6 234.60	36.96
Ⅲ	44	31.88	2 095.40	12.42
Ⅳ	30	21.74	111.37	0.66
合　计	138	100	16 868.86	100

塔河油田主体区属于Ⅰ类好开发效果的缝洞单元有 14 个,数量占 10.15%,储量占 49.96%;属于Ⅱ类较好开发效果的缝洞单元有 50 个,数量占 36.23%,储量占 36.96%;属

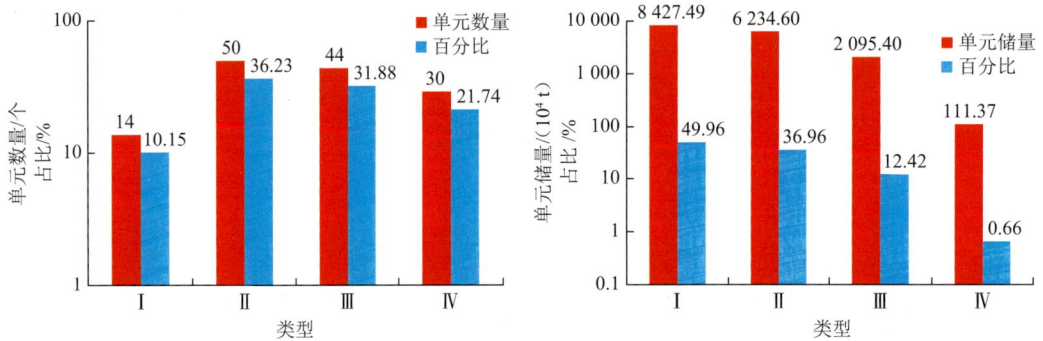

图 2-13 缝洞单元开发效果分类

于Ⅲ类一般开发效果的缝洞单元有 44 个,数量占 31.88%,储量占 12.42%;属于Ⅳ类较差开发效果的缝洞单元有 30 个,数量约占 21.74%,储量占 0.66%。

2.3.5 缝洞单元综合评价分类

综合上述缝洞单元天然能量、储量及开发效果的分类分析结果,对塔河油田主体区 138 个缝洞单元进行综合评价分类。综合评价分类原则为:① 天然能量、储量及开发效果评价 3 项指标中有两项为同一类,则综合评价为该类;② 天然能量、储量及开发效果评价 3 项指标相互交叉时,则以天然能量、开发效果为主要评价分类指标进行分类,分类结果见表 2-6,如图 2-14 所示。

表 2-6 塔河油田缝洞单元综合评价分类表

分 类	单元数量		单元储量	
	数量/个	占比/%	储量/(10^4 t)	占比/%
Ⅰ	6	4.35	7 084.09	42.00
Ⅱ	43	31.16	8 492.41	50.34
Ⅲ	40	28.98	1 090.04	6.46
Ⅳ	49	35.51	202.32	1.20
合 计	138	100	16 868.86	100

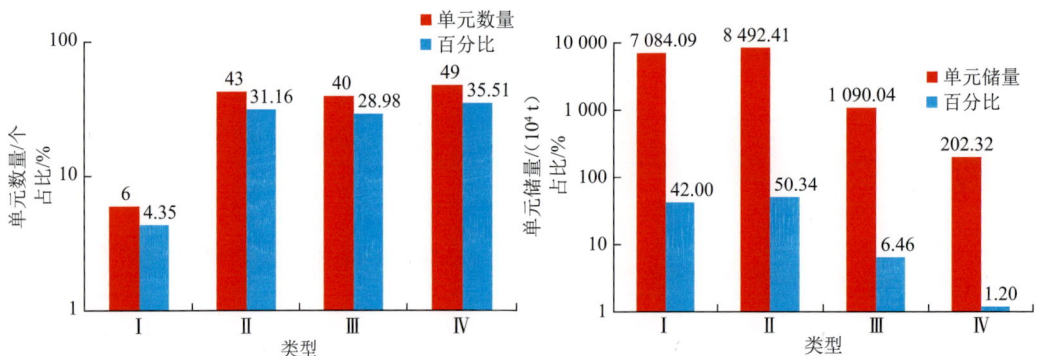

图 2-14 缝洞单元综合评价分类

Ⅰ类单元:储集体连通性好,地层压力稳定,天然能量充足,供液充足,产量稳定,开发效果好。如 S48 单元,该单元于 1997 年投产,截至 2008 年 12 月,累产油 348×10⁴ t,平均单井日产液 56 t/d,平均单井日产油 22 t/d,产量递减率 18%,含水率 52%,单位压降采出程度 3.5%,地层压降 2.35 MPa,2005 年注水后地层压力有上升趋势,2008 年 12 月地层压力保持程度为 96%。

Ⅱ类单元:储集体具有一定的连通性,天然能量较充足,供液能力较充足,开发效果较好。

Ⅲ类单元:储集体连通性较差,天然能量一般,开发效果较差;该类单元内的井能够连续生产,且具有稳产期,但地层供液能力一般,产量下降较快。如 T7-615 单元,该单元于 2001 年投产,截至 2008 年 12 月,累产油 21.7×10⁴ t,平均单井日产液 34 t/d,平均单井日产油 14 t/d,产量递减率 40%,含水率 58%,动液面在 1 200 m 左右。

Ⅳ类单元:天然能量不足,压力下降快,供液能力弱,产量下降快,没有稳产期,注水替油效果较好,多为单井控制的定容体。如 TK741 单元,该单元于 2004 年 4 月投产,投产初期无油嘴试油期间油压 16 MPa,日产油最高达 430 t/d,不含水。但生产不到一个月迅速停喷,转抽后动液面在 2 000 m 左右且供液不足,油井不能正常生产,导致长期关井,天然能量开采阶段累产油 2 724 t,采出程度 6.05%。2005 年 3 月 TK741 单元开始进行注水替油试验,第一周期注水 1 031 m³,关井 2 d 后,ϕ6 mm 油嘴开井生产,油压 11 MPa,日产油 71 t/d,不含水,周期产油 390 t。累计注水替油 15 周期,累计注水 2.31×10⁴ m³,累计增油 6 375 t,采出程度达到 20.22%,提高了 14.17%。

塔河油田主体区属于Ⅰ类好开发效果的缝洞单元有 6 个,数量占 4.35%,储量占 42.00%,典型的单元如 S48 单元、S67 单元;属于Ⅱ类较好开发效果的缝洞单元有 43 个,数量占 31.16%,储量占 50.34%,典型的单元如 S66 单元、S91 单元;属于Ⅲ类一般开发效果的缝洞单元有 40 个,数量占 28.98%,储量占 6.46%,典型的单元如 S71 单元、T758 单元;属于Ⅳ类较差开发效果的缝洞单元有 49 个,都是单井单元,数量占 35.51%,储量占 1.20%,典型的单元如 TK431 单元、T704 单元。

缝洞单元的划分及评价是动态的,随着油藏开发程度的不断提高,动态分析技术、缝洞储集体识别描述技术的不断改进和完善,缝洞单元划分也需及时更新。

第 3 章
碳酸盐岩缝洞型油藏储量计算方法

3.1 容积法

塔河油田碳酸盐岩缝洞储集体的空间形态及结构复杂,含油面积、油层厚度、孔隙度等储量计算参数的求取难度极大,利用碎屑岩油藏的容积法计算得到的储量与油田的开发实际差异较大。经过多年的探索研究,针对塔河油田碳酸盐岩缝洞型油藏的特点,形成了平面分缝洞区带(单元)、纵向分段计算储量的改进容积法,在塔河油田的新区(塔河十区、十二区,托甫台区等)产能建设中取得了较好的开发效果。

3.1.1 开发储量计算的总体思路和方法

开发方案编制是在缝洞型储层发育分布特征改进规律研究的基础上,以缝洞单元为单位计算储量,采用平面分缝洞区带(单元)、纵向分段的改进容积法计算开发储量。按储层发育分布情况,根据编制的各缝洞区带(单元)储层等厚图确定各缝洞区带(单元)的各类储层(综合评价分类的Ⅰ、Ⅱ类储层)含油面积,依据测井解释结果,同时参考钻井过程中明显的放空、漏失和低钻时段,综合确定各缝洞区带(单元)的储层有效厚度。有效孔隙度和含油饱和度是每个缝洞区带(单元)内的井加权平均后求得的,地面原油密度则取缝洞区带(单元)内各井实际原油密度的平均值。原油体积系数、原始气油比按照 PVT 实测结果的取值确定,无 PVT 资料的井则参考邻井的 PVT 资料。通过不同产能建设阶段开发储量的计算,进一步深化油藏认识,进一步落实开发储量。

3.1.2 储量参数确定方法

1) 含油面积

确定含油边界主要采用断层、地震属性特征门槛值的方法。根据各缝洞区带(单元)储层厚度平面分布图确定含油面积,即根据绘制的各缝洞区带(单元)Ⅰ类和Ⅱ类储层厚度的

| 第 3 章　碳酸盐岩缝洞型油藏储量计算方法 | 025

平面分布图将各缝洞区带(单元)有效厚度大于 0 的面积累加,从而得到各缝洞区带(单元)的含油面积。

2) 储层有效厚度

储层有效厚度的确定:根据储层划分标准,对研究区测井资料进行处理,在测井解释以及经产液剖面确定的产层段的综合评价解释结果的基础上,分别计算各缝洞区带(单元)内的Ⅰ类和Ⅱ类储层厚度,结合编制的Ⅰ类和Ⅱ类储层厚度平面分布图,采用加权平均的方法分别计算各缝洞区带(单元)Ⅰ类及Ⅱ类储层的有效厚度。

储层参数下限标准:在计算储量时,储层参数的下限标准仍采用申报探明储量和编制开发方案时采用的下限标准(表 3-1),孔洞孔隙度(ϕ_{bh})的下限标准取 2.0%,含油饱和度(S_o)的下限标准取 50%,裂缝孔隙度(ϕ_f)的下限标准取 0.05%。

表 3-1　塔河油田奥陶系灰岩储量参数下限标准

储层类别	储层类型	ϕ_f/%	ϕ_{bh}/%	S_o/%
Ⅰ	裂缝-孔洞型	≥0.05	≥2	≥50
	溶洞型			
Ⅱ	裂缝型	≥0.05		90

3) 有效孔隙度和含油饱和度

储量计算中孔隙度参数采用测井解释中的孔隙度。针对储层的多样性和非均质性,利用中子、密度交会法确定总孔隙度(ϕ_t),利用声波测井确定基质孔隙度(ϕ_b),利用双侧向资料确定裂缝孔隙度(ϕ_f),总孔隙度减去基质孔隙度和裂缝孔隙度得到孔洞孔隙度。

运用上述孔隙度的解释方法,对研究区内各缝洞区带(单元)进行处理,分别求出各井各缝洞区带(单元)Ⅰ类和Ⅱ类储层的裂缝孔隙度、孔洞孔隙度和总孔隙度。将每个缝洞区带(单元)的有效孔隙度与对应的储层有效厚度进行加权平均,即可得到各缝洞区带(单元)的平均有效孔隙度。

裂缝型灰岩储层的总含油饱和度(S_{ot})包括岩石孔洞含油饱和度(S_{obh})和裂缝含油饱和度(S_{of})。裂缝含油饱和度可参考国内外其他油田的取值,而孔洞含油饱和度则采用测井解释的方法求得。

孔洞含油饱和度也可采用阿尔奇公式计算,对储量计算区内各缝洞区带(单元)Ⅰ类和Ⅱ类储层的基块含油饱和度和总含油饱和度进行处理,并在此基础上,权衡有效孔隙体积,得到各缝洞区带(单元)内的基质和孔洞的平均含油饱和度。

(1) 未充填溶洞。

① 具有放空段且直接投产的溶洞。取值:有效孔隙度为 100%,含油饱和度为 100%。

② 具有放空、漏失段且直接投产的溶洞(包括有测井曲线井和无测井曲线井)。取值:放空段有效孔隙度为 100%,含油饱和度为 100%;对已有测井曲线的 20 多口井的漏失段有效孔隙度进行统计及加权平均,将其作为漏失段的有效孔隙度,得到漏失段有效孔隙度为 15%,含油饱和度为 85%。

溶洞综合取值:放空段的孔隙度、含油饱和度与漏失段的有效孔隙度、含油饱和度加权平均所得的值作为该溶洞段的有效孔隙度和含油饱和度。

③ 无放空、漏失段,只是测井曲线显示为未充填溶洞。取值:有效孔隙度为全油田统计的部分充填溶洞段的有效孔隙度(CNL),含油饱和度为 85%。

(2)部分充填溶洞。

对孔隙度、自然伽马值(GR)加权平均,用 GR 计算出泥质含量,再对孔隙度进行校正,得出部分充填溶洞的有效孔隙度为 10%,含油饱和度为 80%。

(3)全充填溶洞。

对这类溶洞不绘制储层厚度平面图,不参与储量计算,其储量方法及解释模型与该区新增探明储量计算方法相同。

4)其他参数

地面原油密度:取各井实际原油密度的平均值。

原油体积系数:取实测 AD4 井的 PVT 分析数据 1.038 2。

原始气油比:与原油体积系数的取值方法相同。

3.2 体积雕刻法

根据塔河油田南部开发实践,断控缝洞区储量主要位于不同级别断裂控制的区域。根据目前对顺北地区的地质认识以及资料情况,采用断溶体油藏体积雕刻法对顺北一区奥陶系油藏储量进行估算。

3.2.1 计算方法

体积雕刻法的原油地质储量计算公式为:

$$N = V_o S_{oi} \rho_o / B_{oi}$$

$$V_o = \sum_{i=1}^{m} V_{oi} \phi_i$$

溶解气地质储量计算公式为:

$$G_s = 10^{-4} N R_{si}$$

式中　　V_o——有效孔隙体积,10^4 m^3;

　　　　N——原油地质储量,m^3;

　　　　G_s——溶解气地质储量,m^3;

　　　　ϕ_i——原始孔隙度;

　　　　ρ_o——原油密度,g/cm^3;

　　　　V_{oi}——原始含油体积,m^3;

　　　　S_{oi}——原始含油饱和度;

　　　　R_{si}——原始溶解气油比。

采用地震属性体与地震反演体相结合的缝洞型储层体积雕刻法,在地震相几何形态的基础上,结合单井测井建模与地震波阻抗建模得到缝洞体有效孔隙度地质模型。

体积雕刻法的关键是将地震反射特征几何形态刻画与地震反演体相结合进行储层的雕刻,如图 3-1 所示。该方法的主要流程及关键步骤如下:

(1)依据保幅保真地震数据体,结合储层井震标定和已钻井反射特征,识别出有效储层的地震反射特征并进行分类。

(2)对已明确的地震反射特征类型进行地震敏感几何属性选取,在属性门槛值确定的基础上,结合地震反射特征,雕刻出不同地震反射特征储层的三维几何形态。

(3)通过体融合技术得到研究区三维雕刻几何形态展布情况。

(4)通过井震联合地震反演技术得到地震有效孔隙度体。

(5)通过体融合过滤技术,把有效孔隙度与反射特征属性雕刻体结合,消除无效反射特征,最终得到有效储层雕刻三维几何形态。利用空间体积积分法计算有效储集空间体积,同时编制出储量计算单元的不同储层类型的面积、有效厚度及有效孔隙度平面分布图。

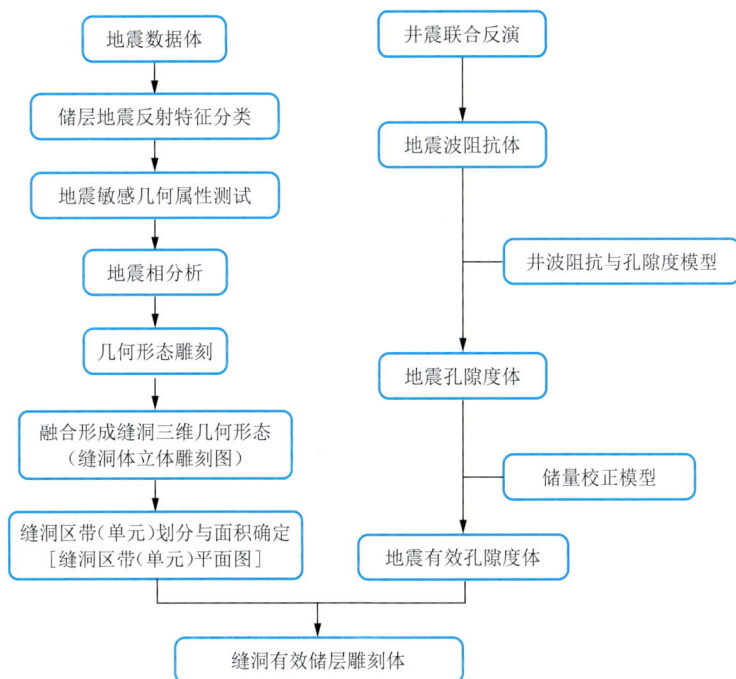

图 3-1　地震属性体与地震反演体相结合的储层体积雕刻流程图

3.2.2　井震联合反演

1)测井资料的标准化处理及应用

(1)测井曲线处理及环境校正。

首先对测井曲线进行可用性检查和处理,特别是密度和声波曲线,因为这些曲线是建立测井资料和地震资料关系的基础。测井曲线测量方式的不同,造成其横向探测深度和纵向分辨率有很大的差异,要对不同测井序列的曲线进行拼接和深度校正;部分测井曲线缺少或出现异常,要补充缺失井段,消除异常影响;井眼垮塌造成声波曲线存在异常尖峰,要消除尖峰影响等,通过合理的环境校正,修复声波曲线的异常尖峰。

(2)测井曲线标准化处理。

测井曲线标准化处理的难点是标准地层的选择和多井间系统偏差的认识。根据对基础测井资料和地质条件的分析,对奥陶系地层进行标准化处理,消除测井数据的系统误差,解决井间能量不均衡问题。

2)合成记录制作及地震子波提取

人工合成记录是连接测井和地震的桥梁,精确的合成记录标定在精细地震解释中起着至关重要的作用。通过制作高精度的合成地震记录,可以将研究目的层准确标定在剖面上,为井震反演打下坚实的基础。确定研究区内的多口井合成地震记录与地震剖面的匹配关系,当正极性相关好的井占多数时,剖面为正极性;反之,为负极性。

为了准确地进行井震标定和子波提取,对两个区块地震资料的频率进行分析。通过分析目的层段地震数据频谱,得到顺北一区目的层段之间的地震数据体主频在 20 Hz 左右,有效频宽为 5~85 Hz。

根据钻井地质分层、测井成果和前期的地层解释情况,以 T_7^1 为标准层,对顺北一区钻井进行合成记录标定,如图 3-2 所示。首先确定子波的极性为正极性,结合目的层段的频谱分析及单井目的层段的频谱特征,对研究区内已标定的所有井分别提取最优子波、统计子波、宽带子波与理论子波,通过调节子波长度与提取时窗优化,优选出井震匹配最好的子波为理论子波。

3)初始模型建立及叠后纵波阻抗反演

应用波阻抗反演软件(EPS Reservoir)建立初始模型,其中反演初始模型建立时最关键的参数是分形能量。在分形插值过程中,分形能量值越大,测井曲线数据对内插结果影响越大;分形能量值越小,地震数据对内插结果影响越大。建模采用测井的低频趋势约束,高频信息主要来源于地震数据体,由于顺北一区地震资料品质相对较好,因此选取分形能量为 0.46 建立反演初始模型,以满足区域背景下的碳酸盐岩缝洞型储层非均质性强的特点。随着深度的增加,反演模型围岩阻抗值逐渐增加,相应的地震波速也逐渐增加,满足低频趋势模型的特征,同时也符合整体的地质认识和基本规律。

4)储层孔隙度参数反演

基于波形不连续性检测技术和统计公式建立各地质层位井中波阻抗/拟波阻抗与波速、密度、孔隙度等储层物性参数之间的统计关系,反演各层的储层物性参数。储层物性参数反演主要包括相关法(correlation)和统计法(statistic)。其中,统计法中回归算法(regression algorithm)有几种回归公式,利用回归公式建立波阻抗反演体与已钻井测井孔隙度之间的关系,得到孔隙度反演体。

奥陶系碳酸盐岩缝洞型储层非均质性极强,测井孔隙度仅反映井眼附近的地层信息,而远离井眼的储层特征可能存在较大变化。另外,由于碳酸盐岩储层本身的特性,钻井过

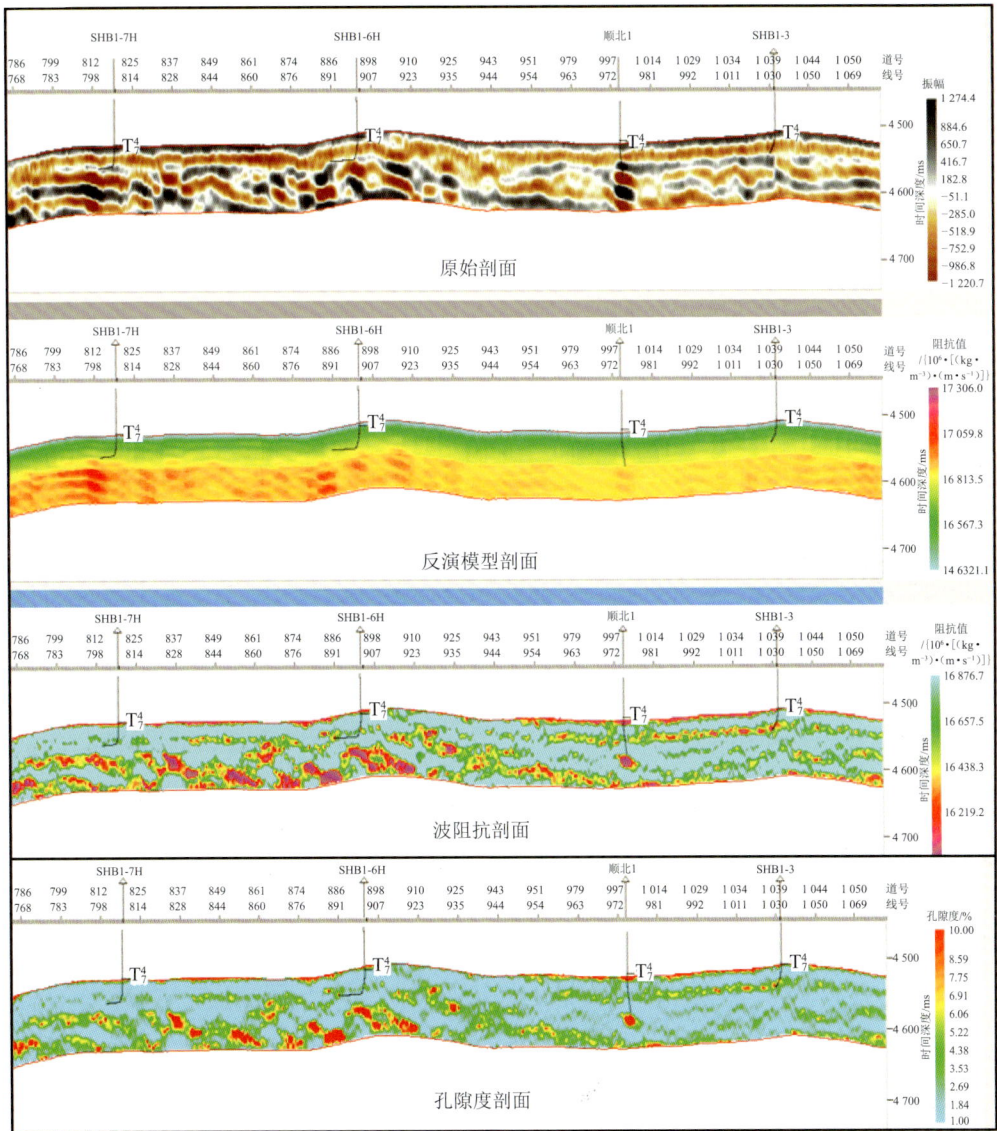

图 3-2　顺北一区储层反演原理图

程中容易发生放空和漏失现象,造成测井曲线缺失或失真,加大了储层孔隙度预测的难度。地震资料分辨率及偏移归位等问题也会影响孔隙度反演结果,使其与已钻井测井孔隙度之间存在一定的差异。因此,在研究过程中,孔隙度反演结果吻合程度的检验标准应从多方面考虑,不能单独依靠测井孔隙度来评价,还应考虑储层连通性、发育范围及生产特征。

根据孔隙度反演原理,提取顺北一区单井井点处的阻抗值,并与单井测井孔隙度曲线进行交会(图 3-3),但部分井未进行电性测井,没有测井孔隙度曲线,未参与本次交会。从交会结果看,孔隙度主要分布在低于 20% 的区间,而奥陶系碳酸盐岩缝洞型储层在钻井过程中,会出现大量放空、漏失等现象,表现为溶洞特征,其孔隙度应远大于 20%,因此,交会图上未能有效的表现放空或大量漏失井段的孔隙度特征,存在一定的缺陷,交会关系式无法满足孔隙度反演要求。

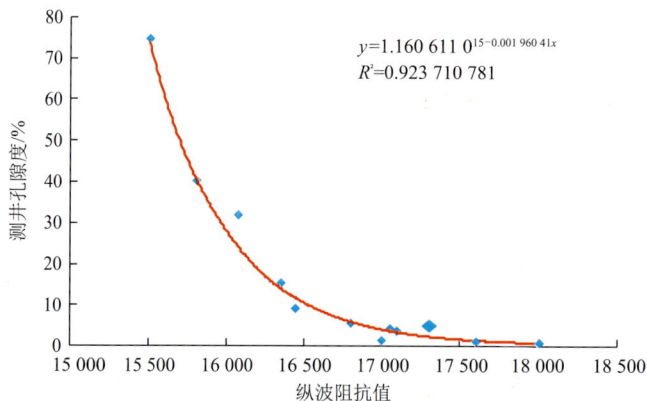

图 3-3　顺北一区测井孔隙度与阻抗值交会图

奥陶系碳酸盐岩缝洞型储层选井目标是串珠状的溶蚀洞穴。在钻井过程中,多数井会发生放空、漏失现象,表现出溶蚀洞穴储层特征,放空和大量漏失井位通常未进行电性测井,缺少溶蚀洞穴的测井孔隙度,给孔隙度计算造成很大的影响,因此通过孔隙度赋值法,赋予放空井段的孔隙度为 75% 左右,读取其阻抗值为 15 600 左右,并结合单井测井孔隙度与反演波阻抗修正测井孔隙度与波阻抗交会,得到波阻抗与孔隙度的修正关系式,完成孔隙度参数反演。

3.2.3　缝洞体雕刻

1）多属性体融合技术完成有效缝洞体雕刻

碳酸盐岩缝洞型储层地质成因复杂且内部均质性强,针对碎屑岩储层建立的成熟储层建模方法无法直接应用于该类储层。由于缝洞型储层的形成受控于岩溶改造作用,并且不同的岩溶对应不同的地震属性,针对研究区地震地质特点,结合已钻井缝洞显示情况,设计了如下定量地震描述思路:基于聚类分析算法,以及频谱分解、瞬时能量、频谱分解不连续性检测及叠前各项裂缝检测等检测方法,识别串珠相和杂乱相;采用缝洞储层反演技术,结合钻井及测井储层分类及下限研究,实现洞穴、溶蚀孔洞的地震表征;结合多属性融合技术,建立大型缝洞体三维结构空间雕刻。

前期储层参数下限研究表明,研究区块的溶洞有效储层平均孔隙度下限为 5%,孔洞有效储层平均孔隙度下限为 2%,裂缝有效储层平均孔隙度下限为 0.05%。对顺北一区进行储层边界确定,应用多属性体融合技术(图 3-4),实现有效缝洞体雕刻。顺北五区与顺北八区的孔隙度参考邻区顺北一区平均孔隙度,采用赋值法计算。

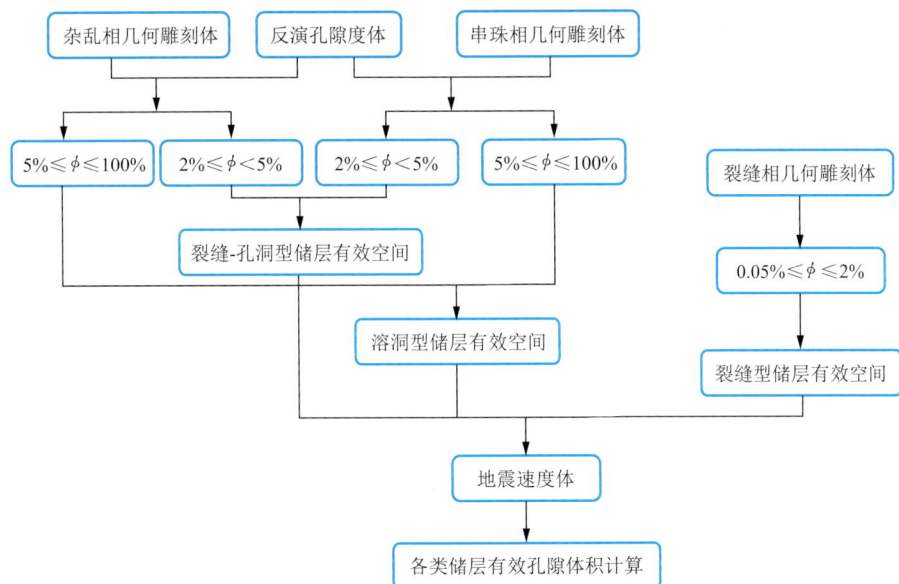

图 3-4　顺北一区分类刻画流程图

2) 缝洞体雕刻结果

(1) 储量计算参数。

顺北一区断裂带钻井实测流温均高于静温,推测产层不断下移。依据流温、静温差和地温梯度,推算含油高度达 300 m 以上,储量计算底界确定为 300 m。

缝洞体地震反射特征主要为串珠状反射和杂乱反射。断控背景下除串珠状反射外,杂乱强、杂乱弱均是缝洞体发育的有利表征,主要反映断溶体内部岩石破碎程度,可优选非连续性等属性来表征杂乱反射特征。利用梯度结构张量法开展断溶体轮廓雕刻,矿权范围内的主断裂及次级深断裂控制的断溶体为计算单元;依据实钻井钻时曲线确定缝洞体边界属性门槛值为 0.1。

由于顺北油田目前完钻井绝大部分钻遇放空、漏失段,取得的有效测井资料较少,因此储量计算中的含油饱和度借鉴塔河油田各类储层含油饱和度的大体情况,根据赋值经验,取溶洞型储层平均含油饱和度为 85.9%,裂缝-孔洞型储层平均含油饱和度为 66.9%,裂缝型储层平均含油饱和度为 90%。

根据 SHB1-1H 井的 PVT 分析结果,地层原油体积系数为 2.171,原始溶解气油比为 423 m^3/m^3,地面原油密度为 0.795 g/cm^3,顺北 5 号带、顺北 7 号带预估气油比为 60 m^3/m^3,地面原油密度根据顺北 5 井的实测值 0.829 g/cm^3 来确定。

(2) 计算结果。

采用多属性体融合技术,根据地震属性预测碳酸盐岩缝洞型储层反射边界,与有效孔隙度反演体融合,最终得到研究区块有效储层的缝洞体雕刻结果。

根据缝洞体雕刻结果,应用 Epoffic 软件平台内的 ResViz 模块,结合速度体和井震反演体对雕刻的三维几何体计算出不同储层类型(溶洞型、裂缝-孔洞型、裂缝型)的有效孔隙体积。

利用有效孔隙体积与含油饱和度、体积系数、气油比、原油密度等参数计算得到顺北一区总地质储量为 11 080×10⁴ t。

3.3 试井法

3.3.1 试井模型

1) 井-缝-洞模型

（1）物理模型。

井-缝-洞模型由裂缝系统 f 和溶洞系统 v 组成，模型示意图如图 3-5 所示。

考虑缝洞型油藏中一口生产井的情况，并做出如下假设：

① 油井以定产量生产；

② 生产前假设地层中各点压力均匀分布，且压力为 p_i；

③ 地层中流体为单相且弱可压缩，流体在两种介质中的渗流满足达西定律；

④ 每种介质的孔隙度与另一种介质的压力变化相对独立；

⑤ 重力及毛管力的影响忽略不计；

⑥ 考虑井筒储集效应和表皮效应；

⑦ 裂缝向井筒供液，溶洞向裂缝发生拟稳态窜流，且溶洞不直接向井筒供液。

图 3-5 井-缝-洞模型示意图

（2）数学模型。

假设井-缝-洞模型仅由溶洞系统和裂缝系统组成。井-缝-洞型油藏中各种介质占总系统的比值可用介质储容比来描述，这里采用溶洞体积、裂缝长度等参数来表征介质储容比，进而计算动态储量。根据质量守恒定律，建立井-缝-洞模型的数学微分方程组。

裂缝系统 f 的渗流微分方程遵循：

$$\frac{\partial^2 p_f}{\partial r^2} = \frac{\phi_v \mu V_v C_v}{k_v} \frac{\partial p_v}{\partial t} + \frac{\phi_f \mu A_f L_f C_f}{k_f} \frac{\partial p_f}{\partial t} \tag{3-1}$$

式中　p_v——溶洞的瞬时压力，MPa；

p_f——裂缝的瞬时压力，MPa；

V_v——溶洞体积，m^3；

L_f——裂缝长度，m；

A_f——裂缝横截面面积，m^2；

C_v——溶洞压缩系数，MPa^{-1}；

C_f——裂缝压缩系数，MPa^{-1}；

k_v——溶洞渗透率，μm^2；

k_f——裂缝渗透率，μm^2；

ϕ_v——溶洞孔隙度；

ϕ_f——裂缝孔隙度；

μ——流体黏度，mPa·s；

r——距井的径向距离，m；

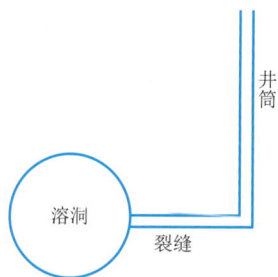

t——时间，h。

溶洞系统 v 向裂缝系统 f 发生窜流的方程为：

$$\phi_v V_v C_v \frac{\partial p_v}{\partial t} = -\alpha_v \frac{k_v}{\mu}(p_v - p_f) \tag{3-2}$$

式中　α_v——溶洞的形状因子，m^{-2}。

其初始条件为：

$$p_f\big|_{t=0} = p_v\big|_{t=0} = p_i \tag{3-3}$$

式中　p_i——原始地层压力，MPa。

内边界条件（空间域）为：

$$p_w = p_f\big|_{r=r_w} \tag{3-4}$$

式中　p_w——井底压力，MPa；

　　　r_w——井筒半径，m。

内边界条件（时间域）为：

$$r\frac{\partial p_f}{\partial r}\bigg|_{r=r_w} = \frac{1.842\times10^{-3}q\mu B_o}{k_f h} + \frac{0.159\,2C}{hr_w}\frac{dp_w}{dt} \tag{3-5}$$

式中　q——地面流量，m^3/d；

　　　h——储层厚度，m；

　　　C——井筒储集系数，m^3/MPa；

　　　B_o——地层原油体积系数。

无限大外边界条件为：

$$\lim_{r\to\infty} p_v = \lim_{r\to\infty} p_f = p_i \tag{3-6}$$

定压外边界条件为：

$$\lim_{r\to r_e} p_v = \lim_{r\to r_e} p_f = p_i \tag{3-7}$$

式中　r_e——外边界半径，m。

封闭外边界条件为：

$$\frac{\partial p_f}{\partial r}\bigg|_{r=r_e} = \frac{\partial p_v}{\partial r}\bigg|_{r=r_e} = 0 \tag{3-8}$$

油藏工程、试井分析中经常需要进行单位换算，下面以裘比产量计算公式为例，将国际单位制换算为油藏工程领域常用的法定单位。

国际单位制下的裘比公式为：

$$q = \frac{2\pi k h \Delta p}{\mu \ln \dfrac{r_e}{r_w}} \tag{3-9}$$

为了方便换算，可在公式两端写明原来的单位和要换算的单位：

$$q\frac{[m^3/s]}{[m^3/d]}[m^3/d] = \frac{2\pi k \dfrac{[m^2]}{[mD]}[mD]h[m]\Delta p\dfrac{[Pa]}{[MPa]}[MPa]}{\mu\dfrac{[Pa\cdot s]}{[mPa\cdot s]}[mPa\cdot s]\ln\dfrac{r_e}{r_w}} \tag{3-10}$$

再将两种单位之比进行数据换算：

$$q \frac{1}{86\,400} [\text{m}^3/\text{d}] = \frac{2\pi k \frac{1}{10^{15}} [\text{mD}] h[\text{m}] \Delta p \frac{10^6}{1} [\text{MPa}]}{\mu \frac{1}{1\,000} [\text{mPa} \cdot \text{s}] \ln \frac{r_e}{r_w}} \tag{3-11}$$

整理即得新公式：

$$q = \frac{1}{1.842} \frac{2\pi kh \Delta p}{\mu \ln \frac{r_e}{r_w}} \tag{3-12}$$

基于上述原理，结合模型所建公式，引入一组无因次变量如下：

$$r_D = \frac{r}{r_w e^{-S}}, \quad r_{eD} = \frac{r_e}{r_w e^{-S}}, \quad p_{fD} = \frac{k_f h (p_i - p_f)}{1.842 \times 10^{-3} q\mu B_o},$$

$$p_{vD} = \frac{k_f h (p_i - p_v)}{1.842 \times 10^{-3} q\mu B_o}, \quad t_D = \frac{3.6 k_f t}{\mu r_w^2 (\phi_v C_v V_v + \phi_f C_f L_f A_f)},$$

$$\lambda_{vf} = \frac{\alpha_v k_v}{k_f} r_w^2, \quad V_{vD} = \frac{V_v}{r_w^3}, \quad L_{fD} = \frac{L_f}{r_w}, \quad A_{fD} = \frac{A_f}{r_w^2},$$

$$C_D = \frac{C}{2\pi h r_w^2 (\phi_v C_v V_v + \phi_f C_f L_f A_f)}$$

式中　下标 w,v,f——井筒、溶洞、裂缝；

　　　下标 e——边界；

　　　下标 D——各变量对应的无因次量；

　　　λ_{vf}——溶洞向裂缝的窜流系数；

　　　S——表皮系数。

由此可得井-缝-洞模型的无因次渗流数学方程为：

$$\frac{\partial^2 p_{fD}}{\partial r_D^2} = \frac{\phi_v C_{vD} V_{vD}}{e^{2S}(\phi_v C_{vD} V_{vD} + \phi_f C_{fD} L_{fD} A_{fD})} \frac{\partial p_{vD}}{\partial t_D} + \frac{\phi_f C_{fD} L_{fD} A_{fD}}{e^{2S}(\phi_v C_{vD} V_{vD} + \phi_f C_{fD} L_{fD} A_{fD})} \frac{\partial p_{fD}}{\partial t_D}$$
$$\tag{3-13}$$

$$-\lambda_{vf} e^{-2S} (p_{vD} - p_{fD}) = \frac{\phi_v C_{vD} V_{vD}}{e^{2S}(\phi_v C_{vD} V_{vD} + \phi_f C_{fD} L_{fD} A_{fD})} \frac{\partial p_{vD}}{\partial t_D} \tag{3-14}$$

其初始条件为：

$$p_{fD}\big|_{t_D=0} = p_{vD}\big|_{t_D=0} = 0 \tag{3-15}$$

内边界条件（空间域）为：

$$p_{wD} = p_{fD}\big|_{r_D=1} \tag{3-16}$$

内边界条件（时间域）为：

$$\frac{\partial p_{fD}}{\partial r_D}\bigg|_{r_D=1} = -1 + C_D \frac{dp_{wD}}{dt_D} \tag{3-17}$$

无限大外边界条件为：

$$\lim_{r_D \to \infty} p_{vD} = \lim_{r_D \to \infty} p_{fD} = 0 \tag{3-18}$$

定压外边界条件为：

$$\lim_{r \to r_{eD}} p_{vD} = \lim_{r \to r_{eD}} p_{fD} = 0 \tag{3-19}$$

封闭外边界条件为：

$$\frac{\partial p_{fD}}{\partial r_D}\bigg|_{r=r_{eD}} = \frac{\partial p_{vD}}{\partial r_D}\bigg|_{r=r_{eD}} = 0 \tag{3-20}$$

在当前的实空间下解上述无因次方程的难度较高,因此将上述方程转到拉普拉斯(Laplace)空间中,再数值反演到实空间中求解。对式(3-13)～式(3-20)进行 $t_D \to s$ 的拉普拉斯变换:

$$\frac{\partial^2 \bar{p}_{fD}}{\partial r_D^2} = \frac{\phi_v C_{vD} V_{vD}}{e^{2S}(\phi_v C_{vD} V_{vD} + \phi_f C_{fD} L_{fD} A_{fD})} s \bar{p}_{vD} + \frac{\phi_f C_{fD} L_{fD} A_{fD}}{e^{2S}(\phi_v C_{vD} V_{vD} + \phi_f C_{fD} L_{fD} A_{fD})} s \bar{p}_{fD}$$

$$\text{(3-21)}$$

$$-\lambda_{vf}(\bar{p}_{vD} - \bar{p}_{fD}) = s\bar{p}_{vD} \tag{3-22}$$

其初始条件为:

$$\bar{p}_{fD}\big|_{t_D=0} = \bar{p}_{vD}\big|_{t_D=0} = 0 \tag{3-23}$$

内边界条件(空间域)为:

$$\bar{p}_{wD} = \bar{p}_{fD}\big|_{r_D=1} \tag{3-24}$$

内边界条件(时间域)为:

$$\frac{\mathrm{d}\bar{p}_{fD}}{\mathrm{d}r_D}\bigg|_{r_D=1} = -\frac{1}{s} + C_D s \bar{p}_{wD} \tag{3-25}$$

无限大外边界条件为:

$$\lim_{r_D \to \infty} \bar{p}_{vD} = \lim_{r_D \to \infty} \bar{p}_{fD} = 0 \tag{3-26}$$

定压外边界条件为:

$$\lim_{r \to r_{eD}} \bar{p}_{vD} = \lim_{r \to r_{eD}} \bar{p}_{fD} = 0 \tag{3-27}$$

封闭外边界条件为:

$$\frac{\partial \bar{p}_{fD}}{\partial r_D}\bigg|_{r=r_{eD}} = \frac{\partial \bar{p}_{vD}}{\partial r_D}\bigg|_{r=r_{eD}} = 0 \tag{3-28}$$

式中 $\bar{p}_{fD}$ ——拉普拉斯空间中的无因次裂缝压力;

$\bar{p}_{vD}$ ——拉普拉斯空间中的无因次溶洞压力;

$\bar{p}_{wD}$ ——拉普拉斯空间中的无因次井底压力;

s ——拉普拉斯空间变量。

(3)模型的解。

采用广义贝塞尔函数代入式(3-21)求解,得到通解如下:

$$\bar{p}_{fD}(r_D, s) = A\cosh[f(s)r_D] + B\sinh[f(s)r_D] \tag{3-29}$$

其中:

$$f(s) = \sqrt{se^{-2S}(\sigma_1 + \sigma_2)} \tag{3-30}$$

$$\sigma_1 = \frac{\lambda_{vf}\phi_v C_{vD} V_{vD}}{\lambda_{vf}(\phi_v C_{vD} V_{vD} + \phi_f C_{fD} L_{fD} A_{fD}) + s\phi_v C_{vD} V_{vD}} \tag{3-31}$$

$$\sigma_2 = \frac{\phi_f C_{fD} L_{fD} A_{fD}}{\phi_v C_{vD} V_{vD} + \phi_f C_{fD} L_{fD} A_{fD}} \tag{3-32}$$

式中 A, B ——系数。

因为式(3-26)中 $\lim_{r_D \to \infty} \bar{p}_{fD} = 0$,所以式(3-29)中 $B = 0$。结合初始条件,内、外边界条件,并将 $r_D = 1$ 代入式(3-21)的 $\bar{p}_{fD}$ 中,可求得无限大外边界条件下拉普拉斯空间中无因次井底压力的解为:

$$\bar{p}_{wD} = \frac{K_0\left[f(s)\right]}{s\left\{C_D s K_0\left[f(s)\right] + f(s)K_1\left[f(s)\right]\right\}} \tag{3-33a}$$

定压外边界条件下拉普拉斯空间中无因次井底压力的解为：

$$\bar{p}_{wD} = \frac{K_0\left[f(s)\right]I_0\left[f(s)r_{eD}\right] - K_0\left[f(s)r_{eD}\right]I_0\left[f(s)\right]}{sf(s)\left\{K_0\left[f(s)r_{eD}\right]I_1\left[f(s)\right] + K_1\left[f(s)\right]I_0\left[f(s)r_{eD}\right]\right\}} \tag{3-33b}$$

封闭外边界条件下拉普拉斯空间中无因次井底压力的解为：

$$\bar{p}_{wD} = \frac{K_1\left[f(s)r_{eD}\right]I_0\left[f(s)\right] + K_0\left[f(s)\right]I_1\left[f(s)r_{eD}\right]}{sf(s)\left\{K_1\left[f(s)r_{eD}\right]I_1\left[f(s)\right] - K_1\left[f(s)\right]I_1\left[f(s)r_{eD}\right]\right\}} \tag{3-33c}$$

式中　$K_0(x)$ 和 $K_1(x)$——0 阶和 1 阶的第二类虚变量贝塞尔函数；

　　　$I_0(x)$ 和 $I_1(x)$——0 阶和 1 阶的第一类虚变量贝塞尔函数。

采用 Stehfest 数值反演方法对式(3-33)中的 $\bar{p}_{wD}$ 求解。针对任意函数 $f(t)$，其拉普拉斯变换公式为：

$$L(s) = L\left[f(t)\right] = \int_0^\infty f(t)e^{-st}dt \tag{3-34}$$

通过 Stehfest 数值反演，$f(t)$ 的表达式如下：

$$f(t) = \frac{\ln 2}{t_D}\sum_{i=1}^n V_i L(s_i) \tag{3-35}$$

$$s_i = \frac{\ln 2}{t}i \tag{3-36}$$

$$V_i = (-1)^{\frac{N}{2}+i}\sum_{k=\left[\frac{i+1}{2}\right]}^{\min(i,\frac{N}{2})} \frac{k^{\frac{N}{2}}(2k)!}{(\frac{N}{2}-k)!k!(k-1)!(i-k)!(2k-i)!} \tag{3-37}$$

2）单缝与双洞并联模型

（1）物理模型。

单缝与双洞并联模型由井筒、两个溶洞系统 v1 和 v2、单条裂缝系统 f 组成，考虑两个溶洞的体积和裂缝长度等因素开展研究，模型示意图如图 3-6 所示。

考虑缝洞型油藏中一口生产井的情况，并做出如下假设：

① 油井以定产量生产；

② 生产前假设地层中各点压力均匀分布，且压力为 p_i；

③ 地层中流体为单相且弱可压缩，流体在裂缝系统中的渗流满足达西定律；

④ 每种介质的孔隙度与另一种介质的压力变化相对独立；

⑤ 重力及毛管力的影响忽略不计；

⑥ 忽略两个溶洞到裂缝的尺度大小；

⑦ 考虑井筒储集效应和表皮效应；

⑧ 裂缝直接向井筒供液，两个溶洞向裂缝发生拟稳态窜流，溶洞系统 v1 较溶洞系统 v2 先向裂缝供液，且两个溶洞不直接向井筒供液。

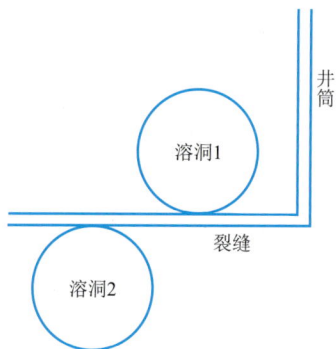

图 3-6　双洞并联模型示意图

（2）数学模型。

假设单缝与双洞并联模型由井筒、单条裂缝系统和两个溶洞系统组成。与井-缝-洞模型类似，这里采用溶洞体积、裂缝长度等参数来表征介质储容比，进而计算动态储量。根据质量守恒定律，建立单缝与双洞并联模型的数学微分方程组。

裂缝系统 f 的渗流微分方程遵循：

$$\frac{\partial^2 p_f}{\partial r^2} = \frac{\phi_{v1} \mu V_{v1} C_{v1}}{k_{v1}} \frac{\partial p_{v1}}{\partial t} + \frac{\phi_{v2} \mu V_{v2} C_{v2}}{k_{v2}} \frac{\partial p_{v2}}{\partial t} + \frac{\phi_f \mu A_f L_f C_f}{k_f} \frac{\partial p_f}{\partial t} \tag{3-38}$$

式中　下标 v1，v2，f——溶洞 1、溶洞 2、裂缝；

C_{v1}——溶洞 1 的压缩系数，MPa^{-1}；

C_{v2}——溶洞 2 的压缩系数，MPa^{-1}；

V_{v1}——溶洞 1 的体积，m^3；

V_{v2}——溶洞 2 的体积，m^3；

k_{v1}——溶洞 1 的渗透率，μm^2；

k_{v2}——溶洞 2 的渗透率，μm^2；

ϕ_{v1}——溶洞 1 的孔隙度；

ϕ_{v2}——溶洞 2 的孔隙度；

p_{v1}——溶洞 1 的瞬时压力，MPa；

p_{v2}——溶洞 2 的瞬时压力，MPa。

溶洞系统 v1 向裂缝系统 f 发生窜流的方程为：

$$\phi_{v1} V_{v1} C_{v1} \frac{\partial p_{v1}}{\partial t} = - \alpha_{v1} \frac{k_{v1}}{\mu} (p_{v1} - p_f) \tag{3-39}$$

式中　α_{v1}——溶洞 1 的形状因子，m^{-2}。

溶洞系统 v2 向裂缝系统 f 发生窜流的方程为：

$$\phi_{v2} V_{v2} C_{v2} \frac{\partial p_{v2}}{\partial t} = - \alpha_{v2} \frac{k_{v2}}{\mu} (p_{v2} - p_f) \tag{3-40}$$

式中　α_{v2}——溶洞 2 的形状因子，m^{-2}。

其初始条件为：

$$p_{v1} \big|_{t=0} = p_{v2} \big|_{t=0} = p_f \big|_{t=0} = p_i \tag{3-41}$$

内边界条件（空间域）为：

$$p_w = p_f \big|_{r=r_w} \tag{3-42}$$

内边界条件（时间域）为：

$$r \frac{\partial p_f}{\partial r} \bigg|_{r=r_w} = \frac{1.842 \times 10^{-3} q \mu B}{k_f h} + \frac{0.159\,2 C}{h r_w} \frac{\mathrm{d} p_w}{\mathrm{d} t} \tag{3-43}$$

无限大外边界条件为：

$$\lim_{r \to \infty} p_{v1} = \lim_{r \to \infty} p_{v2} = \lim_{r \to \infty} p_f = p_i \tag{3-44}$$

定压外边界条件为：

$$\lim_{r \to r_e} p_{v1} = \lim_{r \to r_e} p_{v2} = \lim_{r \to r_e} p_f = p_i \tag{3-45}$$

封闭外边界条件为：

$$\frac{\partial p_f}{\partial r} \bigg|_{r=r_e} = \frac{\partial p_{v1}}{\partial r} \bigg|_{r=r_e} = \frac{\partial p_{v2}}{\partial r} \bigg|_{r=r_e} = 0 \tag{3-46}$$

现引入一组无因次变量如下：

$$p_{fD} = \frac{k_f h (p_i - p_f)}{1.842 \times 10^{-3} q\mu B_o}, \qquad p_{v1D} = \frac{k_f h (p_i - p_{v1})}{1.842 \times 10^{-3} q\mu B_o}, \qquad p_{v2D} = \frac{k_f h (p_i - p_{v2})}{1.842 \times 10^{-3} q\mu B_o},$$

$$r_D = \frac{r}{r_w e^{-S}}, \qquad r_{eD} = \frac{r_e}{r_w e^{-S}}, \qquad \lambda_{v1f} = \frac{\alpha_{v1} k_{v1}}{k_f} r_w^2, \qquad \lambda_{v2f} = \frac{\alpha_{v2} k_{v2}}{k_f} r_w^2,$$

$$L_{fD} = \frac{L_f}{r_w}, \qquad A_{fD} = \frac{A_f}{r_w^2}, \qquad V_{v1D} = \frac{V_{v1}}{r_w^3}, \qquad V_{v2D} = \frac{V_{v2}}{r_w^3},$$

$$t_D = \frac{3.6 k_f t}{\mu r_w^2 (\phi_{v1} C_{v1} V_{v1} + \phi_{v2} C_{v2} V_{v2} + \phi_f C_f L_f A_f)},$$

$$C_D = \frac{C}{2\pi h r_w^2 (\phi_{v1} C_{v1} V_{v1} + \phi_{v2} C_{v2} V_{v2} + \phi_f C_f L_f A_f)}$$

式中　λ_{v1f}——溶洞 1 向裂缝的窜流系数；

　　　λ_{v2f}——溶洞 2 向裂缝的窜流系数。

由此可得单缝与双洞并联模型的无因次渗流数学模型为：

$$\frac{\partial^2 p_{fD}}{\partial r_D^2} = \frac{\phi_{v1} V_{v1D} C_{v1D}}{e^{2S} (\phi_{v1} C_{v1D} V_{v1D} + \phi_{v2} C_{v2D} V_{v2D} + \phi_f C_{fD} L_{fD} A_{fD})} \frac{\partial p_{v1D}}{\partial t_D} +$$

$$\frac{\phi_{v2} V_{v2D} C_{v2D}}{e^{2S} (\phi_{v1} C_{v1D} V_{v1D} + \phi_{v2} C_{v2D} V_{v2D} + \phi_f C_{fD} L_{fD} A_{fD})} \frac{\partial p_{v2D}}{\partial t_D} +$$

$$\frac{\phi_f A_{fD} L_{fD} C_{fD}}{e^{2S} (\phi_{v1} C_{v1D} V_{v1D} + \phi_{v2} C_{v2D} V_{v2D} + \phi_f C_{fD} L_{fD} A_{fD})} \frac{\partial p_{fD}}{\partial t_D} \qquad (3\text{-}47)$$

$$-\lambda_{v1f} e^{-2S} (p_{v1D} - p_{fD}) = \frac{\phi_{v1} C_{v1D} V_{v1D}}{e^{2S} (\phi_{v1} C_{v1D} V_{v1D} + \phi_{v2} C_{v2D} V_{v2D} + \phi_f C_{fD} L_{fD} A_{fD})} \frac{\partial p_{v1D}}{\partial t_D} \qquad (3\text{-}48)$$

$$-\lambda_{v2f} e^{-2S} (p_{v2D} - p_{fD}) = \frac{\phi_{v2} C_{v2D} V_{v2D}}{e^{2S} (\phi_{v1} C_{v1D} V_{v1D} + \phi_{v2} C_{v2D} V_{v2D} + \phi_f C_{fD} L_{fD} A_{fD})} \frac{\partial p_{v2D}}{\partial t_D} \qquad (3\text{-}49)$$

其初始条件为：

$$p_{fD} \big|_{t_D=0} = p_{v1D} \big|_{t_D=0} = p_{v2D} \big|_{t_D=0} = 0 \qquad (3\text{-}50)$$

内边界条件（空间域）为：

$$p_{wD} = p_{fD} \big|_{r_D=1} \qquad (3\text{-}51)$$

内边界条件（时间域）为：

$$\frac{\partial p_{fD}}{\partial r_D} \bigg|_{r_D=1} = -1 + C_D \frac{dp_{wD}}{dt_D} \qquad (3\text{-}52)$$

无限大外边界条件为：

$$\lim_{r_D \to \infty} p_{v1D} = \lim_{r_D \to \infty} p_{v2D} = \lim_{r_D \to \infty} p_{fD} = 0 \qquad (3\text{-}53)$$

定压外边界条件为：

$$\lim_{r \to r_{eD}} p_{v1D} = \lim_{r \to r_{eD}} p_{v2D} = \lim_{r \to r_{eD}} p_{fD} = 0 \qquad (3\text{-}54)$$

封闭外边界条件为：

$$\frac{\partial p_{fD}}{\partial r_D} \bigg|_{r=r_{eD}} = \frac{\partial p_{v1D}}{\partial r_D} \bigg|_{r=r_{eD}} = \frac{\partial p_{v2D}}{\partial r_D} \bigg|_{r=r_{eD}} = 0 \qquad (3\text{-}55)$$

对式（3-47）～式（3-55）进行 $t_D \to s$ 的拉普拉斯变换：

$$\frac{\partial^2 \bar{p}_{fD}}{\partial r_D^2} = \frac{\phi_{v1} V_{v1D} C_{v1D}}{e^{2S}(\phi_{v1} C_{v1D} V_{v1D} + \phi_{v2} C_{v2D} V_{v2D} + \phi_f C_{fD} L_{fD} A_{fD})} s\bar{p}_{v1D} +$$

$$\frac{\phi_{v2} V_{v2D} C_{v2D}}{e^{2S}(\phi_{v1} C_{v1D} V_{v1D} + \phi_{v2} C_{v2D} V_{v2D} + \phi_f C_{fD} L_{fD} A_{fD})} s\bar{p}_{v2D} + \qquad (3\text{-}56)$$

$$\frac{\phi_f A_{fD} L_{fD} C_{fD}}{e^{2S}(\phi_{v1} C_{v1D} V_{v1D} + \phi_{v2} C_{v2D} V_{v2D} + \phi_f C_{fD} L_{fD} A_{fD})} s\bar{p}_{fD}$$

$$-\lambda_{v1f} e^{-2S}(\bar{p}_{v1D} - \bar{p}_{fD}) = \frac{\phi_{v1} V_{v1D} C_{v1D}}{e^{2S}(\phi_{v1} C_{v1D} V_{v1D} + \phi_{v2} C_{v2D} V_{v2D} + \phi_f C_{fD} L_{fD} A_{fD})} s\bar{p}_{v1D} \quad (3\text{-}57)$$

$$-\lambda_{v2f} e^{-2S}(\bar{p}_{v2D} - \bar{p}_{fD}) = \frac{\phi_{v2} V_{v2D} C_{v2D}}{e^{2S}(\phi_{v1} C_{v1D} V_{v1D} + \phi_{v2} C_{v2D} V_{v2D} + \phi_f C_{fD} L_{fD} A_{fD})} s\bar{p}_{v2D} \quad (3\text{-}58)$$

其初始条件为：

$$\bar{p}_{fD}\big|_{t_D=0} = \bar{p}_{v1D}\big|_{t_D=0} = \bar{p}_{v2D}\big|_{t_D=0} = 0 \qquad (3\text{-}59)$$

内边界条件（空间域）为：

$$\bar{p}_{wD} = \bar{p}_{fD}\big|_{r_D=1} \qquad (3\text{-}60)$$

内边界条件（时间域）为：

$$\frac{d\bar{p}_{fD}}{dr_D}\bigg|_{r_D=1} = -\frac{1}{s} + C_D s\bar{p}_{wD} \qquad (3\text{-}61)$$

无限大外边界条件为：

$$\lim_{r_D \to \infty} \bar{p}_{v1D} = \lim_{r_D \to \infty} \bar{p}_{v2D} = \lim_{r_D \to \infty} \bar{p}_{fD} = 0 \qquad (3\text{-}62)$$

定压外边界条件为：

$$\lim_{r \to r_{eD}} \bar{p}_{v1D} = \lim_{r \to r_{eD}} \bar{p}_{v2D} = \lim_{r \to r_{eD}} \bar{p}_{fD} = 0 \qquad (3\text{-}63)$$

封闭外边界条件为：

$$\frac{\partial \bar{p}_{fD}}{\partial r_D}\bigg|_{r=r_{eD}} = \frac{\partial \bar{p}_{v1D}}{\partial r_D}\bigg|_{r=r_{eD}} = \frac{\partial \bar{p}_{v2D}}{\partial r_D}\bigg|_{r=r_{eD}} = 0 \qquad (3\text{-}64)$$

式中　$\bar{p}_{v1D}$——拉普拉斯空间中溶洞 1 的无因次压力；

$\quad\quad\bar{p}_{v2D}$——拉普拉斯空间中溶洞 2 的无因次压力。

（3）模型的解。

采用广义贝塞尔函数代入式（3-56）求解，得到通解为：

$$\bar{p}_{fD}(r_D, s) = A\cosh[f(s)r_D] + B\sinh[f(s)r_D] \qquad (3\text{-}65)$$

其中：

$$f(s) = \sqrt{se^{-2S}\left(\sigma_1 + \sigma_2 + \frac{\phi_f C_{fD} L_{fD} A_{fD}}{\phi_{v1} C_{v1D} V_{v1D} + \phi_{v2} C_{v2D} V_{v2D} + \phi_f C_{fD} L_{fD} A_{fD}}\right)} \qquad (3\text{-}66)$$

$$\sigma_1 = \frac{\lambda_{v1f} \phi_{v1} C_{v1D} V_{v1D}}{\lambda_{v1f}(\phi_{v1} C_{v1D} V_{v1D} + \phi_{v2} C_{v2D} V_{v2D} + \phi_f C_{fD} L_{fD} A_{fD}) + s\phi_{v1} C_{v1D} V_{v1D}} \qquad (3\text{-}67)$$

$$\sigma_2 = \frac{\lambda_{v2f} \phi_{v2} C_{v2D} V_{v2D}}{\lambda_{v2f}(\phi_{v1} C_{v1D} V_{v1D} + \phi_{v2} C_{v2D} V_{v2D} + \phi_f C_{fD} L_{fD} A_{fD}) + s\phi_{v2} C_{v2D} V_{v2D}} \qquad (3\text{-}68)$$

因为式（3-62）中 $\lim\limits_{r_D \to \infty} \bar{p}_{fD} = 0$，所以式（3-65）中 $B = 0$。结合初始条件，内、外边界条件，并将 $r_D = 1$ 代入式（3-56）的 $\bar{p}_{fD}$ 中，可求得无限大外边界条件下拉普拉斯空间中无因次井底压力的解为：

$$\bar{p}_{wD} = \frac{K_0[f(s)]}{s\{C_D s K_0[f(s)] + f(s) K_1[f(s)]\}} \tag{3-69a}$$

定压外边界条件下拉普拉斯空间中无因次井底压力的解为：

$$\bar{p}_{wD} = \frac{K_0[f(s)] I_0[f(s)r_{eD}] - K_0[f(s)r_{eD}] I_0[f(s)]}{s\{K_0[f(s)r_{eD}](f(s)I_1[f(s)] - sI_0[f(s)]) + sI_0[f(s)r_{eD}](f(s)K_0[f(s)] - f(s)K_1[f(s)])\}}$$

$$\tag{3-69b}$$

封闭外边界条件下拉普拉斯空间中无因次井底压力的解为：

$$\bar{p}_{wD} = \frac{K_0[f(s)] I_1[f(s)r_{eD}] + K_1[f(s)r_{eD}] I_0[f(s)]}{s\{I_1[f(s)r_{eD}](sK_0[f(s)] + f(s)I_1[f(s)]) + K_1[f(s)r_{eD}](sI_0[f(s)] - (f(s)I_1[f(s)]))\}}$$

$$\tag{3-69c}$$

3）单缝与双洞串联模型

（1）物理模型。

单缝与双洞串联模型由井筒、两个不同（或几乎相同）尺度的溶洞系统 v1 和 v2、单条裂缝系统 f 组成，在考虑两个溶洞的体积和管流的流动方式以及裂缝长度等因素的基础上开展研究，模型示意图如图 3-7 所示。

考虑缝洞型油藏中一口生产井的情况，并做出如下假设：

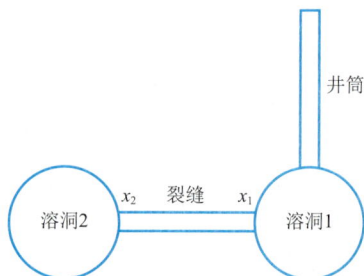

图 3-7　单缝与双洞串联模型示意图

① 油井以定产量生产；

② 生产前假设地层中各点压力均匀分布，且压力为 p_i；

③ 两个溶洞和裂缝中的流体为单相且弱可压缩，流体在裂缝系统中的渗流满足达西定律，在两个溶洞中的渗流满足哈根-泊肃叶管流流动规律；

④ 每种介质的孔隙度与另一种介质的压力变化相对独立；

⑤ 重力及毛管力的影响忽略不计；

⑥ 忽略两个溶洞到裂缝的尺度大小；

⑦ 考虑井筒储集效应，不考虑表皮效应；

⑧ 溶洞 1 直接向井筒供液，裂缝向溶洞 1 供液，溶洞 2 向裂缝供液；

⑨ x_1 处溶洞 1 与裂缝相接，x_2 处溶洞 2 与裂缝相接。

（2）数学模型。

假设单缝与双洞串联模型由井筒、单条裂缝系统和两个溶洞系统组成，考虑两个溶洞的体积、流动方式、裂缝长度等变量因素，根据质量守恒原理，即裂缝中以渗流方式流入（或流出）的流量等于与裂缝相连接的溶洞以管流方式流出（或流入）的流量，建立单缝与双洞串联模型的数学微分方程组。其中，达西渗流公式为：

$$q = \frac{kA}{\mu} \frac{\Delta p}{\Delta x}$$

式中　k ——地层渗透率，μm^2；

　　　A ——渗流截面积，m^2；

　　　μ ——流体黏度，$mPa \cdot s$；

　　　Δp ——流动压差，MPa；

Δx——渗流长度,m;

q——流量,m^3/s。

哈根-泊肃叶管流基本公式为:

$$q = \frac{\pi R^4}{8\mu} \frac{\Delta p}{\Delta x}$$

式中　R——管子半径,mm;

Δp——管子两端的压差,MPa;

Δx——管子的长度,m。

裂缝系统 f 的渗流微分方程遵循:

$$\frac{\partial^2 p_f}{\partial x^2} = \frac{\phi_f \mu C_f}{k_f} \frac{\partial p_f}{\partial t} \tag{3-70}$$

式中　x——流体距裂缝与溶洞 1 交点 x_1 的径向距离,m。

在 $x=x_2$ 处,溶洞系统 v2 以管流方式流出的量与裂缝系统 f 以渗流方式流入的量相等,因此有:

$$\left. \frac{\partial p_f}{\partial x} \right|_{x=x_2} = \frac{8\mu k_{v2}}{\pi R_2^4 k_f} (V_{v2} \phi_{v2} C_{v2}) \frac{\partial p_{v2}}{\partial t} \tag{3-71}$$

式中　x_2——溶洞 2 与裂缝的交接点,m;

R_2——溶洞 2 半径,m。

在 $x=x_1$ 处,裂缝系统 f 以渗流方式流入溶洞系统 v1 的流量与溶洞系统 v1 向井筒流出的流量相等,因此有:

$$\left. \frac{\partial p_f}{\partial x} \right|_{x=x_1} = \frac{8\mu k_{v1}}{\pi R_1^4 k_f} V_{v1} \phi_{v1} C_{v1} \frac{\partial p_{v1}}{\partial t} + \frac{1.842 \times 10^{-3} \mu}{k_f R_1} q B_o \tag{3-72}$$

式中　x_1——溶洞 1 与裂缝的交接点,m;

R_1——溶洞 1 半径,m。

其初始条件为:

$$p_{v1} |_{t=0} = p_{v2} |_{t=0} = p_f |_{t=0} = p_i \tag{3-73}$$

内边界条件(空间域)为:

$$L_f = | x_1 - x_2 | \tag{3-74}$$

内边界条件(时间域)为:

$$\frac{1.273\,6C}{r_w h} \frac{\mathrm{d}p_w}{\mathrm{d}t} = \frac{1}{\mu} \frac{\partial p_{v1}}{\partial R_1} \tag{3-75}$$

现引入一组无因次变量如下:

$$p_{fD} = \frac{k_f h (p_i - p_f)}{1.842 \times 10^{-3} q\mu B_o}, \qquad p_{v1D} = \frac{0.392\,7R_1^4 k_f (p_i - p_{v1})}{k_{v1}\mu},$$

$$p_{v2D} = \frac{0.392\,7R_2^4 k_f (p_i - p_{v2})}{k_{v2}\mu}, \qquad x_D = \frac{x}{r_w}, \qquad t_D = \frac{3.6 k_f t}{\mu r_w^2 (\phi_{v1} C_{v1} + \phi_{v2} C_{v2} + \phi_f C_f)},$$

$$\omega_{f,v1,v2} = \frac{\phi_{f,v1,v2} C_{f,v1,v2}}{\phi_f C_f + \phi_{v1} C_{v1} + \phi_{v2} C_{v2}}, \qquad L_{fD} = \frac{L_f}{r_w}, \qquad V_{v1D} = \frac{V_{v1}}{r_w^3},$$

$$V_{v2D} = \frac{V_{v2}}{r_w^3}, \qquad C_D = \frac{C}{2\pi h r_w^2 (\phi_{v1} C_{v1} + \phi_{v2} C_{v2} + \phi_f C_f)}$$

式中　$\omega_{f,v1,v2}$——裂缝、溶洞 1、溶洞 2 的介质储容比;

$\phi_{\text{f,v1,v2}}$——裂缝、溶洞 1、溶洞 2 的孔隙度；

$C_{\text{f,v1,v2}}$——裂缝、溶洞 1、溶洞 2 的压缩系数，MPa^{-1}。

由此可得单缝与双洞串联模型的无因次渗流数学方程为：

$$\frac{\partial^2 p_{\text{fD}}}{\partial x_{\text{D}}^2} = \omega_{\text{f,v1,v2}} \frac{\partial p_{\text{fD}}}{\partial t_{\text{D}}} \tag{3-76}$$

$$\frac{\partial p_{\text{fD}}}{\partial x_{\text{D}}}\bigg|_{x_{\text{D}}=x_{\text{v1D}}} = \frac{\omega_{\text{v1}} V_{\text{v1D}}}{k_{\text{v1}}} \frac{\partial p_{\text{v1D}}}{\partial t_{\text{D}}} - 1 \tag{3-77}$$

$$\frac{\partial p_{\text{fD}}}{\partial x_{\text{D}}}\bigg|_{x_{\text{D}}=x_{\text{v2D}}} = \frac{\omega_{\text{v2}} V_{\text{v2D}}}{k_{\text{v2}}} \frac{\partial p_{\text{v2D}}}{\partial t_{\text{D}}} \tag{3-78}$$

$$p_{\text{v1D}}\big|_{t_{\text{D}}=0} = p_{\text{v2D}}\big|_{t_{\text{D}}=0} = p_{\text{fD}}\big|_{t_{\text{D}}=0} = 0 \tag{3-79}$$

$$C_{\text{D}} \frac{\mathrm{d}p_{\text{wD}}}{\mathrm{d}t_{\text{D}}} = \frac{\partial p_{\text{v1D}}}{\partial R_{\text{1D}}} \tag{3-80}$$

$$L_{\text{fD}} = |x_{\text{v1D}} - x_{\text{v2D}}| \tag{3-81}$$

对式(3-76)~式(3-81)进行 $t_{\text{D}} \to s$ 的拉普拉斯变换：

$$\frac{\mathrm{d}^2 \bar{p}_{\text{fD}}}{\mathrm{d}x_{\text{D}}^2} = \omega_{\text{f,v1,v2}} s \bar{p}_{\text{fD}} \tag{3-82}$$

$$\frac{\mathrm{d}\bar{p}_{\text{fD}}}{\mathrm{d}x_{\text{D}}}\bigg|_{x_{\text{D}}=x_{\text{v1D}}} = \frac{\omega_{\text{v1}} V_{\text{v1D}}}{k_{\text{v1}}} s \bar{p}_{\text{v1D}} - \frac{1}{s} \tag{3-83}$$

$$\frac{\mathrm{d}\bar{p}_{\text{fD}}}{\mathrm{d}x_{\text{D}}}\bigg|_{x_{\text{D}}=x_{\text{v2D}}} = \frac{\omega_{\text{v2}} V_{\text{v2D}}}{k_{\text{v2}}} s \bar{p}_{\text{v2D}} \tag{3-84}$$

$$\bar{p}_{\text{v1D}}\big|_{t_{\text{D}}=0} = \bar{p}_{\text{v2D}}\big|_{t_{\text{D}}=0} = \bar{p}_{\text{fD}}\big|_{t_{\text{D}}=0} = 0 \tag{3-85}$$

$$C_{\text{D}} s \bar{p}_{\text{wD}} = k_{\text{v1}} \frac{\partial \bar{p}_{\text{v1D}}}{\partial V_{\text{v1D}}} \tag{3-86}$$

$$L_{\text{fD}} = |x_{\text{v1D}} - x_{\text{v2D}}| \tag{3-87}$$

（3）模型的解。

采用广义贝塞尔函数代入式(3-82)求解，得到通解为：

$$\bar{p}_{\text{fD}}(x_{\text{D}}, s) = A\cosh\left[\sqrt{\omega_{\text{f}}s}\, x_{\text{D}}\right] + B\sinh\left[\sqrt{\omega_{\text{f}}s}\, x_{\text{D}}\right] \tag{3-88}$$

将式(3-88)与拉普拉斯空间下的无因次方程组联立求解，得到拉普拉斯空间下无因次井底压力 $\bar{p}_{\text{wD}}$ 的解为：

$$\bar{p}_{\text{wD}} = \frac{\left[(\sigma_1 - \sigma_2)\mathrm{e}^{L_{\text{fD}}\sigma_1} + (\sigma_1 + \sigma_2)\right]}{C_{\text{D}} s\left[(\sigma_3 - \sigma_1)(\sigma_1 - \sigma_2)\mathrm{e}^{L_{\text{fD}}\sigma_1} + (\sigma_1 + \sigma_2)(\sigma_1 + \sigma_3)\right]/k_{\text{v1}}} \tag{3-89}$$

其中：

$$\sigma_1 = \sqrt{\omega_{\text{f}}s}, \quad \sigma_2 = \frac{\omega_{\text{v2}} V_{\text{v2D}} s}{k_{\text{v2}}}, \quad \sigma_3 = \frac{\omega_{\text{v1}} V_{\text{v1D}} s}{k_{\text{v1}}}$$

3.3.2　储量估算方法

1）主要参数取值研究

统计整理了塔河油田碳酸盐岩缝洞型油藏 PVT 测试 61 井次，对其地层压力、原油压缩系数、原油体积系数、饱和压力及饱和压力下的体积系数、地层温度等参数进行分析研究。下面以压缩系数和体积系数为例进行研究。

（1）压缩系数取值研究。

① 原油压缩系数 C_o：原油压缩系数随地层原油密度的增大而减小，但下降趋势有差异，如图 3-8 所示。统计可得，当地层原油密度 $\leqslant 0.81$ g/cm³ 时，原油压缩系数随地层原油密度的增加呈明显下降趋势；当地层原油密度 > 0.81 g/cm³ 时，原油压缩系数随地层原油密度的增加而趋于稳定。根据原油压缩系数与原油密度之间的关系，确定不同地层原油密度下的原油压缩系数。

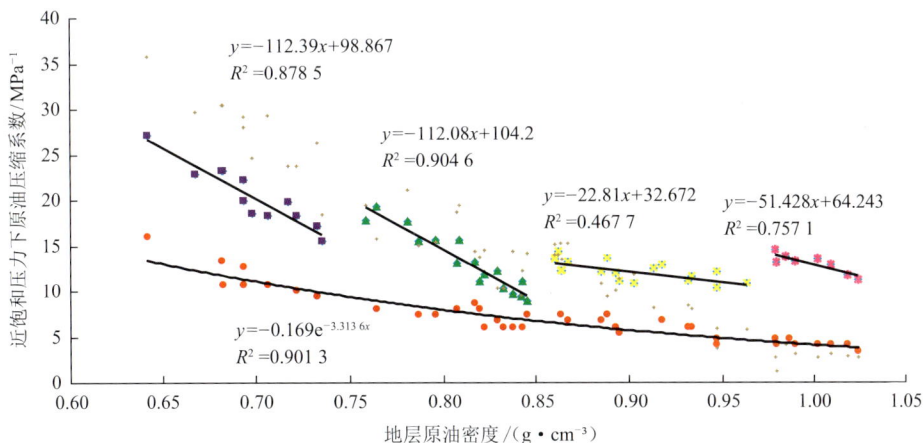

图 3-8　塔河油田碳酸盐岩缝洞型油藏原油密度-压缩系数关系曲线

② 有效压缩系数 C_{eff}：从溶洞充填的角度分析，针对 3 种典型的储集体类型（未充填、部分充填和充填）提出了以下计算有效压缩系数的方法。

a. 对于溶洞（未充填）主导的储层，储层的弹性能量主要来自流体，所以计算有效压缩系数时，可忽略岩石的压缩系数，有：

$$C_{eff} = C_o + \frac{C_w S_{wi}}{1 - S_{wi}} \tag{3-90}$$

式中　S_{wi}——束缚水饱和度；

C_w——地层水压缩系数，MPa⁻¹。

b. 对于裂缝（充填）主导的储层，储层的弹性能量主要来自流体和岩石，有：

$$C_{eff} = C_o + \frac{C_w S_{wi} + C_f}{1 - S_{wi}} \tag{3-91}$$

其中，岩石压缩系数 C_f 的确定比较关键，C_f 的范围一般为 $1 \times 10^{-4} \sim 30 \times 10^{-4}$ MPa⁻¹，国外认为范围为 $4.35 \times 10^{-4} \sim 36.26 \times 10^{-4}$ MPa⁻¹。塔河油田碳酸盐岩缝洞型油藏 9 井次岩芯实测岩石压缩系数研究结果见表 3-2。当孔隙度小于 5% 时，最好用实际资料研究出的岩石有效压缩系数公式（Hall 经验公式）进行计算：对于净有效覆盖压力小于 59 MPa 的井，$C_f = \frac{2.681 \times 10^{-4}}{\phi^{0.552}}$；对于净有效覆盖压力大于等于 59 MPa 的井，$C_f = \frac{2.542 \times 10^{-4}}{\phi^{0.412}}$。大部分经验公式计算值较实验数据小，绝大部分相差在 $\pm 20\%$ 以内。

c. 对于半充填的缝洞单元，可以利用体积加权平均的方法计算有效压缩系数。

d. 随着油田开发的深入，储层中的流体饱和度会发生变化，这时可以考虑用下式近似计算有效压缩系数：

$$C_{eff} = C_o + \frac{C_w f_w + C_f}{1 - f_w} \tag{3-92}$$

式中　f_w——综合含水率，小数。

表 3-2　实测岩石压缩系数与经验公式计算值对比表

井　号	取样孔隙度/%	实测岩石压缩系数/MPa^{-1}	Hall 经验公式计算值/MPa^{-1}	差值/%
S113	0.5	26.5	23.0	−13.2
T403	0.2	29.8	31.4	5.4
T501	0.5	23.7	21.0	−11.4
T704	0.7	32.5	19.6	−39.7
T705	0.8	17.1	19.5	14.07
T706	0.6	25.2	20.2	−19.8
T707	0.6	24.7	20.5	−17.0
T902	0.6	25.3	21.4	−15.4
TK303	0.6	24.8	20.9	−15.7

③ 地层水压缩系数 C_w：目前塔河油田碳酸盐岩缝洞型油藏地层水压缩系数无实测数据，可根据相关经验公式进行计算：

$$C_w = 1.450\,4 \times 10^{-4}[A + B(1.8T + 32) + C(1.8T + 32)^2](1.0 + 0.049\,9\,74R_{sw}) \tag{3-93}$$

其中：

$$A = 3.854\,6 - 1.943\,5 \times 10^{-2}p$$
$$B = -1.052 \times 10^{-2} + 6.918\,3 \times 10^{-5}p$$
$$C = 3.926\,7 \times 10^{-5} - 1.276\,3 \times 10^{-7}p$$

式中　T——地层温度，℃；

　　　p——地层压力，MPa；

　　　R_{sw}——天然气在水中的溶解度，m³/m³。

由于塔河油田地层水矿化度差异较大，从十几万到二十几万毫克/升不等，地层水压缩系数 C_w 经验取值范围为 $3.7 \times 10^{-4} \sim 5 \times 10^{-4}$ MPa^{-1}，平均取值为 4.35×10^{-4} MPa^{-1}。

（2）体积系数取值研究。

① 原油体积系数 B_o：当地层压力低于饱和压力时，原油体积系数随着地层压力的上升而增大；当地层压力高于饱和压力时，原油体积系数随着地层压力的上升而呈下降趋势。根据原油体积系数与地层压力关系（图 3-9），可推算不同压力条件下的原油体积系数。

② 地层水体积系数 B_w：由于塔河油田碳酸盐岩缝洞型油藏缺少地层水的高压物性分析，因此只能根据相关经验公式计算：

$$B_w = (1 + \Delta V_{wt})(1 + \Delta V_{wp}) \tag{3-94}$$

$$\Delta V_{wt} = -5.732\,5 \times 10^{-3} + 2.401\,04 \times 10^{-4}T + 1.784\,12 \times 10^{-6}(T + 17.78)^2$$

$$\Delta V_{wp} = -5.098\,7 \times 10^{-7}p(T + 17.78) - 6.544\,35 \times 10^{-9}p^2(T + 17.78) -$$

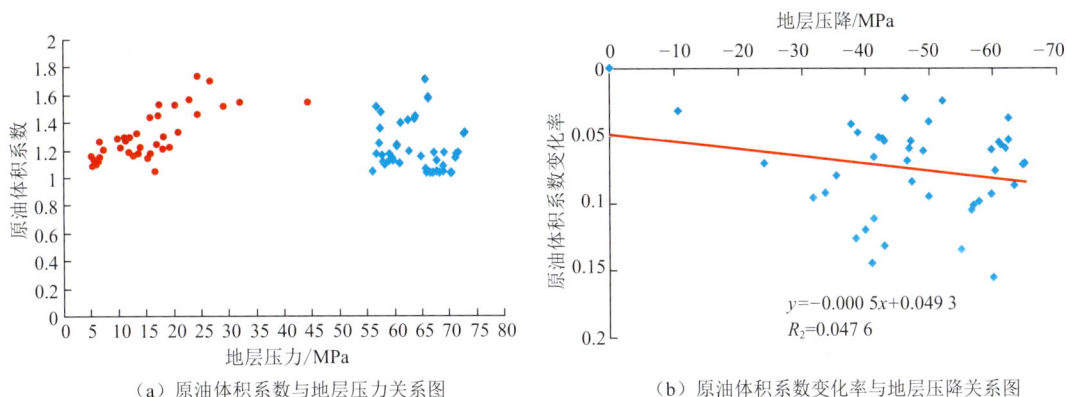

（a）原油体积系数与地层压力关系图　　　　（b）原油体积系数变化率与地层压降关系图

图 3-9　原油体积系数和地层压力和压降的关系图

$$5.205\ 74 \times 10^{-5} p - 4.740\ 29 \times 10^{-6} p^2$$

式中　ΔV_{wt}——地层温度变化引起的地层水体积变化值；

ΔV_{wp}——地层压力变化引起的地层水体积变化值。

塔河油田各区块主要参数的计算结果见表 3-3。

表 3-3　塔河油田各区块主要参数计算结果表

区　　块	地面原油密度/(g·cm^{-3})	折算地层原油密度/(g·cm^{-3})	原油体积系数	原油压缩系数/MPa^{-1}	岩石压缩系数/MPa^{-1}	束缚水饱和度 S_w①	地层水体积系数②	地层水压缩系数③/MPa^{-1}	有效综合压缩系数④/MPa^{-1}
十一区	0.85	0.69	1.48	26.54	32.05	0.1	1	4.35	62.63
托甫台区	0.87	0.73	1.29	19.26	32.05	0.1	1	4.35	55.35
三　区	0.88	0.75	1.29	19.26	32.05	0.1	1	4.35	55.35
八　区	0.92	0.83	1.14	11.65	32.05	0.1	1	4.35	49.14
二　区	0.94	0.87	1.14	11.65	32.05	0.1	1	4.35	47.74
七　区	0.96	0.91	1.07	13.05	32.05	0.1	1	4.35	49.14
四　区	0.96	0.91	1.07	13.05	32.05	0.1	1	4.35	49.14
六　区	0.97	0.93	1.07	13.05	32.05	0.1	1	4.35	49.14
十　区	0.98	0.95	1.07	13.05	32.05	0.1	1	4.35	49.14
十二区	1.02	1.02	1.03	12.27	32.05	0.1	1	4.35	48.36
平　均	0.94	0.86	1.17	15.28	32.05	0.1	1	4.35	51.51

注：① 裂缝型储集体的束缚水饱和度为 5%，溶洞型储集体的束缚水饱和度为 15%，经验取值 10%。

　　② 受含盐量影响，地层水中溶解气很少，地层水体积系数近似视为 1。

　　③ 地层水压缩系数的经验范围为 3.7~5 MPa^{-1}，取值 4.35 MPa^{-1}。

　　④ 有效压缩系数的经验公式为 $C_{eff} = C_o + (C_w S_{wi} + C_f)/(1 - S_{wi})$。

2）试井估算动态储量方法

针对塔河油田碳酸盐岩缝洞型油藏建立缝洞类试井模型（对于不考虑裂缝具体尺度的缝洞模型，仅用一个窜流系数来描述裂缝的特征；对于考虑裂缝尺度的缝洞模型，给出裂缝系统的长度以及裂缝系统的横截面面积），其目的是更方便地计算出缝洞型油藏的储量。利用该类模型对实际试井资料进行拟合，可以直接给出大溶洞的体积（不考虑裂缝尺度模型）或大溶洞体积与裂缝系统的尺度（考虑裂缝尺度模型），进而利用容积法给出储量计算公式。

（1）单洞模型储量计算。

单洞模型（井-缝-洞模型）的储集空间主要由一个溶洞系统（或等效单个溶洞系统）组成，故其地下储量可由溶洞相关参数及裂缝相关参数计算得到（实际计算中可忽略裂缝中的流体体积）。这种模型中的储量计算参数有无因次溶洞容积 V_{vD} 和溶洞孔隙度 ϕ_v，动态储量计算公式为：

$$N - (V_{vD} r_w^3 \phi_v) S_o \rho_o / (1\,000 B_{oi}) \tag{3-95}$$

式中 S_o——含油饱和度。

（2）双洞模型储量计算。

单缝与双洞串联模型和单缝与双洞并联模型均由两个不同（或相同）尺度的溶洞系统和单个裂缝系统组成，故其地下储量可由两个溶洞的相关参数及裂缝相关参数计算得到（实际计算中可忽略裂缝中的流体体积）。这类模型的动态储量计算公式为：

$$N = (V_{v1D} + V_{v2D}) r_w^3 S_o \rho_o / (1\,000 B_{oi}) \tag{3-96}$$

3.4 注水指示曲线法

3.4.1 注水指示曲线定义及原理

碳酸盐岩缝洞型油藏的注水指示曲线与基于物质平衡法的零维储罐模型相关，它是将储集体抽提成非连续介质的单个溶洞和裂缝的组合。其基础理论假设为：封闭定容油藏，油井钻遇溶洞，不考虑裂缝的储集性能，将整个储集体简化为溶洞，油藏驱动能量来自注入水和原油的弹性能量，地层水、注入水和储层岩石的压缩系数均为1。油藏压力变化与钻遇油井井口压力变化近似同步，即压力近似保持同步升高或降低。

在井底高温高压条件下，注入水相对地下原油为刚性，原油被压缩的体积 ΔV 即注入水的体积 V_{wi}：

$$\Delta V = V_o - V_o' = V_{wi} \tag{3-97}$$

式中 V_o——注水前的原油体积，m^3；

V_o'——注水后的原油体积，m^3。

根据原油压缩系数定义，有：

$$C_o = \frac{1}{\Delta p} \frac{\Delta V}{V_o} = \frac{1}{\Delta p} \frac{N_{wi}}{V_o} \tag{3-98}$$

式中 N_{wi}——累积注水量，m^3；

Δp——压差,MPa。

当井筒充满水后,井口压力变化 Δp 可以近似代替井底压力变化,忽略摩阻,地层压力与原始地层压力之间的差值即水柱差:

$$\Delta p = p - p_0 \tag{3-99}$$

式中　p——注水后的油藏压力,MPa;

　　　p_0——注水前的油藏压力,MPa。

由式(3-98)和式(3-99)可得:

$$p = \frac{N_{wi}}{C_o V_o} + p_0 \tag{3-100}$$

其中,C_o 为原油压缩系数,可视为温度和压力的函数,当温度一定时可近似为常数;V_o 为油藏中原油初始体积,在每轮注水中均为一定值。在不考虑地层岩石压缩系数的情况下,对定容较好的储集体,井口压力 p 与累积注水量 N_{wi} 呈线性关系。

在注水的过程中,理论公式可转化为线性公式,即 $y = kx + b$,如图 3-10 所示。

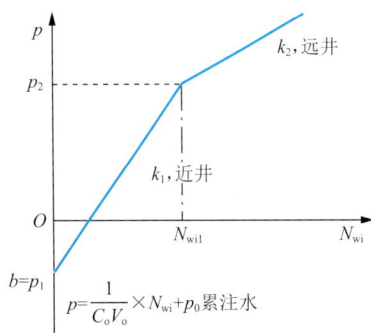

图 3-10　注水指示曲线示意图

3.4.2　储量估算方法

1) 单洞模型

(1) 井-洞模型。

模型假设:封闭定容油藏,油井钻遇溶洞,不考虑裂缝的储集性能,将整个储集体简化为溶洞,油藏驱动能量来自注入水和原油的弹性能量,不忽略地层水的弹性能量,但忽略溶洞储层岩石的弹性能量,油藏压力变化即井底流压。

该模型表达式如下:

$$p = \frac{N_{wi} B_w}{N B_{oi}(R C_w + C_o)} + p_0 \tag{3-101}$$

式中　R——地下溶洞水油比。

井-洞模型没有忽略地层水弹性能量对指示曲线的影响,地层水压缩系数与原油压缩系数在同一数量级之内。考虑地层水压缩系数影响的理论变化图版如图 3-11 所示。

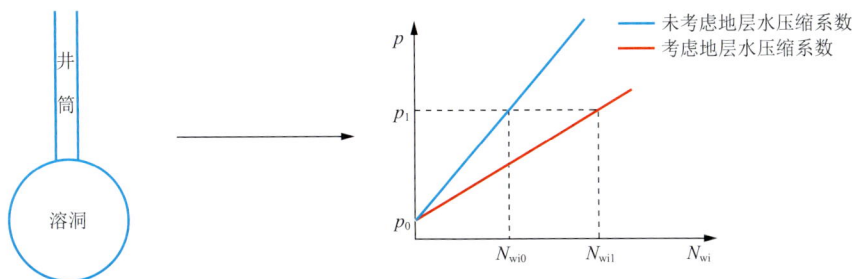

图 3-11　考虑地层水压缩系数影响的理论变化图版

由图可知,当考虑地层水压缩系数时,溶洞弹性能量增加,吸水能力变强,注水指示曲线斜率降低。

井-洞模型考虑溶洞水油比的影响,其理论变化图版如图 3-12 所示。

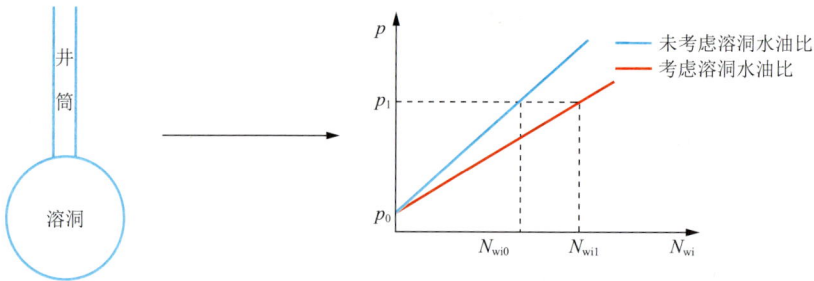

图 3-12 考虑溶洞水油比影响的理论变化图版

由图可知,当考虑溶洞水油比时,溶洞体积相应增加,吸水能力变强,注水指示曲线斜率降低。

(2) 井-缝-洞模型。

模型假设:注入水后整个储集系统快速达到稳定。现场实际中,裂缝与溶洞共同组成的储集单元更为常见,当裂缝储集体中的流体所占比例较高时,需要分别考虑裂缝与溶洞储集体注入水后压力的变化情况。

该模型表达式如下:

$$p = \frac{N_{wi}B_w}{NB_{oi}[\alpha C_{cf} + (1-\alpha)RC_w + C_o]} + p_0 \tag{3-102}$$

式中 α——裂缝占系统总体积的比例;

C_{cf}——裂缝系统综合压缩系数,MPa^{-1}。

式(3-102)为裂缝与溶洞双重介质对应的注水指示曲线表达式,曲线斜率不仅与原油地质储量有关,还与裂缝与溶洞中储量之比、溶洞水油比等参数有关。

井-缝-洞模型考虑裂缝系统综合压缩系数的影响,其理论变化图版如图 3-13 所示。

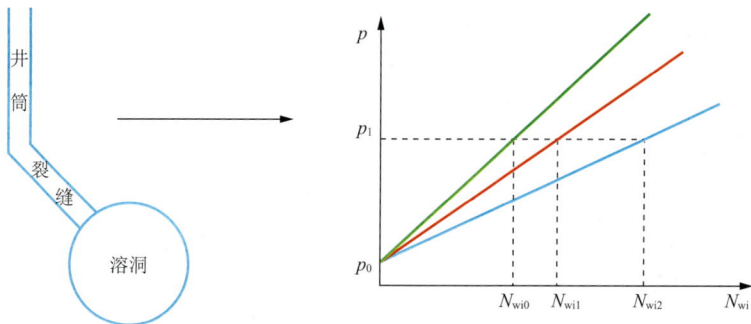

图 3-13 考虑裂缝综合压缩系数影响的理论变化图版

由图可知,当考虑裂缝综合压缩系数时,随着裂缝所占比例的增加,地层弹性能量增加,吸水能力变强,注水指示曲线斜率减小。

2）双缝与双洞并联模型

（1）双缝与双洞并联模型注水指示曲线表达式推导。

模型假设：封闭定容油藏，油井钻遇裂缝系统，两个缝洞储集体连接着同一口井，且单井控制储集体；溶洞为刚性储集体，考虑水、油、裂缝系统的压缩系数，储集体中有水的存在，注入水后整个储集系统瞬时达到稳定，油藏压力变化与油井井口压力变化近似相同。

双缝与双洞并联模型考虑了油井钻遇两套不同方向的裂缝系统，且两套裂缝系统又都连接着不同的溶洞的情况，可以看成是两套独立的缝洞系统连接着一口油井，如图 3-14 所示。设裂缝 1 部分所占总体积的

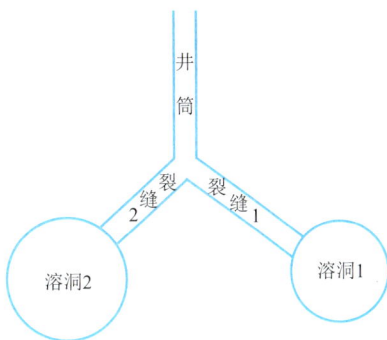

图 3-14　双缝与双洞并联模型

比例为 α，溶洞 1 部分所占总体积的比例为 β，两套裂缝系统的体积比为 λ，所以溶洞 2 的体积占总体积的比例为 $1-\alpha-\beta-\alpha\lambda$，同时考虑地层水和储层岩石的弹性能量，注入两套缝洞系统的累积注水量分别为 N_{w1} 和 N_{w2}。

一般认为双缝与双洞并联模型拥有两套独立的缝洞系统，只是共用一套注水系统，根据以上假设，现以第一套缝洞系统为例推导表达式。

① 对于裂缝系统。

对于裂缝 1 部分，原始条件下裂缝体积为 V_{pf1}，其中原油体积为 V_{of1}，地层水体积为 V_{wf1}，则有：

$$V_{pf1} = V_{of1} + V_{wf1} \tag{3-103}$$

裂缝系统中的含油饱和度 S_{of1} 与 V_{of1} 和 V_{wf1} 满足以下关系：

$$S_{of1} = \frac{V_{of1}}{V_{of1} + V_{wf1}} \tag{3-104}$$

当油藏注入一定水量 N_{wi} 之后，油藏压力从原始地层压力 p_0 上升到目前的地层压力 p，油藏压力上升值 $\Delta p = p - p_0$。对于封闭油藏，油藏孔隙体积随着压力上升而增加，油藏中的束缚水体积随着压力上升而下降。

裂缝 1 部分的孔隙体积增加量 ΔV_{pf1} 为：

$$\Delta V_{pf1} = V_{pf1} C_{pf} \Delta p_1 \tag{3-105}$$

式中　C_{pf}——裂缝系统的岩石压缩系数，MPa^{-1}。

裂缝 1 部分的地层水压缩量 ΔV_{wf1} 为：

$$\Delta V_{wf1} = V_{wf1} C_w \Delta p_1 \tag{3-106}$$

孔隙体积的增加和地层水体积的减小都将增加裂缝系统中的原油体积。裂缝系统压力上升到 p 时，原油体积为：

$$V_{ef1} = V_{cif1} + \Delta V_{pf1} + \Delta V_{wf1} \tag{3-107}$$

式中　V_{ef1}——裂缝 1 的原油体积，m^3；

　　　V_{cif1}——裂缝 1 的原始原油体积，m^3。

把式（3-105）和式（3-106）代入（3-107）可得：

$$V_{ef1} = V_{cif1} + V_{pf1} C_{pf} \Delta p_1 + V_{wf1} C_w \Delta p_1 \tag{3-108}$$

裂缝部分的孔隙体积为：

$$V_{pf1} = \frac{V_{cif1}}{1 - S_{w1}} \tag{3-109}$$

地层水体积为：

$$V_{wf1} = \frac{S_{w1}}{1 - S_{w1}} V_{cif1} \tag{3-110}$$

式中　V_{pf1}——裂缝 1 的孔隙体积，m^3；

　　　V_{wf1}——裂缝 1 的地层水体积，m^3；

　　　S_{w1}——裂缝 1 的含水饱和度。

把式（3-109）和式（3-110）代入式（3-108），得到裂缝部分原油体积与压力之间的关系式为：

$$V_{cf1} = V_{cif1} \left(1 + \frac{C_{pf} + S_{w1} C_w}{1 - S_{w1}} \Delta p_1 \right) = V_{cif1} (1 + C_{cf1} \Delta p_1) \tag{3-111}$$

② 对于溶洞系统。

对溶洞 1 部分，原始条件下的溶洞体积为 V_{pr1}，其中原油体积为 V_{or1}，地层水体积为 V_{wr1}，则有：

$$V_{pr1} = V_{or1} + V_{wr1} \tag{3-112}$$

当油藏注入一定水量 N_{wi} 之后，油藏压力从原始地层压力 p_0 上升到目前的地层压力 p，油藏压力上升值 $\Delta p = p - p_0$。对于封闭溶洞，溶洞为刚性储集体。

溶洞 1 部分地层水压缩量 ΔV_{wr1} 为：

$$\Delta V_{wr1} = V_{wr1} C_w \Delta p_1 \tag{3-113}$$

溶洞 1 部分压力上升到 p 时，原油体积为：

$$V_{cr1} = V_{cir1} + \Delta V_{wr1} \tag{3-114}$$

将式（3-113）代入式（3-114）可得：

$$V_{cr1} = V_{cir1} + V_{wr1} C_w \Delta p_1 \tag{3-115}$$

式中　V_{cr1}——溶洞 1 的原油体积，m^3；

　　　V_{cir1}——溶洞 1 的原始原油体积，m^3。

由溶洞水油比的定义可知：

$$V_{wr1} = R_1 V_{cir1} \tag{3-116}$$

式中　R_1——溶洞 1 的水油比。

溶洞油藏体积随压力的变化关系为：

$$V_{cr1} = V_{cir1} (1 + R_1 C_w \Delta p_1) \tag{3-117}$$

式（3-117）是以溶洞系统体积变化为基础推导的。

③ 对于裂缝 1 和溶洞 1 整个系统。

通过上面分析可以求出，裂缝 1 和溶洞 1 整个系统的原油体积与压力的变化关系式为：

$$\begin{aligned}
V_{c1} &= V_{cf1} + V_{cr1} = V_{cif1} (1 + C_{cf1} \Delta p_1) + V_{cir1} (1 + R_1 C_w \Delta p_1) \\
&= (V_{cif1} + V_{cir1}) + V_{cif1} C_{cf1} \Delta p_1 + V_{cir1} R_1 C_w \Delta p_1 \\
&= V_{ci1} + V_{cif1} C_{cf1} \Delta p_1 + V_{cir1} R_1 C_w \Delta p_1
\end{aligned} \tag{3-118}$$

式中　V_{c1}——缝洞系统 1 的原油体积，m^3；

　　　V_{ci1}——缝洞系统 1 的原始原油体积，m^3；

C_{cf1}——裂缝 1 的压缩系数，MPa^{-1}。

根据假设条件，上式还可以写成：

$$V_{c1} = V_{ci1} + \alpha V_{ci1} C_{cf1} \Delta p_1 + \beta V_{ci1} R_1 C_w \Delta p_1 = V_{ci1}[1 + (\alpha C_{cf1} + \beta R_1 C_w)\Delta p_1]$$
(3-119)

又因为注入溶洞 1 的水占据的体积为 $N_{w1} B_w$，所以注入水后油藏中的原油占据的体积 V_{o1} 为：

$$V_{o1} = V_{c1} - N_{w1} B_w = V_{ci1}[1 + (\alpha C_{cf1} + \beta R_1 C_w)\Delta p_1] - N_{w1} B_w \quad (3-120)$$

式(3-120)为封闭油藏开发过程中的原油体积计算公式，由该式可以看出，随注入水的增多，原油体积不断减小。

假设原始原油占据的体积 V_{oi} 为：

$$V_{oi} = V_{ci} \quad (3-121)$$

把地下体积换算至地面条件，计算式为：

$$N = \frac{V_{oi}}{B_{oi}} = \frac{V_{o1}}{B_o} \quad (3-122)$$

根据换算前后原油的物质平衡条件，可以得到：

$$N_1 B_o = V_{o1} = V_{ci1}[1 + (\alpha C_{cf1} + \beta R_1 C_w)\Delta p_1] - N_{w1} B_w$$
$$N_{w1} B_w = N_1 B_{oi}[1 + (\alpha C_{cf1} + \beta R_1 C_w)\Delta p_1] - N_1 B_o$$
$$= N_1 B_{oi}(\alpha C_{cf1} + \beta R_1 C_w)\Delta p_1 + N_1(B_{oi} - B_o) \quad (3-123)$$

式(3-123)反映了累积注水量 N_{w1} 与压差 Δp_1 之间存在线性关系。

原油压缩系数 C_o 为：

$$C_o = \frac{B_{oi} - B_o}{B_{oi} \Delta p} \quad (3-124)$$

将式(3-124)代入式(3-123)可得：

$$N_{w1} B_w = N_1 B_{oi}(\alpha C_{cf1} + \beta R_1 C_w)\Delta p_1 + N_1 B_{oi} C_o \Delta p_1$$
$$= N_1 B_{oi}(\alpha C_{cf1} + \beta R_1 C_w + C_o)\Delta p_1 \quad (3-125)$$

$$\Delta p_1 = \frac{N_{w1} B_w}{N_1 B_{oi}(\alpha C_{cf1} + \beta R_1 C_w + C_o)} \quad (3-126)$$

式(3-126)即双缝与双洞并联模型缝洞系统 1 的压差与累积注水量的表达式，因为并联组合两个缝洞系统相互独立，只受共同的注水量影响，所以缝洞系统 2 的推导过程类似。根据缝洞系统 2 的假设条件，可得双缝与双洞并联模型缝洞系统 2 的压差与累积注水量的表达式为：

$$\Delta p_2 = \frac{N_{w2} B_w}{N_2 B_{oi}[\alpha\lambda C_{cf2} + (1 - \alpha - \beta - \alpha\lambda)R_2 C_w + C_o]} \quad (3-127)$$

式中　下标 2——缝洞系统 2 的对应参数。

此时并联的两套缝洞系统连接在一口井上，所以整个系统的压差为：

$$\Delta p = \Delta p_1 + \Delta p_2 \quad (3-128)$$

即

$$\Delta p = \frac{N_{w1} B_w}{N_1 B_{oi}(\alpha C_{cf1} + \beta R_1 C_w + C_o)} + \frac{N_{w2} B_w}{N_2 B_{oi}[\alpha\lambda C_{cf2} + (1 - \alpha - \beta - \alpha\lambda)R_2 C_w + C_o]}$$
(3-129)

改写成压力形式,有:

$$p = \Delta p + p_0$$
$$= \frac{N_{w1} B_w}{N_1 B_{oi}(\alpha C_{cf1} + \beta R_1 C_w + C_o)} + \frac{N_{w2} B_w}{N_2 B_{oi}[\alpha\lambda C_{cf2} + (1-\alpha-\beta-\alpha\lambda)R_2 C_w + C_o]} + p_0 \tag{3-130}$$

当累积注水量 N_{w1} 和 N_{w2} 满足一定关系时,式(3-130)还可以进一步化简。

设

$$\mu = \frac{N_{w1}}{N_{w2}} \tag{3-131}$$

又

$$N_{w1} + N_{w2} = N_{wi} \tag{3-132}$$

联立求解,得:

$$N_{w1} = \frac{\mu}{1+\mu} N_{wi} \tag{3-133}$$

$$N_{w2} = \frac{1}{1+\mu} N_{wi} \tag{3-134}$$

将式(3-133)、式(3-134)代入式(3-130)可得:

$$p = \frac{\frac{\mu}{1+\mu} N_{wi} B_w}{N_1 B_{oi}(\alpha C_{cf1} + \beta R_1 C_w + C_o)} + \frac{\frac{1}{1+\mu} N_{wi} B_w}{N_2 B_{oi}[\alpha\lambda C_{cf2} + (1-\alpha-\beta-\alpha\lambda)R_2 C_w + C_o]} + p_0$$

进一步化简,得:

$$p = \frac{N_{wi} B_w}{1+\mu}\left\{\frac{\mu}{N_1 B_{oi}(\alpha C_{cf1} + \beta R_1 C_w + C_o)} + \frac{1}{N_2 B_{oi}[\alpha\lambda C_{cf2} + (1-\alpha-\beta-\alpha\lambda)R_2 C_w + C_o]}\right\} + p_0 \tag{3-135}$$

化简后的式子反映了压力 p 与累积注水量 N_{wi} 之间存在线性关系。

(2) 纯油条件下双缝与双洞并联模型注水指示曲线表达式推导。

模型假设:封闭定容油藏,油井钻遇裂缝系统,两个缝洞储集体连接着同一口井,且单井控制储集体;溶洞为刚性储集体,考虑原油、裂缝系统的压缩系数,储集体中没有水的存在,注入水后整个储集系统瞬时达到稳定,油藏压力变化与油井井口压力变化近似相同。

双缝与双洞并联模型考虑了油井钻遇两套不同方向的裂缝系统,且两套裂缝系统又都连接着不同的溶洞,可以看成是两套独立的缝洞系统连接着一口油井,如图 3-14 所示。设裂缝 1 部分所占总体积的比例为 α,溶洞 1 部分所占总体积的比例为 β,两个裂缝系统的体积比为 λ,所以溶洞 2 的体积占总体积的比例为 $1-\alpha-\beta-\alpha\lambda$,同时考虑储层岩石的弹性能量,其压缩系数为 C_f,注入两套缝洞系统的累积注水量分别为 N_{w1},N_{w2}。

一般认为双缝与双洞并联模型拥有两套独立的缝洞系统,只是共用一套注水系统,根据以上假设,现以第一套缝洞系统为例推导表达式。

① 对于裂缝系统。

对于裂缝 1 部分,原始条件下裂缝体积为 V_{pf1},原油体积为 V_{of1},则有:

$$V_{pf1} = V_{of1} \tag{3-136}$$

当油藏注入一定水量 N_{w1} 之后,油藏压力从原始地层压力 p_0 上升到目前的地层压力

p,油藏压力上升值 $\Delta p = p - p_0$。对于封闭油藏,油藏孔隙体积随着压力上升而增加。

裂缝 1 部分的孔隙体积增加量 ΔV_{pf1} 为:

$$\Delta V_{pf1} = V_{pf1} C_{pf} \Delta p_1 \tag{3-137}$$

孔隙体积的增加将增加裂缝部分的原油体积。裂缝系统压力上升到 p 时,原油体积为:

$$V_{cf1} = V_{cif1} + \Delta V_{pf1} \tag{3-138}$$

把式(3-137)代入式(3-138)可得:

$$V_{cf1} = V_{cif1} + V_{pf1} C_{pf} \Delta p_1 \tag{3-139}$$

② 对于溶洞系统。

对于溶洞 1 部分,原始条件下溶洞体积为 V_{pr1},原油体积为 V_{or1},则有:

$$V_{pr1} = V_{or1} \tag{3-140}$$

当油藏注入一定水量 N_{wi} 之后,油藏压力从原始地层压力 p_0 上升到目前的地层压力 p,油藏压力上升值 $\Delta p = p - p_0$。对于封闭溶洞,溶洞为刚性储集体。

溶洞 1 部分压力上升到 p 时,原油体积为:

$$V_{cr1} = V_{cir1} \tag{3-141}$$

③ 对于裂缝 1 和溶洞 1 整个系统。

通过上面分析可以求出,裂缝 1 和溶洞 1 整个系统的原油体积与压力的变化关系式为:

$$\begin{aligned} V_{c1} &= V_{cf1} + V_{cr1} = V_{cif1} + V_{pf1} C_{pf} \Delta p_1 + V_{cir1} \\ &= (V_{cif1} + V_{cir1}) + V_{pf1} C_{pf} \Delta p_1 \\ &= V_{ci1} + V_{pf1} C_{pf} \Delta p_1 \end{aligned} \tag{3-142}$$

根据假设条件,上式还可以写成:

$$V_{c1} = V_{ci1} + \alpha V_{ci1} C_{pf} \Delta p_1 = V_{ci1} (1 + \alpha C_{pf} \Delta p_1) \tag{3-143}$$

又因为注入溶洞 1 的水占据的体积为 N_{w1},所以注入水后油藏中的原油占据的体积 V_{o1} 为:

$$V_{o1} = V_{c1} - N_{w1} = V_{ci1} (1 + \alpha C_{pf} \Delta p_1) - N_{w1} \tag{3-144}$$

式(3-144)为封闭油藏开发过程中的原油体积计算公式,由该式可以看出,随注入水的增多,原油体积不断减小。

假设原始原油占据的体积 V_{oi} 为:

$$V_{oi} = V_{ci} \tag{3-145}$$

把地下体积换算至地面条件,计算式为:

$$N = \frac{V_{oi}}{B_{oi}} = \frac{V_{o1}}{B_o} \tag{3-146}$$

根据换算前后原油的物质平衡条件,可以得到:

$$\begin{aligned} N_1 B_o &= V_{o1} = V_{ci1} (1 + \alpha C_{pf} \Delta p_1) - N_{w1} \\ N_{w1} &= N_1 B_{oi} \alpha C_{pf} \Delta p_1 + N_1 (B_{oi} - B_o) \end{aligned} \tag{3-147}$$

式(3-147)反映了累积注水量 N_{w1} 与压差 Δp_1 之间存在线性关系。

原油压缩系数 C_o 为:

$$C_o = \frac{B_{oi} - B_o}{B_{oi} \Delta p} \tag{3-148}$$

将式(3-148)代入式(3-147)可得：

$$N_{w1} = N_1 B_{oi} \alpha C_{pf} \Delta p_1 + N_1 B_{oi} C_o \Delta p_1 = N_1 B_{oi}(\alpha C_{pf} + C_o) \Delta p_1 \tag{3-149}$$

$$\Delta p_1 = \frac{N_{w1}}{N_1 B_{oi}(\alpha C_{pf} + C_o)} \tag{3-150}$$

式(3-150)即纯油条件下双缝与双洞并联模型缝洞系统 1 的压差与累积注水量的表达式，因为并联组合的两个缝洞系统相互独立，只受共同的注水量影响，所以缝洞系统 2 的推导过程类似。根据缝洞系统 2 的假设条件，可得纯油条件下双缝与双洞并联模型缝洞系统 2 的压差与累积注水量的表达式为：

$$\Delta p_2 = \frac{N_{w2}}{N_2 B_{oi}(\lambda \alpha C_{pf} + C_o)} \tag{3-151}$$

此时并联的两套缝洞系统连接在一口井上，所以整个系统的压差为：

$$\Delta p = \Delta p_1 + \Delta p_2 \tag{3-152}$$

即

$$\Delta p = \frac{N_{w1}}{N_1 B_{oi}(\alpha C_{pf} + C_o)} + \frac{N_{w2}}{N_2 B_{oi}(\lambda \alpha C_{pf} + C_o)} \tag{3-153}$$

改写成压力形式，有：

$$p = \Delta p + p_0 = \frac{N_{w1}}{N_1 B_{oi}(\alpha C_{pf} + C_o)} + \frac{N_{w2}}{N_2 B_{oi}(\lambda \alpha C_{pf} + C_o)} + p_0 \tag{3-154}$$

当累积注水量 N_{w1} 和 N_{w2} 满足一定关系时，式(3-154)还可以进一步化简。

设

$$\mu = \frac{N_{w1}}{N_{w2}} \tag{3-155}$$

又

$$N_{w1} + N_{w2} = N_{wi} \tag{3-156}$$

联立求解，得：

$$N_{w1} = \frac{\mu}{1 + \mu} N_{wi} \tag{3-157}$$

$$N_{w2} = \frac{1}{1 + \mu} N_{wi} \tag{3-158}$$

将式(3-157)、式(3-158)代入式(3-154)可得：

$$p = \frac{\dfrac{\mu}{1 + \mu} N_{wi}}{N_1 B_{oi}(\alpha C_{pf} + C_o)} + \frac{\dfrac{1}{1 + \mu} N_{wi}}{N_2 B_{oi}(\lambda \alpha C_{pf} + C_o)} + p_0$$

进一步化简，得：

$$p = \frac{N_{wi}}{1 + \mu} \left[\frac{\mu}{N_1 B_{oi}(\alpha C_{pf} + C_o)} + \frac{1}{N_2 B_{oi}(\lambda \alpha C_{pf} + C_o)} \right] + p_0 \tag{3-159}$$

化简后的式子反映了压力 p 与累积注水量 N_{wi} 之间存在线性关系。

3）双洞串联模型

（1）单缝与双洞串联模型。

① 单缝与双洞模型注水指示曲线表达式推导。

模型假设：封闭定容油藏，油井钻遇溶洞，连接方式为井—洞—缝—洞，且单井控制储集体;溶洞为刚性储集体,考虑水、油、裂缝系统的压缩系数,储集体中有水的存在,注入水后整个储集系统瞬时达到稳定,油藏压力变化与油井井口压力变化近似相同。

　　分别考虑裂缝与溶洞系统注入水后压力的变化情况,根据假设可知,注入水后整个储集系统瞬时达到稳定。单缝与双洞串联模型是在井-缝-洞模型的基础上增加一个溶洞的连接,如图 3-15 所示。设裂缝部分所占总体积的比例为 α,溶洞 1 部分所占总体积的比例为 β,同时考虑地层水和储层岩石的弹性能量。

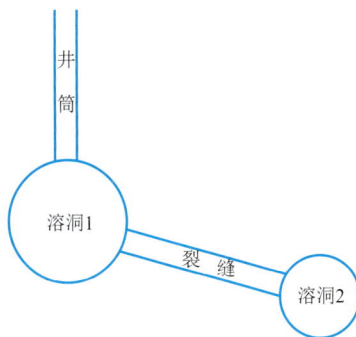

图 3-15　单缝与双洞模型

　　当 $N_{wi} \leqslant N_{w0}$(N_{w0} 为产出水量)时,注入水尚未波及溶洞 2,只是注入第一套缝洞系统,此时表达式为:

$$p = \frac{N_{wi} B_w}{N B_{oi} (\alpha + \beta)(\alpha C_{cf} + \beta R_1 C_w + C_o)} + p_0 \tag{3-160}$$

　　当 $N_{wi} > N_{w0}$ 时,注入水波及溶洞 2,此时溶洞 2 需考虑第一套缝洞系统对其的影响。

　　a. 对于裂缝系统。

　　原始条件下裂缝体积为 V_{pf},其中原油体积为 V_{of},地层水体积为 V_{wf},则有:

$$V_{pf} = V_{of} + V_{wf} \tag{3-161}$$

　　裂缝系统中的含油饱和度 S_{of} 与 V_{of} 和 V_{wf} 满足以下关系:

$$S_{of} = \frac{V_{of}}{V_{of} + V_{wf}} \tag{3-162}$$

　　当油藏注入一定水量 N_{wi} 之后,油藏压力从原始地层压力 p_0 上升到目前的地层压力 p,油藏压力上升值 $\Delta p = p - p_0$。对于封闭油藏,油藏孔隙体积随着压力上升而增加,油藏中的束缚水体积随着压力上升而下降。

　　裂缝系统中孔隙体积增加量 ΔV_{pf} 为:

$$\Delta V_{pf} = V_{pf} C_{pf} \Delta p \tag{3-163}$$

　　裂缝系统中地层水压缩量 ΔV_{wf} 为:

$$\Delta V_{wf} = V_{wf} C_w \Delta p \tag{3-164}$$

　　孔隙体积的增加和地层水体积的减小都将增加裂缝系统的原油体积。裂缝系统压力上升到 p 时,原油体积为:

$$V_{cf} = V_{cif} + \Delta V_{pf} + \Delta V_{wf} \tag{3-165}$$

式中　V_{cf}——裂缝系统的原油体积,m^3;

　　　　V_{cif}——裂缝系统的原始原油体积,m^3。

　　把式(3-163)和式(3-164)代入式(3-165)可得:

$$V_{cf} = V_{cif} + V_{pf} C_{pf} \Delta p + V_{wf} C_w \Delta p \tag{3-166}$$

裂缝系统的孔隙体积为:

$$V_{pf} = \frac{1}{1 - S_w} V_{cif} \tag{3-167}$$

地层水体积为:

$$V_{wf} = \frac{S_w}{1 - S_w} V_{cif} \tag{3-168}$$

把式(3-167)和式(3-168)代入(3-166)，得到裂缝系统原油体积与压力之间的关系式为：

$$V_{cf} = V_{cif}\left(1 + \frac{C_{pf} + S_{wi}C_w}{1 - S_w}\Delta p\right) = V_{cif}(1 + C_{cf}\Delta p) \tag{3-169}$$

式中 C_{cf}——裂缝系统的压缩系数，MPa^{-1}。

b. 对于溶洞系统。

当油藏注入的水量 N_{wi} 波及溶洞 2 之后，油藏压力从原始地层压力 p_0 上升到目前的地层压力 p，油藏压力上升值 $\Delta p = p - p_0$。假设油藏溶洞岩石为刚性储集体，则溶洞 1 部分的地层水压缩量 ΔV_{wr1} 为：

$$\Delta V_{wr1} = V_{wi1}C_w\Delta p \tag{3-170}$$

溶洞 2 部分的地层水压缩量 ΔV_{wr2} 为：

$$\Delta V_{wr2} = V_{wi2}C_w\Delta p \tag{3-171}$$

所以，双溶洞系统地层水的压缩量为：

$$\Delta V_{wr} = V_{wi1}C_w\Delta p + V_{wi2}C_w\Delta p \tag{3-172}$$

式中 V_{wi1}, V_{wi2}——溶洞 1、溶洞 2 的注入水体积，m^3。

溶洞系统压力上升到 p 时，原油体积 V_{cr} 为：

$$V_{cr} = V_{cir1} + V_{cir2} + \Delta V_{wr} \tag{3-173}$$

式中 V_{cir1}——溶洞 1 的原始原油体积，m^3；

V_{cir2}——溶洞 2 的原始原油体积，m^3。

将式(3-172)代入式(3-173)可得：

$$V_{cr} = V_{cir1} + V_{cir2} + V_{wi1}C_w\Delta p + V_{wi2}C_w\Delta p \tag{3-174}$$

由溶洞水油比 R 的定义可知：

$$V_{wi} = RV_{cir} \tag{3-175}$$

式中 V_{wi}——注入水体积，m^3；

V_{cir}——溶洞系统的原始原油体积，m^3。

将式(3-175)带入式(3-174)可得：

$$\begin{aligned} V_{cr} &= V_{cir1} + V_{cir2} + R_1 V_{cir1}C_w\Delta p + R_2 V_{cir2}C_w\Delta p \\ &= V_{cir1}(1 + R_1 C_w\Delta p) + V_{cir2}(1 + R_2 C_w\Delta p) \end{aligned} \tag{3-176}$$

c. 对于裂缝和溶洞整个系统。

裂缝和溶洞整个系统的原油体积与压力的变化关系式为：

$$\begin{aligned} V_c &= V_{cf} + V_{cr} = V_{cif}(1 + C_{cf}\Delta p) + V_{cir1}(1 + R_1 C_w\Delta p) + V_{cir2}(1 + R_2 C_w\Delta p) \\ &= (V_{cif} + V_{cir1} + V_{cir2}) + V_{cif}C_{cf}\Delta p + V_{cir1}R_1 C_w\Delta p + V_{cir2}R_2 C_w\Delta p \\ &= V_{ci} + V_{cif}C_{cf}\Delta p + V_{cir1}R_1 C_w\Delta p + V_{cir2}R_2 C_w\Delta p \end{aligned} \tag{3-177}$$

式中 V_c——缝洞系统的原油体积，m^3；

V_{ci}——缝洞系统的原始原油体积，m^3；

C_{cf}——裂缝系统的压缩系数，MPa^{-1}。

根据假设条件，上式还可以写为：

$$\begin{aligned} V_c &= V_{ci} + \alpha V_{ci}C_{cf}\Delta p + \beta V_{ci}R_1 C_w\Delta p + (1 - \alpha - \beta)V_{ci}R_2 C_w\Delta p \\ &= V_{ci}\{1 + [\alpha C_{cf} + \beta R_1 C_w + (1 - \alpha - \beta)R_2 C_w]\Delta p\} \end{aligned} \tag{3-178}$$

又因为注入溶洞 2 的水占据的体积为 $(N_{wi}-N_{w0})B_w$，所以注入水后油藏中原油占据的体积 V_o 为：

$$V_o = V_c - (N_{wi}-N_{w0})B_w$$

$$= V_{ci}\{1+[\alpha C_{cf}+\beta R_1 C_w+(1-\alpha-\beta)R_2 C_w]\Delta p\}-(N_{wi}-N_{w0})B_w \quad (3\text{-}179)$$

式(3-179)为封闭油藏开发过程中的原油体积计算公式，由该式可以看出，随注入水的增多，原油体积不断减小。

假设原始原油占据的体积 V_{oi} 为：

$$V_{oi} = V_{ci} \quad (3\text{-}180)$$

把地下体积换算至地面条件，计算式为：

$$N = \frac{V_{oi}}{B_{oi}} = \frac{V_o}{B_o} \quad (3\text{-}181)$$

根据换算前后原油的物质平衡条件可得：

$$NB_o = V_o$$

$$= V_{ci}\{1+[\alpha C_{cf}+\beta R_1 C_w+(1-\alpha-\beta)R_2 C_w]\Delta p\}-(N_{wi}-N_{w0})B_w$$

$$(N_{wi}-N_{w0})B_w = NB_{oi}[1+(\alpha C_{cf}+\beta R_1 C_w+(1-\alpha-\beta)R_2 C_w)\Delta p]-NB_o$$

$$= NB_{oi}[\alpha C_{cf}+\beta R_1 C_w+(1-\alpha-\beta)R_2 C_w]\Delta p+N(B_{oi}-B_o)$$

$$(3\text{-}182)$$

原油压缩系数 C_o 为：

$$C_o = \frac{B_{oi}-B_o}{B_{oi}\Delta p} \quad (3\text{-}183)$$

将式(3-183)代入式(3-182)可得：

$$(N_{wi}-N_{w0})B_w = NB_{oi}\{1+[\alpha C_{cf}+\beta R_1 C_w+(1-\alpha-\beta)R_2 C_w]\Delta p\}-NB_o$$

$$= NB_{oi}[\alpha C_{cf}+\beta R_1 C_w+(1-\alpha-\beta)R_2 C_w]\Delta p+NB_{oi}C_o\Delta p$$

$$= NB_{oi}[\alpha C_{cf}+\beta R_1 C_w+(1-\alpha-\beta)R_2 C_w+C_o]\Delta p$$

$$(3\text{-}184)$$

即

$$\Delta p = \frac{(N_{wi}-N_{w0})B_w}{NB_{oi}[\alpha C_{cf}+\beta R_1 C_w+(1-\alpha-\beta)R_2 C_w+C_o]} \quad (3\text{-}185)$$

改写成压力形式，有：

$$\Delta p = p - p_0 - \frac{N_{w0}B_w}{NB_{oi}(\alpha+\beta)(\alpha C_{cf}+\beta R_1 C_w+C_o)} \quad (3\text{-}186)$$

因此可得：

$$p = \frac{(N_{wi}-N_{w0})B_w}{NB_{oi}[\alpha C_{cf}+\beta R_1 C_w+(1-\alpha-\beta)R_2 C_w+C_o]}+$$

$$\frac{N_{w0}B_w}{NB_{oi}(\alpha+\beta)(\alpha C_{cf}+\beta R_1 C_7+C_o)}+p_0$$

其中，$\dfrac{N_{w0}B_w}{NB_{oi}(\alpha+\beta)(\alpha C_{cf}+\beta R_1 C_w+C_o)}$ 为溶洞 1 对溶洞 2 压力的影响。上式即注入水波及溶洞 2 时压力与累积注水量的关系式。完整的裂缝与双洞串联模型的注水指示曲线表达式可写成如下分段函数：

$$p = \begin{cases} \dfrac{N_{wi}B_w}{NB_{oi}(\alpha+\beta)(\alpha C_{cf}+\beta R_1 C_w+C_o)}+p_0, & N_{wi} \leqslant N_{w0} \\[3mm] \dfrac{(N_{wi}-N_{w0})B_w}{NB_{oi}(\alpha C_{cf}+\beta R_1 C_w+(1-\alpha-\beta)R_2 C_w+C_o)}+ \\[3mm] \dfrac{N_{w0}B_w}{NB_{oi}(\alpha+\beta)(\alpha C_{cf}+\beta R_1 C_w+C_o)}+p_0, & N_{wi}>N_{w0} \end{cases} \quad (3\text{-}187)$$

② 纯油条件下单缝与双洞串联模型注水指示曲线表达式推导。

模型假设：封闭定容油藏，油井钻遇溶洞，连接方式为井—洞—缝—洞，且单井控制储集体；溶洞为刚性储集体，考虑原油、裂缝系统的压缩系数，储集体中没有水的存在，注入水后整个储集系统瞬时达到稳定，油藏压力变化与油井井口压力变化近似相同。

分别考虑裂缝与溶洞系统注入水后压力的变化情况，根据假设可知，注入水后整个储集系统瞬时达到稳定。单缝与双洞串联模型是在井-缝-洞模型的基础上增加一个溶洞的连接，如图 3-15 所示。设裂缝部分所占总体积的比例为 α，溶洞 1 部分所占总体积的比例为 β，同时考虑储层岩石的弹性能量。

当 $N_{wi} \leqslant N_{w0}$ 时，注入水尚未波及溶洞 2，只是注入第一套缝洞系统，此时注水指示曲线表达式与井-缝-洞模型的表达式类似：

$$p = \frac{N_{wi}}{NB_{oi}(\alpha+\beta)(\alpha C_{pf}+C_o)}+p_0 \quad (3\text{-}188)$$

当 $N_{wi}>N_{w0}$ 时，注入水波及溶洞 2，此时溶洞 2 需考虑第一套缝洞系统对其的影响。

a. 对于裂缝系统。

原始条件下裂缝体积为 V_{pf}，原油体积为 V_{of}，则有：

$$V_{pf} = V_{of} \quad (3\text{-}189)$$

当油藏注入一定水量 N_{wi} 之后，油藏压力从原始地层压力 p_0 上升到目前的地层压力 p，油藏压力上升值 $\Delta p=p-p_0$。对于封闭油藏，油藏孔隙体积随着压力上升而增加。

裂缝系统中孔隙体积增加量 ΔV_{pf} 为：

$$\Delta V_{pf} = V_{pf}C_{pf}\Delta p \quad (3\text{-}190)$$

孔隙体积的增加将增加裂缝系统的原油体积。裂缝系统压力上升到 p 时，原油体积为：

$$V_{cf} = V_{cif} + \Delta V_{pf} \quad (3\text{-}191)$$

把式(3-190)代入式(3-191)可得：

$$V_{cf} = V_{cif} + V_{pf}C_{pf}\Delta p \quad (3\text{-}192)$$

b. 对于溶洞系统。

当油藏注入的水量 N_{wi} 波及溶洞 2 之后，油藏压力从原始地层压力 p_0 上升到目前的地层压力 p，油藏压力上升值 $\Delta p=p-p_0$。假设油藏溶洞岩石为刚性储集体，溶洞系统压力上升到 p 时，原油体积 V_{cr} 为：

$$V_{cr} = V_{cir1} + V_{cir2} \quad (3\text{-}193)$$

c. 对于裂缝和溶洞整个系统。

裂缝和溶洞整个系统的原油体积与压力的变化关系式为：

$$\begin{aligned} V_c &= V_{cf} + V_{cr} = V_{cif} + V_{pf}C_{pf}\Delta p + V_{cir1} + V_{cir2} \\ &= (V_{cif} + V_{cir1} + V_{cir2}) + V_{pf}C_{pf}\Delta p \end{aligned}$$

$$= V_{ci} + V_{pf} C_{pf} \Delta p \tag{3-194}$$

根据假设条件,上式还可以写为:

$$V_c = V_{ci} + \alpha V_{ci} C_{pf} \Delta p \tag{3-195}$$

又因为注入溶洞 2 水占据的体积为 $N_{wi} - N_{w0}$,所以注入水后油藏中原油占据的体积 V_o 为:

$$V_o = V_c - (N_{wi} - N_{w0}) = V_{ci} + \alpha V_{ci} C_{pf} \Delta p - (N_{wi} - N_{w0}) \tag{3-196}$$

式(3-196)为封闭油藏开发过程中的原油体积计算公式,由该式可以看出,随注入水的增多,原油体积不断减小。

假设原始原油占据的体积 V_{oi} 为:

$$V_{oi} = V_{ci} \tag{3-197}$$

把地下体积换算至地面条件,计算式为:

$$N = \frac{V_{oi}}{B_{oi}} = \frac{V_o}{B_o} \tag{3-198}$$

根据换算前后原油的物质平衡条件得:

$$NB_o = V_o = V_{ci} + \alpha V_{ci} C_{pf} \Delta p - (N_{wi} - N_{w0})$$
$$N_{wi} - N_{w0} = N(B_{oi} - B_o) + NB_{oi} \alpha C_{pf} \Delta p \tag{3-199}$$

原油压缩系数 C_o 为:

$$C_o = \frac{B_{oi} - B_o}{B_{oi} \Delta p} \tag{3-200}$$

将式(3-200)代入式(3-199)可得:

$$N_{wi} - N_{w0} = NB_{oi} \alpha C_{pf} \Delta p + NB_{oi} C_o \Delta p = NB_{oi} (\alpha C_{pf} + C_o) \Delta p \tag{3-201}$$

即

$$\Delta p = \frac{N_{wi} - N_{w0}}{NB_{oi} (\alpha C_{pf} + C_o)} \tag{3-202}$$

改写成压力形式,有:

$$\Delta p = p - p_0 - \frac{N_{w0}}{NB_{oi} (\alpha + \beta) (\alpha C_{pf} + C_o)} \tag{3-203}$$

因此可得:

$$p = \frac{N_{wi} - N_{w0}}{NB_{oi} (\alpha C_{pf} + C_o)} + \frac{N_{w0}}{NB_{oi} (\alpha + \beta) (\alpha C_{pf} + C_o)} + p_0$$

其中 $\dfrac{N_{w0}}{NB_{oi} (\alpha + \beta) (\alpha C_{pf} + C_o)}$ 为溶洞 1 对溶洞 2 压力的影响。上式即注水波及溶洞 2 时压力与累积注水量的关系式。完整的纯油条件下单缝与双洞串联模型的注水指示曲线表达式可写成如下分段函数:

$$p = \begin{cases} \dfrac{N_{wi}}{NB_{oi} (\alpha + \beta) (\alpha C_{pf} + C_o)} + p_0, & N_{wi} \leqslant N_{w0} \\[4mm] \dfrac{N_{wi} - N_{w0}}{NB_{oi} (\alpha C_{pf} + C_o)} + \dfrac{N_{w0}}{NB_{oi} (\alpha + \beta) (\alpha C_{pf} + C_o)} + p_0, & N_{wi} > N_{w0} \end{cases} \tag{3-204}$$

(2)双缝与双洞串联模型。

① 双缝与双洞串联模型注水指示曲线表达式推导。

模型假设:封闭定容油藏,油井钻遇裂缝系统,连接方式为井—缝—洞—缝—洞,且单

井控制储集体；溶洞为刚性储集体，考虑水、油、孔缝系
统的压缩系数，储集体中有水的存在，注入水后整个储
集系统瞬时达到稳定，油藏压力变化与油井井口压力
变化近似相同。

单缝与双洞串联模型是油井直接钻遇溶洞，此模
型考虑了另一种情况，即在单缝与双洞串联模型的基
础上增加了一个缝洞系统，且油井钻遇裂缝系统，连接
双溶洞，如图 3-16 所示。设裂缝 1 部分所占总体积的
比例为 α，溶洞 1 部分所占总体积的比例为 β，两个裂
缝系统的体积比为 λ，所以溶洞 2 的体积占总体积的比

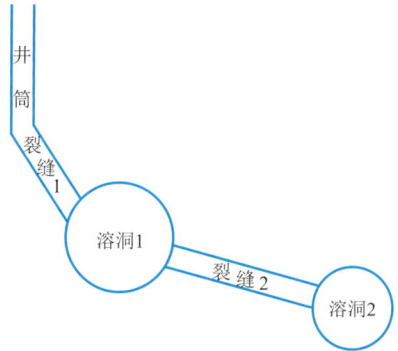

图 3-16　双缝与双溶洞串联模型

例为 $1-\alpha-\beta-\alpha\lambda$，同时考虑地层水和储层岩石的弹性能量。

当 $N_{wi} \leqslant N_{w0}$ 时，注入水尚未波及第二套缝洞系统，只是注入第一套缝洞系统，此时的
表达式与单缝与双洞串联模型的第一段表达式一样，即

$$p = \frac{N_{wi} B_w}{NB_{oi} (\alpha + \beta)(\alpha C_{cf1} + \beta R_1 C_w + C_o)} + p_0$$

当 $N_{wi} > N_{w0}$ 时，注入水波及第二套缝洞系统，此时第二套缝洞系统需考虑第一套缝洞
系统对其的影响。

a. 对于裂缝系统。

双缝与双洞串联模型的两套缝洞系统处于不同的空间，但仍然假设注入水后整个储集
系统瞬时达到稳定，即缝洞系统的总体积变化量为两套缝洞系统体积变化量的和，由此推
导裂缝系统的体积变化公式。

原始条件下裂缝体积为 V_{pf}，其中原油体积为 V_{of}，地层水体积为 V_{wf}，则有：

$$V_{pf} = V_{of} + V_{wf} \tag{3-205}$$

裂缝系统中的含油饱和度 S_{of} 与 V_{of} 和 V_{wf} 满足以下关系：

$$S_{of} = \frac{V_{of}}{V_{cf} + V_{wf}} \tag{3-206}$$

当油藏注入一定水量 N_{wi} 之后，油藏压力从原始地层压力 p_0 上升到目前的地层压力
p，油藏压力上升值 $\Delta p = p - p_0$。对于封闭油藏，油藏孔隙体积随着压力上升而增加，油藏
中的束缚水体积随着压力上升而下降。

裂缝 1 部分的孔隙体积增加量 ΔV_{pf1} 为：

$$\Delta V_{pf1} = V_{pf1} C_{pf} \Delta p \tag{3-207}$$

裂缝 2 部分的孔隙体积增加量 ΔV_{pf2} 为：

$$\Delta V_{pf2} = V_{pf2} C_{pf} \Delta p \tag{3-208}$$

裂缝 1 部分地层水压缩量 ΔV_{wf1} 为：

$$\Delta V_{wf1} = V_{wf1} C_w \Delta p \tag{3-209}$$

裂缝 2 部分地层水压缩量 ΔV_{wf2} 为：

$$\Delta V_{wf2} = V_{wf2} C_w \Delta p \tag{3-210}$$

孔隙体积的增加和地层水体积的减小都将增加裂缝系统的原油体积。裂缝系统压力
上升到 p 时，原油体积为：

$$V_{cf1} = V_{cif1} + \Delta V_{pf1} + \Delta V_{wf1} \tag{3-211}$$

$$V_{cf2} = V_{cif2} + \Delta V_{pf2} + \Delta V_{wf2} \tag{3-212}$$

将式(3-207)、式(3-209)代入式(3-211),式(3-208)、式(3-210)代入式(3-212),相加可得:

$$V_{cf} = V_{cif1} + V_{cif2} + V_{pf1} C_{pf} \Delta p + V_{wf1} C_w \Delta p + V_{pf2} C_{pf} \Delta p + V_{wf2} C_w \Delta p \tag{3-213}$$

裂缝系统的孔隙体积为:

$$V_{pf1} = \frac{V_{cif1}}{1 - S_{w1}} \tag{3-214}$$

$$V_{pf2} = \frac{V_{cif2}}{1 - S_{w2}} \tag{3-215}$$

地层水体积为:

$$V_{wf1} = \frac{S_{w1}}{1 - S_{w1}} V_{cif1} \tag{3-216}$$

$$V_{wf2} = \frac{S_{w2}}{1 - S_{w2}} V_{cif2} \tag{3-217}$$

因为式(3-216)和式(3-217)是以裂缝结构的体积变化为基础进行的公式推导,所以根据推导的结果,第一套裂缝系统的原油体积与压力之间的关系式为:

$$V_{cf1} = V_{cif1} \left(1 + \frac{C_{pf} + S_{w1} C_w}{1 - S_{w1}} \Delta p\right) = V_{cif1} (1 + C_{cf1} \Delta p) \tag{3-218}$$

第二套裂缝系统的原油体积与压力之间的关系式为:

$$V_{cf2} = V_{cif2} \left(1 + \frac{C_{pf} + S_{w2} C_w}{1 - S_{w2}} \Delta p\right) = V_{cif2} (1 + C_{cf2} \Delta p) \tag{3-219}$$

综上,裂缝系统原油体积与压力之间的关系式为:

$$V_{cf} = V_{cif1} (1 + C_{cf1} \Delta p) + V_{cif2} (1 + C_{cf2} \Delta p) \tag{3-220}$$

b. 对于溶洞系统。

双缝与双洞串联模型中存在两个溶洞,现以模型中溶洞部分原油体积与压力之间的关系公式为基础进行推导。原始条件下溶洞系统体积为 V_{pr},原油体积为 V_{or},地层水体积为 V_{wr},则有:

$$V_{pr} = V_{or} + V_{wr} \tag{3-221}$$

假设溶洞为刚性储集体,则溶洞部分的地层水压缩量为:

$$\Delta V_{wr1} = V_{wr1} C_w \Delta p \tag{3-222}$$

$$\Delta V_{wr2} = V_{wr2} C_w \Delta p \tag{3-223}$$

溶洞系统压力上升到 p 时,原油体积 V_{cr} 为:

$$V_{cr} = V_{cir} + \Delta V_{wr1} + \Delta V_{wr2} \tag{3-224}$$

$$V_{cr} = V_{cir} + V_{wr1} C_w \Delta p + V_{wr2} C_w \Delta p \tag{3-225}$$

由溶洞水油比 R 的定义可知:

$$V_{wr} = R V_{cir} \tag{3-226}$$

因为式(3-226)的结果是以溶洞系统体积变化为基础进行的公式推导,所以根据推导的结果,溶洞 1 原油体积与压力之间的关系式为:

$$V_{cr1} = V_{cir1} (1 + R_1 C_w \Delta p) \tag{3-227}$$

溶洞 2 原油体积与压力之间的关系式为:

$$V_{cr2} = V_{cir2}(1 + R_2 C_w \Delta p) \tag{3-228}$$

故溶洞原油体积随压力的变化关系式为：

$$V_{cr} = V_{cir1}(1 + R_1 C_w \Delta p) + V_{cir2}(1 + R_2 C_w \Delta p) \tag{3-229}$$

c. 对于裂缝和溶洞整个系统。

通过上面分析可以求出,裂缝和溶洞整个系统的原油体积与压力的变化关系式为：

$$\begin{aligned}
V_c &= V_{cf} + V_{cr} \\
&= V_{cif1}(1 + C_{cf1}\Delta p) + V_{cif2}(1 + C_{cf2}\Delta p) + V_{cir1}(1 + R_1 C_w \Delta p) + V_{cir2}(1 + R_2 C_w \Delta p) \\
&= V_{ci} + V_{cif1}C_{cf1}\Delta p + \lambda V_{cif1}C_{cf2}\Delta p + V_{cir1}R_1 C_w \Delta p + V_{cir2}R_2 C_w \Delta p
\end{aligned} \tag{3-230}$$

根据假设条件,上式还可以进一步写成：

$$V_c = V_{ci} + \alpha V_{ci} C_{cf1}\Delta p + \lambda \alpha V_{ci} C_{cf2}\Delta p + \beta V_{ci} R_1 C_w \Delta p + (1 - \alpha - \beta - \alpha\lambda)V_{ci}R_2 C_w \Delta p \tag{3-231}$$

又因为注入溶洞 2 的水占据的体积为 $(N_{wi} - N_{w0})B_w$,则注入水后油藏中的原油占据的体积 V_o 为：

$$\begin{aligned}
V_o &= V_c - (N_{wi} - N_{w0})B_w \\
&= V_{ci}[1 + (\alpha C_{cf1} + \lambda\alpha C_{cf2} + \beta R_1 C_w + (1 - \alpha - \beta - \alpha\lambda)R_2 C_w)\Delta p] - (N_{wi} - N_{w0})B_w
\end{aligned} \tag{3-232}$$

式(3-232)为封闭油藏开发过程中的原油体积计算公式,由该式可以看出,随注入水的增多,原油体积不断减小。

假设原始原油占据的体积 V_{oi} 为：

$$V_{oi} = V_{ci} \tag{3-233}$$

把地下体积换算至地面条件,计算式为：

$$N = \frac{V_{oi}}{B_{oi}} = \frac{V_{ci}}{B_{oi}} \tag{3-234}$$

根据换算前后原油的物质平衡条件可得：

$$\begin{aligned}
N &= \frac{V_o}{B_o} = \\
&\frac{V_{ci}[1 + (\alpha C_{cf1} + \lambda\alpha C_{cf2} + \beta R_1 C_w + (1 - \alpha - \beta - \alpha\lambda)R_2 C_w)\Delta p] - (N_{wi} - N_{w0})B_w}{B_o} NB_o + \\
&(N_{wi} - N_{w0})B_w = NB_{oi}[1 + (\alpha C_{cf1} + \lambda\alpha C_{cf2} + \beta R_1 C_w + (1 - \alpha - \beta - \alpha\lambda)R_2 C_w)\Delta p] \\
&(N_{wi} - N_{w0})B_w = NB_{oi}[\alpha C_{cf1} + \lambda\alpha C_{cf2} + \beta R_1 C_w + (1 - \alpha - \beta - \alpha\lambda)R_2 C_w]\Delta p + \\
&\qquad N(B_{oi} - B_o)
\end{aligned} \tag{3-235}$$

原油压缩系数 C_o 为：

$$C_o = \frac{B_{oi} - B_o}{B_{oi}\Delta p} \tag{3-236}$$

将式(3-236)代入式(3-235)可得：

$$\begin{aligned}
(N_{wi} - N_{w0})B_w &= NB_{oi}[\alpha C_{cf1} + \lambda\alpha C_{cf2} + \beta R_1 C_w + (1 - \alpha - \beta - \alpha\lambda)R_2 C_w]\Delta p + NB_{oi}C_o\Delta p \\
&= NB_{oi}[\alpha C_{cf1} + \lambda\alpha C_{cf2} + \beta R_1 C_w + (1 - \alpha - \beta - \alpha\lambda)R_2 C_w + C_o]\Delta p
\end{aligned} \tag{3-237}$$

即

$$\Delta p = \frac{(N_{wi} - N_{w0})B_w}{NB_{oi}[\alpha C_{cf1} + \lambda\alpha C_{cf2} + \beta R_1 C_w + (1 - \alpha - \beta - \alpha\lambda)R_2 C_w + C_o]} \quad (3\text{-}238)$$

改写为压力形式,有:

$$\Delta p = p - p_0 - \frac{N_{w0}B_w}{NB_{oi}(\alpha + \beta)(\alpha C_{cf} + \beta R_1 C_w + C_o)}$$

因此可得:

$$p = \frac{(N_{wi} - N_{w0})B_w}{NB_{oi}[\alpha C_{cf1} + \lambda\alpha C_{cf2} + \beta R_1 C_w + (1 - \alpha - \beta - \alpha\lambda)R_2 C_w + C_o]} +$$
$$\frac{N_{w0}B_w}{NB_{oi}(\alpha + \beta)(\alpha C_{cf1} + \beta R_1 C_w + C_o)} + p_0 \quad (3\text{-}239)$$

其中,$\dfrac{N_{w0}B_w}{NB_{oi}(\alpha + \beta)(\alpha C_{cf1} + \beta R_1 C_w + C_o)}$ 为溶洞 1 对溶洞 2 压力的影响。

式(3-239)即双缝与双洞串联模型的注水指示曲线表达式,表达式的斜率不仅与原油地质储量有关,还与裂缝与溶洞中储量之比、溶洞水油比等参数有关。该模型考虑的因素较为全面,因此在实际运用时也需要用到更为详细的参数,这些参数取值可以适当结合和运用试井解释的成果。完整的双缝与双洞串联模型注水指示曲线表达式可写成如下分段函数:

$$p = \begin{cases} \dfrac{N_{wi}B_w}{NB_{oi}(\alpha + \beta)(\alpha C_{cf1} + \beta R_1 C_w + C_o')} + p_0, & N_{wi} \leqslant N_{w0} \\[2ex] \dfrac{(N_{wi} - N_{w0})B_w}{NB_{oi}[\alpha C_{cf1} + \lambda\alpha C_{cf2} + \beta R_1 C_w + (1 - \alpha - \beta - \alpha\lambda)R_2 C_w + C_o]} + \\[2ex] \dfrac{N_{w0}B_w}{NB_{oi}(\alpha + \beta)(\alpha C_{cf1} + \beta R_1 C_w + C_o)} + p_0, & N_{wi} > N_{w0} \end{cases} \quad (3\text{-}240)$$

② 纯油条件下双缝与双洞串联模型注水指示曲线表达式推导。

模型假设:封闭定容油藏,油井钻遇裂缝系统,连接方式为井—缝—洞—缝—洞,且单井控制储集体;溶洞为刚性储集体,考虑原油、裂缝系统的压缩系数,储集体中没有水的存在,注入水后整个储集系统瞬时达到稳定,油藏压力变化与油井井口压力变化近似相同。

单缝与双洞串联模型是油井直接钻遇溶洞,此模型考虑了另一种情况,即在单缝与双洞串联模型的基础上增加了一个缝洞系统,且油井钻遇裂缝系统,连接双溶洞,如图 3-16 所示。设裂缝 1 部分所占总体积的比例为 α,溶洞 1 部分所占总体积的比例为 β,两个裂缝系统的体积比为 λ,所以溶洞 2 的体积占总体积的比例为 $1 - \alpha - \beta - \alpha\lambda$,考虑储层岩石的弹性能量。

当 $N_{wi} \leqslant N_{w0}$ 时,注入水尚未波及第二套缝洞系统,只是注入第一套缝洞系统,此时表达式与单缝与双洞串联模型的第一段表达式一样,即

$$p = \frac{N_{wi}}{NB_{oi}(\alpha + \beta)(\alpha C_{pf} + C_o)} + p_0$$

当 $N_{wi} > N_{w0}$ 时,注入水波及第二套缝洞系统,此时第二套缝洞系统需考虑第一套缝洞系统对其的影响。

a. 对于裂缝系统。

纯油条件下双缝与双洞串联模型两套缝洞系统处于不同的空间,但仍然假设注入水后

整个储集系统瞬时达到稳定,即缝洞系统的总体积变化量为两套缝洞系统体积变化量的和,由此推导缝缝系统的体积变化公式。

原始条件下裂缝体积为 V_{pf},原油体积为 V_{of},则有:

$$V_{pf} = V_{of} \tag{3-241}$$

当油藏注入一定水量 N_{wi} 之后,油藏压力从原始地层压力 p_0 上升到目前的地层压力 p,油藏压力上升值 $\Delta p = p - p_0$。对于封闭油藏,油藏孔隙体积会随着压力上升而增加。

裂缝 1 部分的孔隙体积增加量 ΔV_{pf1} 为:

$$\Delta V_{pf1} = V_{pf1} C_{pf} \Delta p \tag{3-242}$$

裂缝 2 部分的孔隙体积增加量 ΔV_{pf2} 为:

$$\Delta V_{pf2} = V_{pf2} C_{pf} \Delta p \tag{3-243}$$

孔隙体积的增加将增加裂缝系统的原油体积。裂缝系统压力上升到 p 时,原油体积为:

$$V_{cf1} = V_{cif1} + \Delta V_{pf1} \tag{3-244}$$

$$V_{cf2} = V_{cif2} + \Delta V_{pf2} \tag{3-245}$$

将式(3-242)代入式(3-244),式(3-243)代入式(3-245),相加可得:

$$V_{cf} = V_{cif1} + V_{pf1} C_{pf} \Delta p + V_{cif2} + V_{pf2} C_{pf} \Delta p \tag{3-246}$$

b. 对于溶洞系统。

纯油条件下双缝与双洞串联模型中存在两个溶洞,现以模型中溶洞部分原油体积与压力之间的关系公式为基础进行推导。原始条件下溶洞体积为 V_{pr},原油体积为 V_{or},则有:

$$V_{pr} = V_{or} \tag{3-247}$$

假设溶洞为刚性储集体,则溶洞系统压力上升到 p 时,原油体积 V_{cr} 为:

$$V_{cr} = V_{cir1} + V_{cir2} \tag{3-248}$$

c. 对于裂缝和溶洞整个系统。

通过上面分析可以求出,裂缝和溶洞整个系统的原油体积与压力的变化关系式为:

$$\begin{aligned} V_c &= V_{cf} + V_{cr} = V_{cif1} + V_{pf1} C_{pf} \Delta p + V_{cif2} + V_{pf2} C_{pf} \Delta p + V_{cir1} + V_{cir2} \\ &= (V_{cif1} + V_{cif2} + V_{cir1} + V_{cir2}) + V_{pf1} C_{pf} \Delta p + V_{pf2} C_{pf} \Delta p \\ &= V_{ci} + V_{pf1} C_{pf} \Delta p + V_{pf2} C_{pf} \Delta p \end{aligned} \tag{3-249}$$

根据假设条件,上式还可以进一步写成:

$$V_c = V_{ci} + \alpha V_{ci} C_{pf} \Delta p + \lambda \alpha V_{ci} C_{pf} \Delta p \tag{3-250}$$

又因为注入水占据的体积为 $N_{wi} - N_{w0}$,则注入水后油藏中的原油占据的体积 V_o 为:

$$\begin{aligned} V_o &= V_c - (N_{wi} - N_{w0}) \\ &= V_{ci} + \alpha V_{ci} C_{pf} \Delta p + \lambda \alpha V_{ci} C_{pf} \Delta p - (N_{wi} - N_{w0}) \\ &= V_{ci}(1 + \alpha C_{pf} \Delta p + \lambda \alpha C_{pf} \Delta p) - (N_{wi} - N_{w0}) \end{aligned} \tag{3-251}$$

式(3-251)为封闭油藏开发过程中的原油体积计算公式,由该式可以看出,随注入水的增加,原油体积不断减小。

假设原始原油占据的体积 V_{oi} 为:

$$V_{oi} = V_{ci} \tag{3-252}$$

把地下体积换算至地面条件,计算式为:

$$N = \frac{V_{oi}}{B_{oi}} = \frac{V_{ci}}{B_{oi}} \tag{3-253}$$

根据换算前后原油的物质平衡条件可得：

$$N = \frac{V_o}{B_o} = \frac{V_{ci}(1 + \alpha C_{pf}\Delta p + \lambda\alpha C_{pf}\Delta p) - (N_{wi} - N_{w0})}{B_o}$$

$$N_{wi} - N_{w0} = NB_{oi}(\alpha C_{pf}\Delta p + \lambda\alpha C_{pf}\Delta p) + N(B_{oi} - B_o) \quad (3\text{-}254)$$

原油压缩系数 C_o 为：

$$C_o = \frac{B_{oi} - B_o}{B_{oi}\Delta p} \quad (3\text{-}255)$$

将式(3-255)代入式(3-254)可得：

$$N_{wi} - N_{w0} = NB_{oi}(\alpha C_{pf}\Delta p + \lambda\alpha C_{pf}\Delta p) + NB_{oi}C_o\Delta p$$
$$= NB_{oi}(\alpha C_{pf} + \lambda\alpha C_{pf} + C_o)\Delta p \quad (3\text{-}256)$$

即

$$\Delta p = \frac{N_{wi} - N_{w0}}{NB_{oi}(\alpha C_{pf} + \lambda\alpha C_{pf} + C_o)} \quad (3\text{-}257)$$

改写为压力形式，有：

$$\Delta p = p - p_0 - \frac{N_{w0}}{NB_{oi}(\alpha + \beta)(\alpha C_{pf} + C_o)}$$

因此可得：

$$p = \frac{N_{wi} - N_{w0}}{NB_{oi}(\alpha C_{pf} + \lambda\alpha C_{pf} + C_o)} + \frac{N_{w0}}{NB_{oi}(\alpha + \beta)(\alpha C_{pf} + C_o)} + p_0 \quad (3\text{-}258)$$

其中，$\dfrac{N_{w0}}{NB_{oi}(\alpha + \beta)(\alpha C_{pf} + C_o)}$ 为溶洞 1 对溶洞 2 压力的影响。

式(3-258)即裂缝与双洞串联模型的注水指示曲线表达式，表达式的斜率不仅与原油地质储量有关，还与裂缝与溶洞储量之比、溶洞水油比等参数有关。该模型考虑的因素较为全面，因此在实际运用时也需要用到更为详细的参数，这些的参数取值可以适当结合和运用试井解释的成果。完整的纯油条件下的双缝与双洞串联模型注水指示曲线表达式可写成如下分段函数：

$$p = \begin{cases} \dfrac{N_{wi}}{NB_{oi}(\alpha + \beta)(\alpha C_{pf} + C_o)} + p_0, & N_{wi} \leqslant N_{w0} \\[4mm] \dfrac{N_{wi} - N_{w0}}{NB_{oi}(\alpha C_{pf} + \lambda\alpha C_{pf} + C_o)} + \dfrac{N_{w0}}{NB_{oi}(\alpha + \beta)(\alpha C_{pf} + C_o)} + p_0, & N_{wi} > N_{w0} \end{cases}$$

$$(3\text{-}259)$$

3.5　能量指示曲线法

3.5.1　能量指示曲线定义及原理

能量指示曲线为地层压力随累积产液量变化的曲线(图 3-17)。它直接反映了动用范围内的地层能量变化，不同的泄油半径(动用储量)、裂缝导流能力以及不同的水侵状况会形成差异化的能量指示曲线。

能量指示曲线的理论依据为物质平衡方程

$$N = \frac{N_p B_o - \left[W_e + (W_i - W_p) B_w \right]}{B_{oi} C_t \Delta p}$$

以及弹性能量指数 EEI

$$EEI = \frac{N_p}{\Delta p} = \frac{N B_{oi} C_t}{B_o}$$

式中 W_e——累计水侵量，10^4 m^3；

W_i——累积注水量，10^4 m^3；

W_p——累积产水量，10^4 m^3；

N——动用储量，10^4 t。

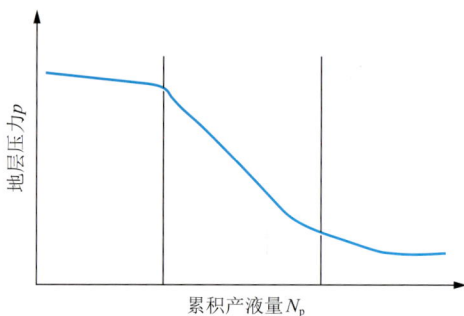

图 3-17   理想能量指示曲线

从弹性能量指数公式可以看出，其受控因素中动用储量 N 是主要变量，其余参数在油藏确定后相对稳定或者呈有规律的变化。

能量指示曲线变化趋势(斜率变化)的核心意义是反映地层能量随累积产液量的变化。将能量指示曲线变化趋势结合弹性能量指数的含义共同分析可以得出：能量指示曲线的变化反映动用储量的变化或者水侵量的变化。

3.5.2   储量估算方法

对于相对定容的油井，其物质平衡方程满足封闭型弹性驱动油藏条件，相应的物质平衡方程可简化为：

$$N_p B_o = N B_{oi} C_t \Delta p \tag{3-260}$$

由上式可以得出：

$$N = \frac{N_p B_o}{B_{oi} C_t \Delta p} \tag{3-261}$$

又因为能量指示曲线斜率 $K = \dfrac{\Delta p}{N_p}$，所以有：

$$N = \frac{1}{K} \frac{B_o}{B_{oi} C_t} \tag{3-262}$$

前期研究表明，在弹性驱替阶段，近似认为体积系数不变的情况下，井底流压与累积产液量基本呈直线关系，根据直线的斜率可以计算得到单井的动态储量。利用式(3-262)计算了 25 口井的动态储量，动态储量最小为 2.21×10^4 t，最大为 445.86×10^4 t；采出程度最小为 2.3%，最大为 52.9%。

根据式(3-261)的推导过程可知，由能量指示曲线计算油井动态储量只能在满足封闭型弹性驱动的油藏或者阶段使用。如果在底水驱动油藏中使用该方法，则会因为将底水能量错误地计算为弹性能量而导致动态储量明显偏大。因此，在计算油井动态储量时必须选择仅为弹性驱动的油井，或者选择油井的弹性阶段，对于典型的非弹性驱动油藏，由于该方法缺少水侵量计算，暂时不适用。

第4章
碳酸盐岩缝洞型油藏井间连通性评价方法

碳酸盐岩缝洞型油藏注采井间的连通性是影响油水运动规律、剩余油分布以及油水井生产动态特征的主控因素，也是影响碳酸盐岩缝洞型油藏开发效果的主要矛盾。地质建模过程中准确引进注采井之间的连通性，将极大地提高模型的针对性和可靠性，降低由于储集类型多样、空间离散性强等引起的不确定性。

连通性的判别可以分为静态法和动态法。静态法通常指应用地质和物探方法得到的连通性结果，由油藏地质特征和储层特点决定。由于碳酸盐岩缝洞型油藏储集体结构复杂，静态法无法识别连通性，因此只能通过动态法判别连通性。目前常用的动态法可以归纳为3种：测试资料分析、生产动态分析、数学模型定量评价。

4.1 静态连通性评价与分析

储集体识别是研究静态连通性首先要解决的问题之一，需要依据断裂、裂缝和溶洞识别技术对其进行识别，并在此识别基础上进行描述，分析断裂、裂缝和溶洞的分布特征，为后期的连通路径、连通模式表征奠定基础。

4.1.1 断裂识别及表征

1）断裂识别方法

断裂识别是碳酸盐岩缝洞型油藏构造识别的基础工作之一，也是研究碳酸盐岩缝洞型油藏静态连通性的关键。经过对地震属性的研究和优选，利用高精度相干、张量、对称性等属性识别划分断裂（图4-1、图4-2），综合多属性识别结果，刻画主体区断裂展布特征（图4-3）。

2）断裂表征方法

根据对构造、沉积的控制作用以及构造发育史，划分断裂级别标准如下。

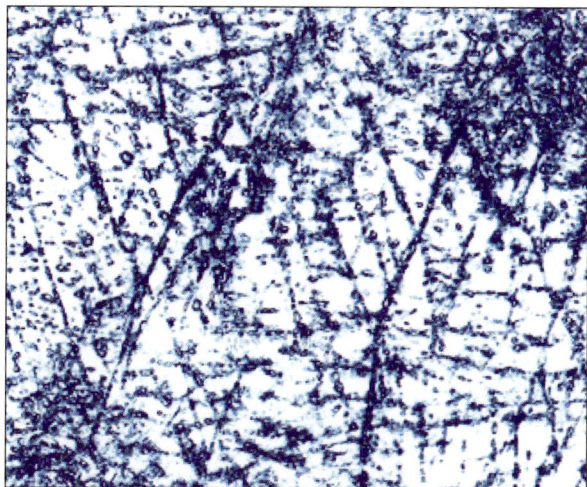

图 4-1　塔河二区、八区局部 T_7^4 张量属性平面图

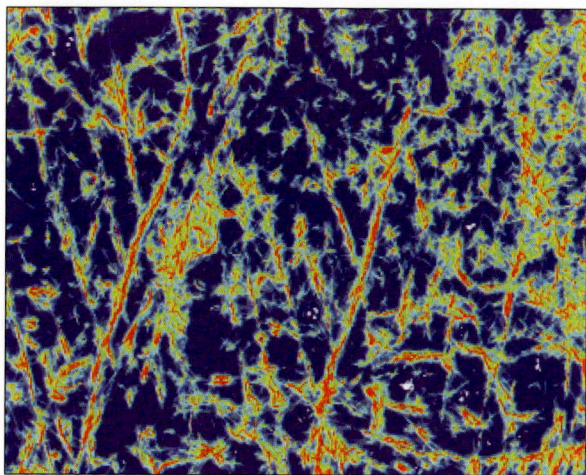

图 4-2　塔河二区、八区局部 T_7^4 对称性属性平面图

Ⅰ级断裂:控制盆地沉积,断穿基底,在剖面上显示为上下盘断距非常大,断层可能从深层一直延伸到浅层,平面上延伸很长,规模较大,从浅到深都会存在。塔河研究区内没有Ⅰ级断裂发育。

Ⅱ级断裂:控制构造带,是构造带的分界线,剖面特征很明显,断距比较大,平面延伸较长。塔河研究区内的轮台断裂带为Ⅱ级断裂,塔河主体区内部没有Ⅱ级断裂发育。

Ⅲ级断裂:控制局部构造,如形成鼻状构造的两翼断层,相比于Ⅱ级断裂,该类断裂断距较小,延伸较短,沿断裂具有一定规模的岩溶储集体,油气较富集,断裂带上油井以中—高产井为主。塔河研究区内Ⅲ级断裂纵向上连通到烃源岩,为钩源断裂,此类断裂同时又属控储断裂,岩溶储集体规模大,油气富集,断裂带上油井多为高产井。塔河主体区内部有7条Ⅲ级断裂带。

Ⅳ级或Ⅴ级断裂:多为伴生断层、小断层等。塔河主体区内部发育延伸距离短、断穿层位较浅的网状、树枝状平行分布的次级断裂,在 T_7^4 不整合面中—下奥陶统内部发育一些孤

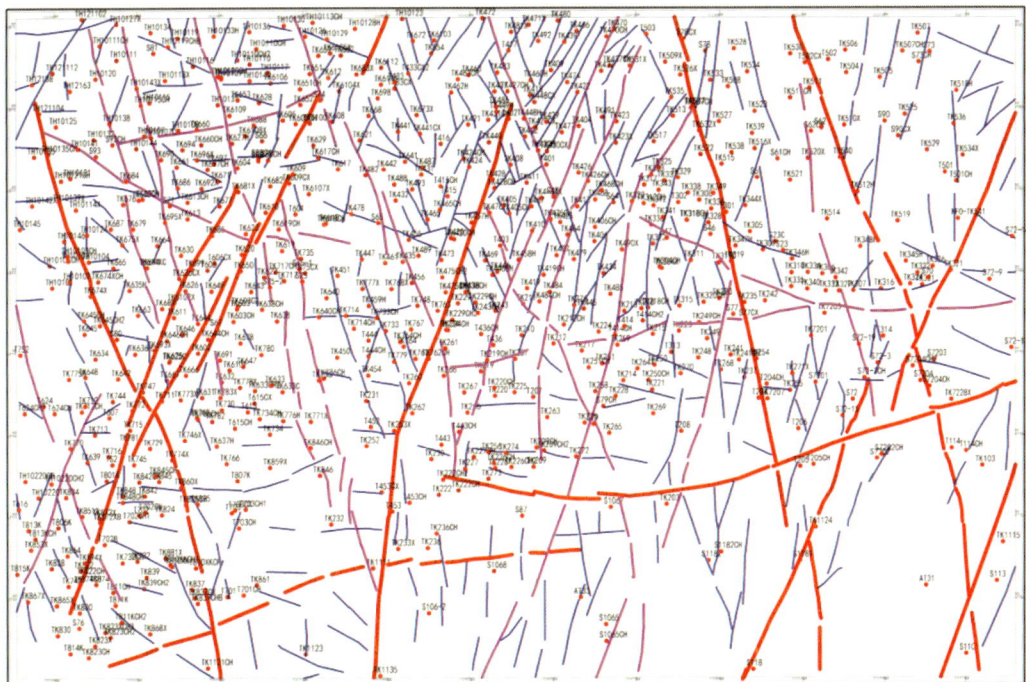

图 4-3　塔河二区、八区断裂纲要划分平面图

立、零散的断裂。次级断裂交会处岩溶规模较大,多发育中等规模的裂缝-孔洞型储集体,油气充注程度较高,多为中等产能井;孤立、零散的储集体发育规模有限,油气充注程度低,油井以中—低产井为主。

基于以上标准对塔河主体区断裂进行级别划分(表 4-1),多数属于Ⅲ级到Ⅴ级断裂。

表 4-1　塔河主体区断裂级别划分表

图　标	断裂级别	断裂层位	长度/km	断距/m	条　数
——	Ⅲ	T_7^0、T_7^4—T_9^0	>10	30~50	7
——	Ⅳ	T_7^4—T_8^0	5~10	10~40	18
——	Ⅴ	T_7^4—T_7^6、T_7^8	<5	5~30	325

4.1.2　裂缝识别及表征

单一属性不能很好地说明不同岩溶区及不同缝洞单元储集体的连通性,因此裂缝预测过程中常采用不同算法的属性体共同验证研究区的裂缝发育带,几者相互验证,相互弥补不足,所得共同发育地带可认为是最客观的裂缝发育区。

1) 蚂蚁体技术

蚂蚁体技术又称断裂系统自动追踪技术。自然界中的蚁群在觅食过程中会留下一种名为信息素的分泌物质,靠着留下的这些信息素,蚂蚁能够找到从蚁巢到食物的最短路径,即使二者之间存在障碍物,蚂蚁也能以最短的路径绕过。蚂蚁算法即根据蚂蚁的集群觅食活动规律,利用群体智能建立优化搜索的模型。
该算法通过模拟自然界中蚂蚁的觅食行为,主要
利用人工蚂蚁智能群体之间的信息传递来达到寻
优的目的,其原理是一种正反馈机制,即蚂蚁总是
偏向于选择信息素浓的路径,通过信息量的不断
更新最终收敛于最优路径上(图 4-4)。蚂蚁体技
术在小断层及微裂缝识别上具有独到的优点,能
准确地刻画出小断层及微裂缝。

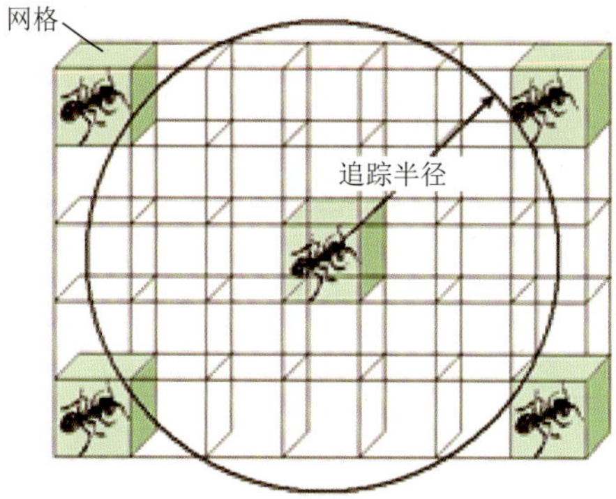

图 4-4 蚂蚁体技术原理示意

　　虽然蚂蚁体技术能将常规砂岩储层的小断层
和微裂缝有效地识别出来,但是塔河研究区地层
非均质性强,涉及不同岩溶区,地震振幅提取的蚂蚁体不能有效刻画裂缝,因此需多属性提
取不同蚂蚁体进行对比分析,该方法的蚂蚁体可反映较大尺度裂缝或断裂,不同属性提取
的蚂蚁体之间存在一定差异。采用张量及波阻抗提取蚂蚁体识别裂缝的效果较差,不能有
效反映裂缝特征,采用地震振幅及 AFE(automatic fault extraction)属性提取蚂蚁体识别
裂缝的效果较好,可表征局部裂缝连通性(图 4-5~图 4-8)。

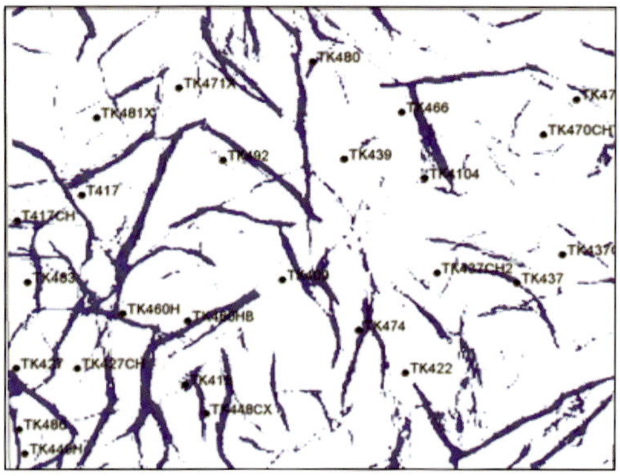

图 4-5 TK409 单元 T$_7^4$ 地震振幅蚂蚁体平面图

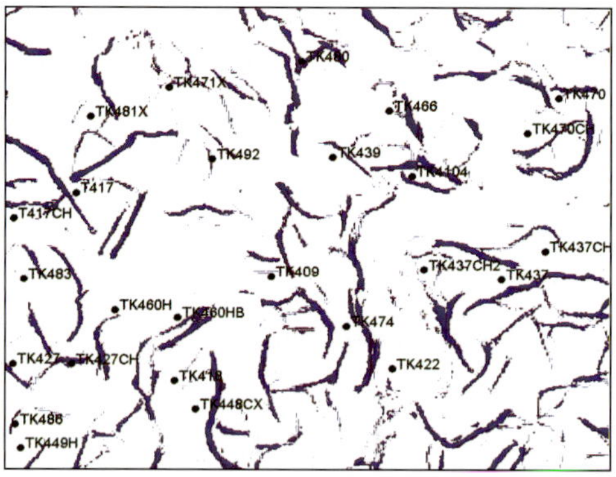

图 4-6 TK409 单元 T$_7^4$ AFE 蚂蚁体平面图

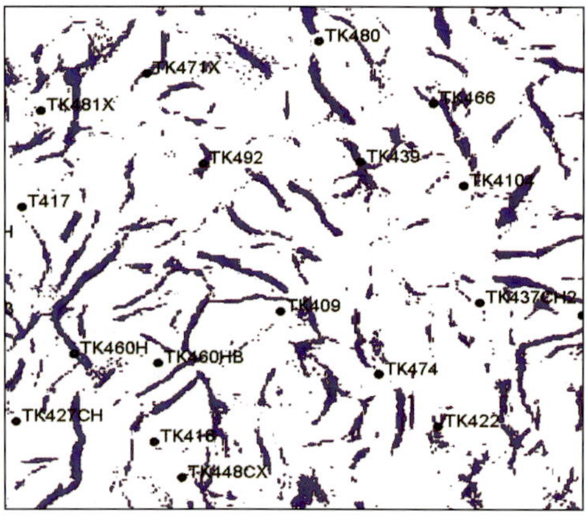

图 4-7 TK409 单元 T$_7^4$ 张量蚂蚁体平面图

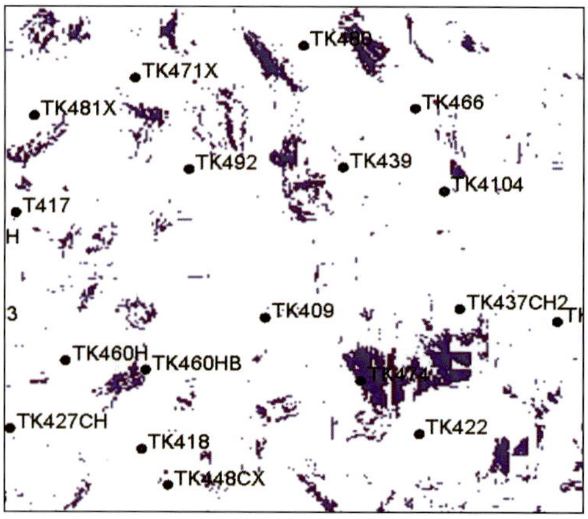

图 4-8 TK409 单元 T$_7^4$ 波阻抗蚂蚁体平面图

2）AFE 裂缝识别技术

AFE 裂缝识别技术是基于本征值结构相干算法的断层自动提取及成像技术,合理的本征值相干体的制作是 AFE 裂缝识别的基础。AFE 裂缝识别技术将经特殊噪声控制流程后的相干类属性数据体作为输入,充分改善断层三维成像并以多种方法实现断层界面追踪。在相干类属性数据体的制作过程中,虽然已经考虑了地震采集处理对其造成的影响,但为了获得更高品质的对断层敏感的数据体,还需进一步对相干类属性数据体进行线性增强和断层增强处理。在线性增强处理过程中,主要在平面沿噪声方向进行噪声压制。通常认为垂直于主测线方向为主要噪声方向,通过选择噪声滤波因子的长短可以达到滤除噪声的效果。在平面上压制完噪声之后,再在纵向上进行噪声压制,即对数据体进行断层增强处理。在计算过程中,需参考地层微电阻率扫描成像(FMI)测井对裂缝的定量描述结果和地表露头数据所揭示的研究区裂缝特征资料,在断层增强处理过程中,保留平面和纵向的裂缝地震响应信息,对其他方向的裂缝信息进行压制,这样就避免了断层增强处理过程中滤波的随意性。

AFE 的这种断层成像和解释方法足够准确、高精度且可以连续成像,可在相干类属性数据体中自动提取、跟踪断层。如图 4-9 所示,AFE 方法识别的属性体连片性较好,裂缝发育强弱特征清楚,发育方向清楚,整体效果较好。

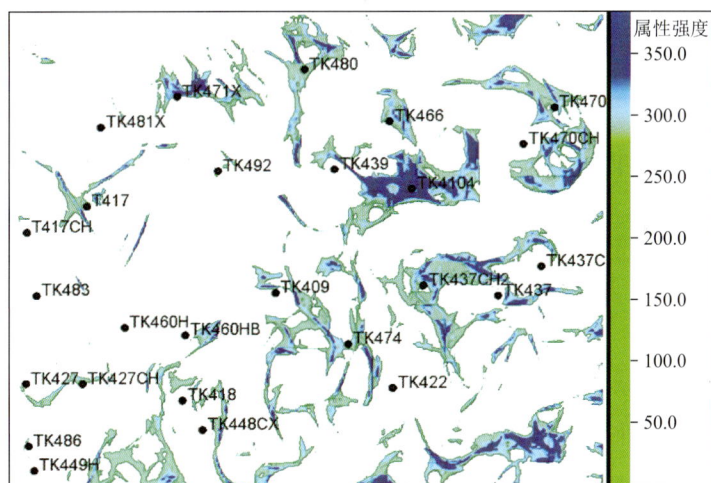

图 4-9　TK409 单元 T$_7^4$ AFE 属性平面图

4.1.3　溶洞识别及表征

1）溶洞特征

研究发现,岩溶过程是一个十分复杂的过程,它包括溶解、沉积、搬运和坍塌等物理化学过程(图 4-10)。这个过程随着气候、地层性质、潜水面高度、地形地貌等方面的差异而具有很大不同,具体表现为溶洞在几何形态、分带性和充填性等方面具有很强的差异性。

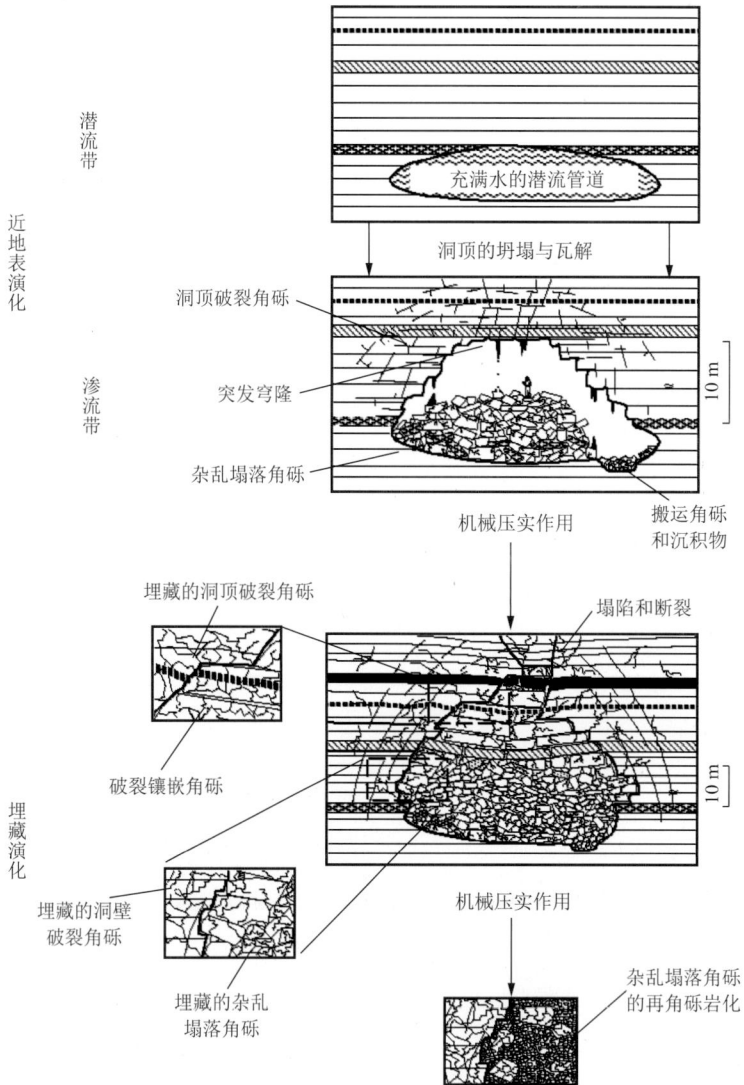

图 4-10　单个溶洞形成和演化过程

（1）几何形态特征。

大多数溶洞系统是由潜流通道和渗流通道所组成的大型三维孔洞复合体,因此溶洞的几何形态可以反映溶洞的起源。1991 年美国地质学家 Palmer 对常见的溶洞几何形态进行了分类,如图 4-11 所示,其中多通道溶洞是由多个单通道溶洞联合而成的。由于埋藏后的古溶洞通常已发生了坍塌,缺少确定其几何形态的数据,因此利用溶洞几何形态进行分类的方法一般仅适用于近地表的溶洞系统。

（2）分带性特征。

通过对大量溶洞进行描述,发现溶洞发育具有很强的分带性,多数发育在不整合面附近,因此缝洞型油藏在勘探过程中,应该着眼于具有复合不整合面的碳酸盐岩段,这里是最有可能形成大范围的、发育良好的古溶洞储层的地层层段（图 4-12）。在不整合面处,岩溶作用的相关证据已经从大量的测井、岩芯、钻具放空和二维及三维地震数据中得到证实。

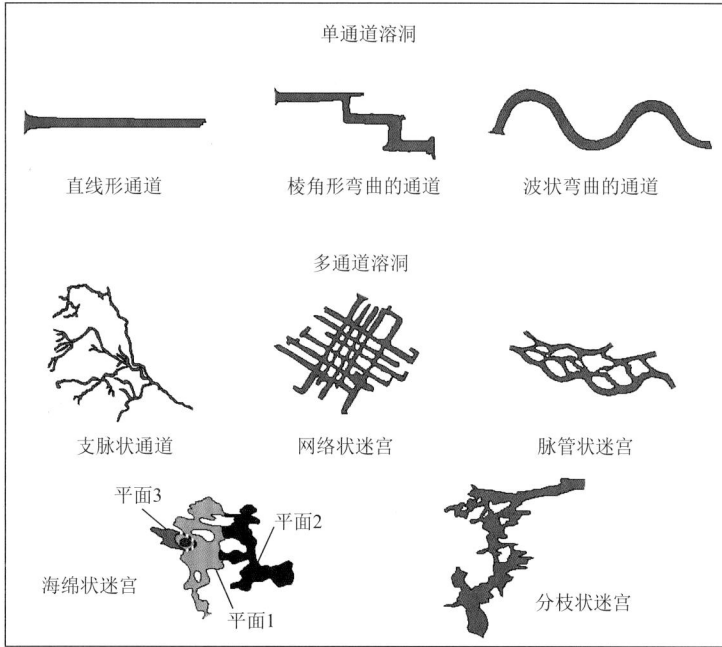

图 4-11　溶洞几何形态分类

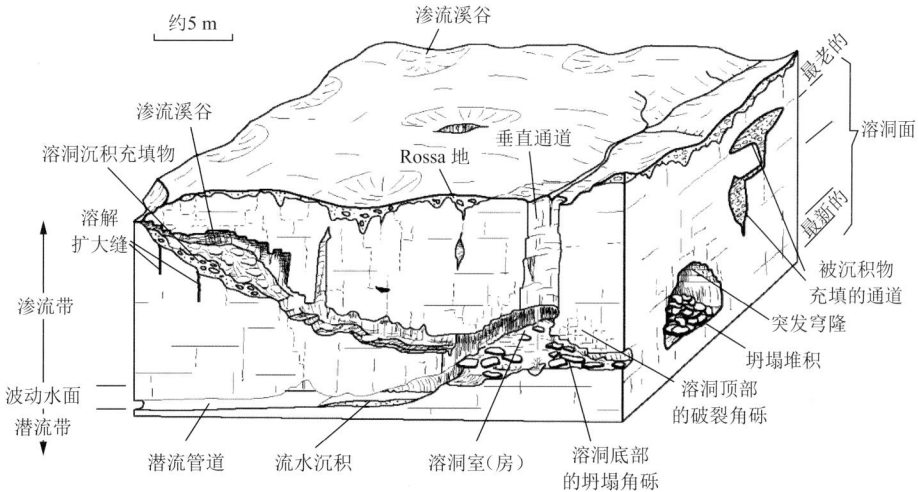

图 4-12　基准面下降后不同水平上的溶洞发育图

（3）充填性特征。

溶洞中的沉积充填物描述是溶洞识别不可或缺的内容，它可以利用传统的测井曲线来识别。溶洞中充填物的类型和分布情况是影响溶洞分带性的主要因素（图 4-13）。

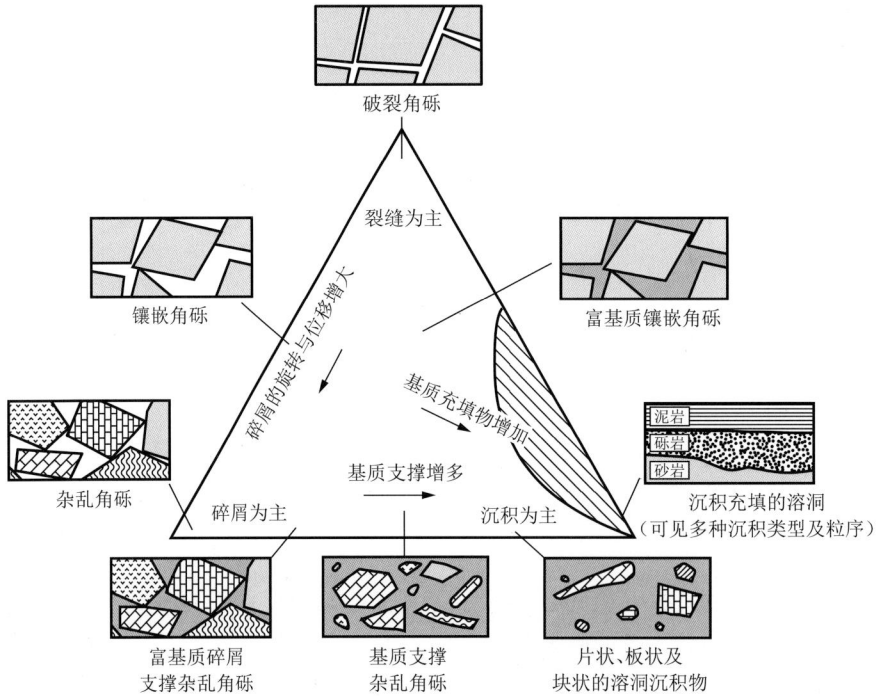

图 4-13　溶洞充填的主要过程和类型

溶洞充填物描述对溶洞发展趋势具有一定的指导作用，1993 年 Canter 等对得克萨斯州西部 Brown-Bassett/JM 趋势带进行了溶洞充填物描述（图 4-14）。不同位置、不同时期的充填物的形态有很大的差异性，因此需要重视对地震处理结果校正方法的研究。充填物的类型、形态严重影响了溶洞的储存性能，同时也极大地影响了碳酸盐岩缝洞型油藏溶洞中原油的可流动性，控制着缝洞型油藏的开发效果和采收率。

实践证明，地震解释成果（如与构造塌陷有关的反射波的缺失、圆柱形断裂和浅层地层的等厚线等）完全可以用来识别和分析溶洞边界和充填情况。

2）溶洞的识别及表征方法

（1）溶洞识别方法。

除了利用地面露头、岩芯、钻井漏失和测井解释等手段，最常用的溶洞识别方法是地震波反射解释方法。溶洞在单井上的识别主

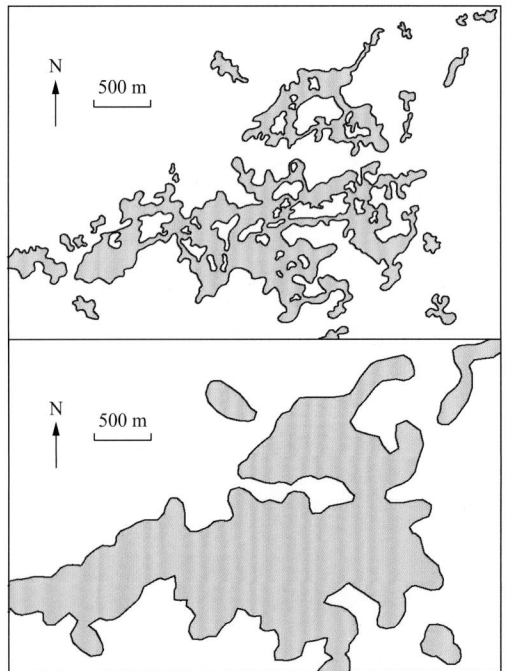

图 4-14　矿山角砾岩地下分布图和三维地震图
（地震解释分辨率不足导致出现连续地震图像）

要依靠钻录井及测井曲线，而井间储集体的识别主要依靠地震数据多剖面预测与平面组合

的综合分析。

地震属性可以预测溶洞型储集体,但受地震分辨率的限制,很难对所有尺度的溶洞做出预测,只有规模较大的溶洞(高度大于 5 m)在地震资料上具有很好的响应特征。塔河油田碳酸盐岩缝洞型储层振幅类属性中的串珠状强反射是溶洞识别时最典型的特征。在塔河油田奥陶系早期开发生产中,很多情况下是找"串珠"打井,这些部位经钻井证实都具有较好的产能。

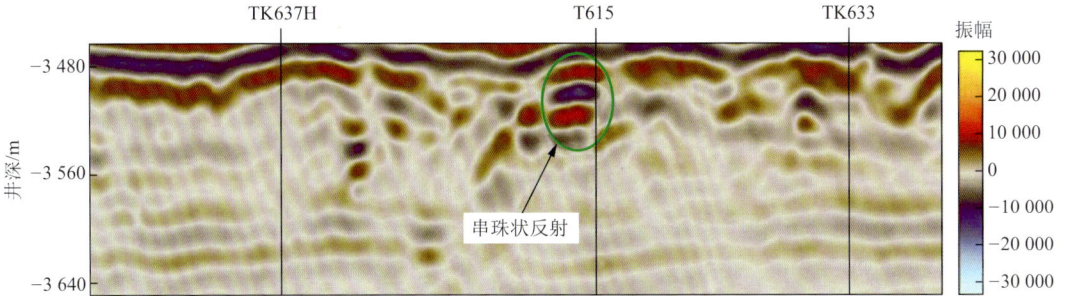

图 4-15　T615 井溶洞识别特征(串珠)

研究结果表明,不同类型的溶洞在识别难度上也有所差异。分别提取不同岩溶带波阻抗属性切片,可以看出,竖井型和孤立型溶洞的波阻抗属性与基岩差异明显,易于识别。地下暗河的地震切片显示其波阻抗连续性较差,但也可以显现类似河道的形态,因此确定地下暗河型溶洞储集体分布范围时不能根据单一的波阻抗属性,而应根据河道先验的地质模式来综合识别。

(2) 溶洞发育特征。

溶洞是碳酸盐岩缝洞型油藏的主要储集空间,溶洞的规模可直接反映油气储量的大小,研究溶洞规模对把握油气在空间分布的特征有重要意义。通常溶洞规模采用钻井揭示的溶洞高度来代表。钻井、取芯和测井数量的增加可为统计分析提供更为详细的数据,为更好地描述缝洞储集体的空间分布提供支撑。对塔河四区、六区、七区 129 口井 172 个溶洞高度数据进行统计分析(图 4-16),可以看出,溶洞高度最大值为 72 m,最小值为 0.5 m,平均值为 9.3 m,高度为 0.5～5 m 的溶洞有 92 个,5～15 m 的溶洞有 51 个,15～72 m 的溶洞有 29 个,整体上呈现规模差异大和大洞少、小洞多的特点。

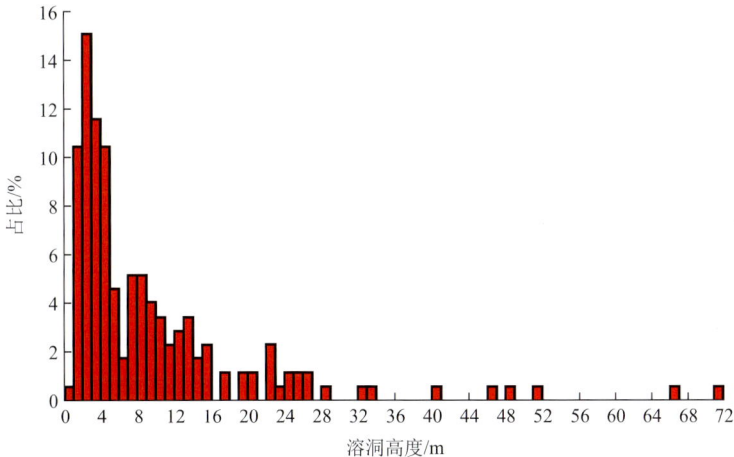

图 4-16　塔河四区、六区、七区溶洞高度统计直方图

① 溶洞高度与溶洞数量。统计不同古地貌区溶洞高度和溶洞数量的分布关系,如图 4-17 所示。由图可以看出,溶洞规模以高度 5 m 以下的小洞为主,在岩溶高地、岩溶斜坡、岩溶洼地,高度 5 m 以下溶洞分布数量所占比例分别为 58.3%,51.9%,50%,基本接近;岩溶高地、岩溶斜坡、岩溶洼地的溶洞平均高度分别为 8.1 m,9.7 m,7.6 m;岩溶高地和岩溶斜坡的溶洞高度分布趋势是相似的,斜坡区溶洞数量大约是高地区溶洞数量的 3 倍。从以上分析可以看出,不同古地貌背景下溶洞发育的平均高度基本上是相似的,溶洞数量中岩溶斜坡最多,岩溶高地次之,岩溶洼地最少(图 4-18)。

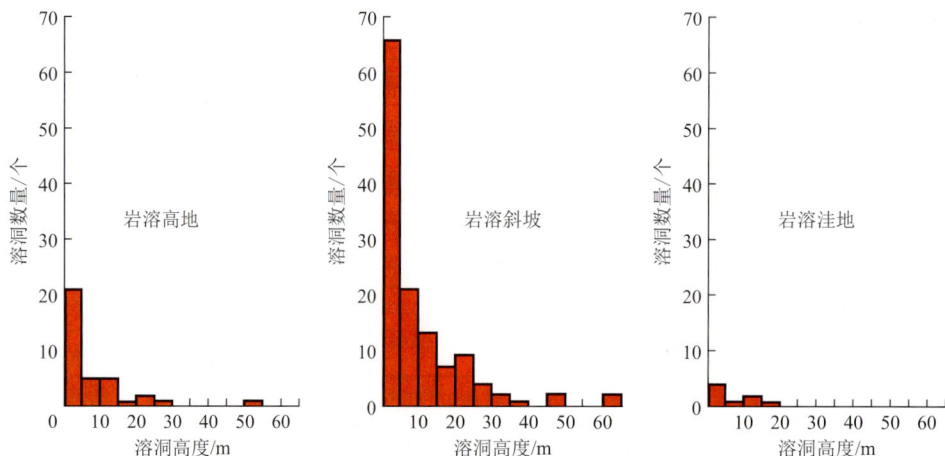

图 4-17　不同古地貌区溶洞高度与溶洞数量统计分布图

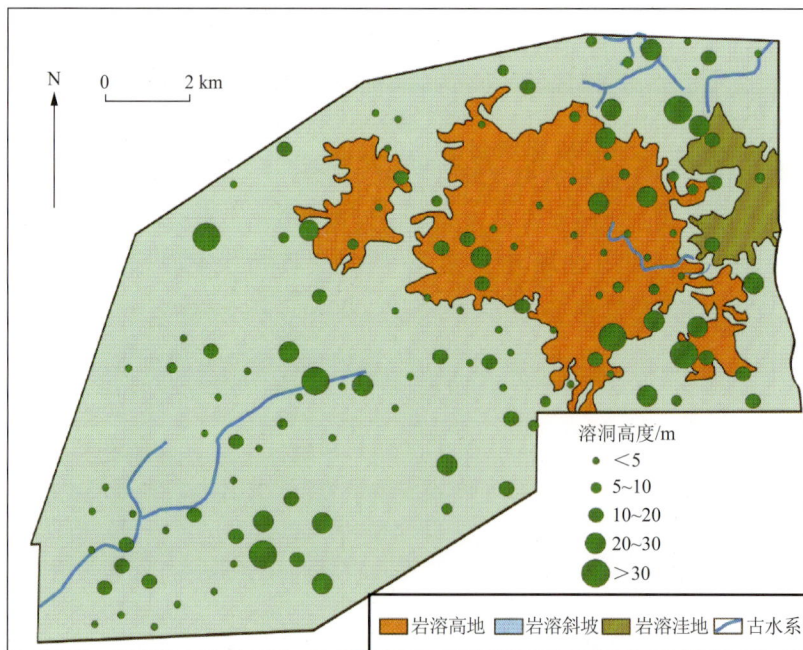

图 4-18　塔河四区、六区、七区单井溶洞高度平面分布图

② 溶洞高度与埋深关系。以现代海平面为基准,统计溶洞高度与埋深之间的关系(图 4-19)。由图可以看出,在岩溶高地,溶洞发育在 5 350~5 680 m 埋深范围内,溶洞发育规模

相对均匀,在约 5 500 m 埋深处溶洞高度出现明显的高峰;在岩溶斜坡,溶洞发育在 5 400～5 750 m 埋深范围内,在 5 500～5 600 m 埋深处溶洞高度出现明显的高峰;在岩溶洼地,由于溶洞数据较少,可认为分布在 5 500～5 640 m 埋深范围内。在岩溶高地和岩溶斜坡溶洞高度值的高峰均在 5 500～5 600 m 埋深范围内,可认为溶洞是在潜水面之下集中溶解而形成的。岩溶高地、岩溶斜坡、岩溶洼地背景下溶洞发育的深度逐渐降低,在岩溶斜坡溶洞集中发育最明显,可理解为受潜水面影响最大。

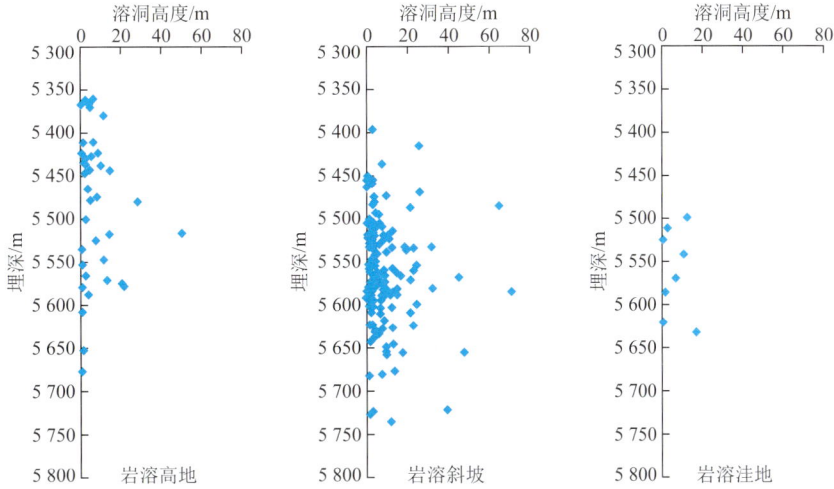

图 4-19　不同古地貌区溶洞高度与埋深统计分布图

③ 溶洞高度与垂向上距不整合面 T_7^4 距离的关系。以不整合面 T_7^4 为基准,统计溶洞高度与距不整合面 T_7^4 的距离的函数关系,如图 4-20 所示。由图可以看出,在岩溶高地,溶洞主要发育在不整合面之下 0～230 m 范围内,较高的溶洞随机分布;在岩溶斜坡,溶洞主要发育在不整合面之下 0～270 m 范围内,向下分布,溶洞高度有变小的趋势,较高的溶洞主要分布在不整合面以下 150 m 以内;在岩溶洼地,溶洞主要发育在不整合面之下 0～110 m 范围内,溶洞高度较均匀。

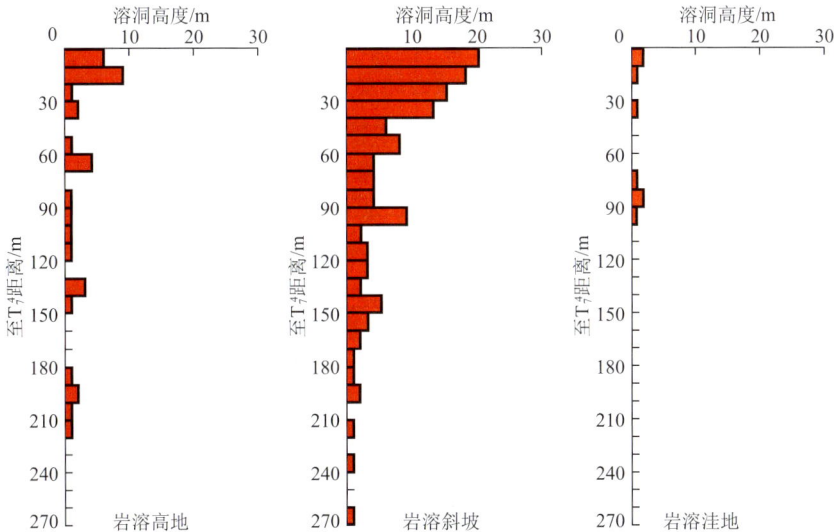

图 4-20　不同古地貌区至 T_7^4 距离溶洞高度统计分布图

4.2 动态连通性评价方法

4.2.1 示踪剂测试方法

示踪剂测试方法始于20世纪50年代,经历了化学示踪剂、同位素示踪剂两个发展阶段,现多使用同位素示踪剂。示踪剂测试方法可以直接测定注采油层连通性,通过参照监测井单元的有关动静态资料,设计监测方案,选择、制备合适的示踪剂,在监测井单元的注水井中投加示踪剂,按照制定的取样制度,在周围生产井中取样、制样,在特定实验室分析,获取样品中的示踪剂含量,同时绘制出生产井的示踪剂采出曲线,通过综合分析监测井的示踪剂采出曲线和动静态资料等最终得到注入流体的运动方向、推进速度、波及情况等信息,进一步获得注水井和生产井之间的流体和地层信息,达到储层监测的目的。

分析示踪剂采出曲线,根据示踪剂元素是否明显变化来判断其连通性。在注水井中注入示踪剂一段时间后,若其周围监测井水样中示踪剂的含量明显增高,则注水井、监测井连通,属同一个缝洞单元,否则不连通。如果示踪剂采出曲线具有多个峰值,则表明注水井与监测井之间有多个渗流通道。另外,还可通过示踪剂的回采率,即采出示踪剂量与注入示踪剂量的比值大小,定性地说明动态连通性强弱,并根据回采率曲线形态研究流体在储层中的流动形式。示踪剂测试方法对生产井的正常生产影响不大,而且可靠程度高,是目前缝洞单元内连通性分析最重要的一种方法,其工作流程(图4-21)如下。

(1)交互输入示踪剂分析数据,生成软件需要的示踪剂数据文件。

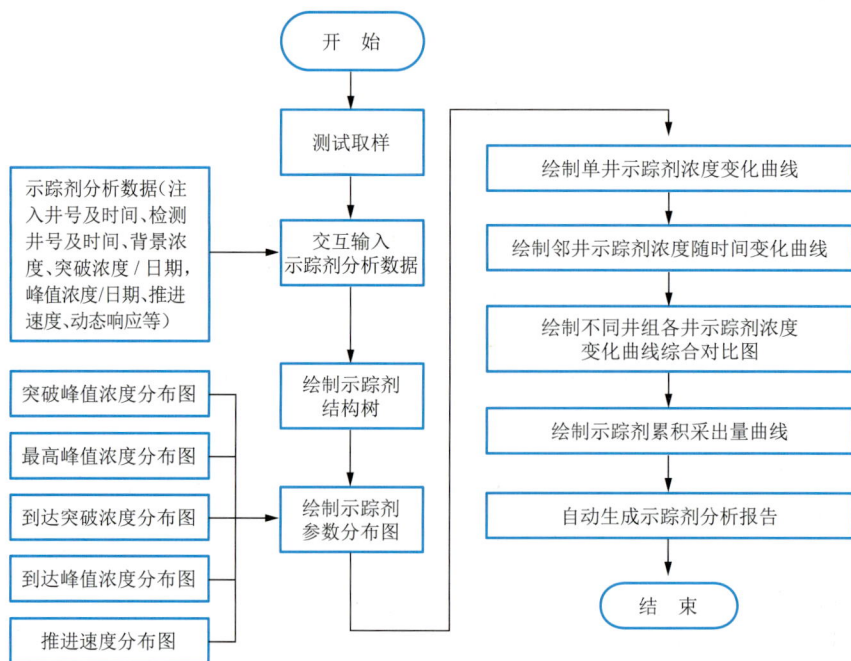

图 4-21 示踪剂定性计算流程图

（2）根据示踪剂突破峰值浓度、最高峰值浓度、突破时间、出现峰值时间等参数，由井距、注采压差等计算得到示踪剂推进速度，绘制单井或整个井组示踪剂各类参数分布图，以确定注采井连通性和层间突进情况。

（3）进一步得到单井示踪剂浓度变化曲线。

（4）对不同井组示踪剂浓度变化曲线绘制综合对比图。

（5）绘制示踪剂累积采出量曲线。

（6）利用自动报表设计技术自动生成示踪剂分析报告。

4.2.2　干扰试井测试方法

干扰试井技术是最常用的一种多井试井技术，一般对监测井中使用高精度测压仪器得到的干扰压力数据进行分析，并用该压力值计算激动井与监测井间的储层参数。在试井时，一般以一口井作为激动井，另一口或数口井作为监测井。激动井改变工作制度，造成地层压力发生变化（常称为"干扰信号"），在监测井下入高精度测压仪器，记录由于激动井改变工作制度所造成的压力变化。从监测井能否接收到"干扰信号"压力变化来判断其是否与激动井连通。

无论是示踪剂测试方法还是干扰试井测试方法，其分析方法均较简单，不需要复杂的数学公式及推导，分析结果可靠性高，但是也存在着较大的局限性：

（1）测试时间长，单井测试一般在 40 h 以上；

（2）测试耗资巨大，需要同时对周围监测井进行测试，不太现实；

（3）只能定性地判断连通与否，不能定量地确定连通程度。

4.3　动态相干评价方法

利用生产动态资料判断连通性就是通过分析生产指标变化规律来确定连通状况。常用的动态相干评价方法有压力系统分析、类干扰试井分析、生产特征相似性分析、注采响应分析、小波变换分析等。

生产动态分析的优点在于与测试资料相比，生产资料易于获得，数据广泛且相对准确。但是它仍然是一种定性判断方法，无法给出定量的井间连通程度。

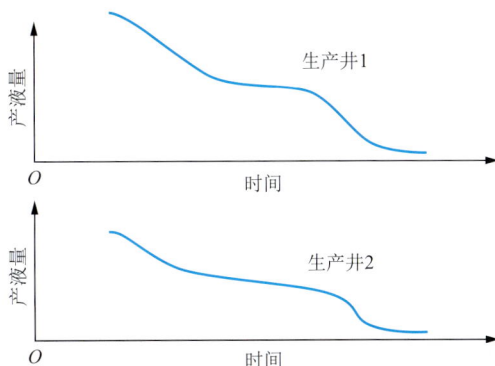

4.3.1　压力系统分析

同一缝洞单元的油井，如果储层连通，其压力可以相互传递，压降规律相同或者相似，如图 4-22 所示。

图 4-22　压力系统分析判断连通性

4.3.2 类干扰试井分析

利用开发过程中井组内某井出现的生产变化情况追踪其他井的生产中有无干扰信息，识别井间的连通性，如图 4-23 所示。

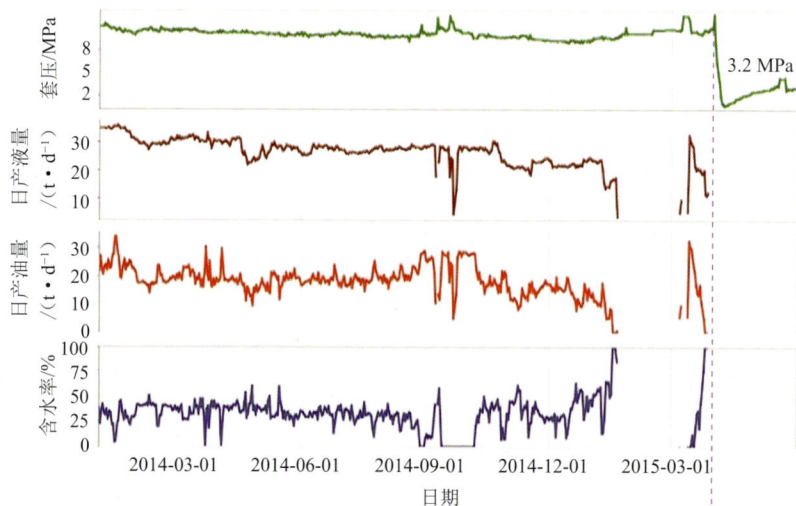

（a）TH12507CH井

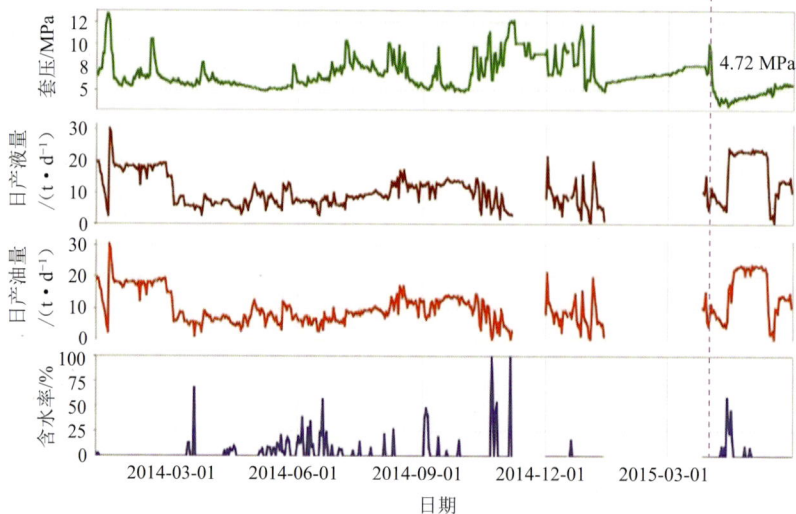

（b）TH12508井

图 4-23 利用类干扰试井分析定性判断连通性

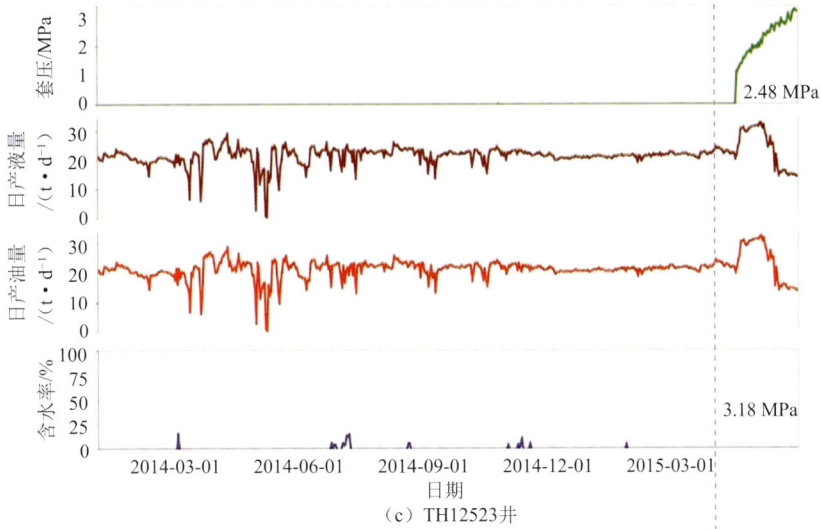

（c）TH12523井

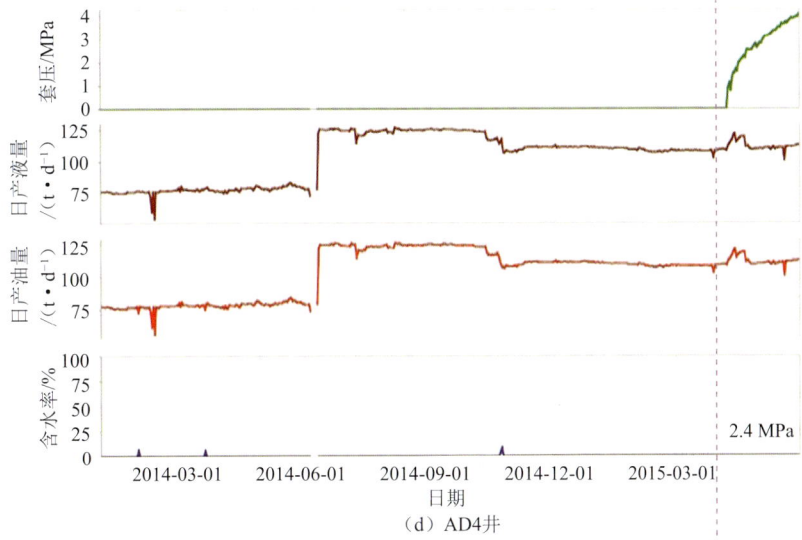

（d）AD4井

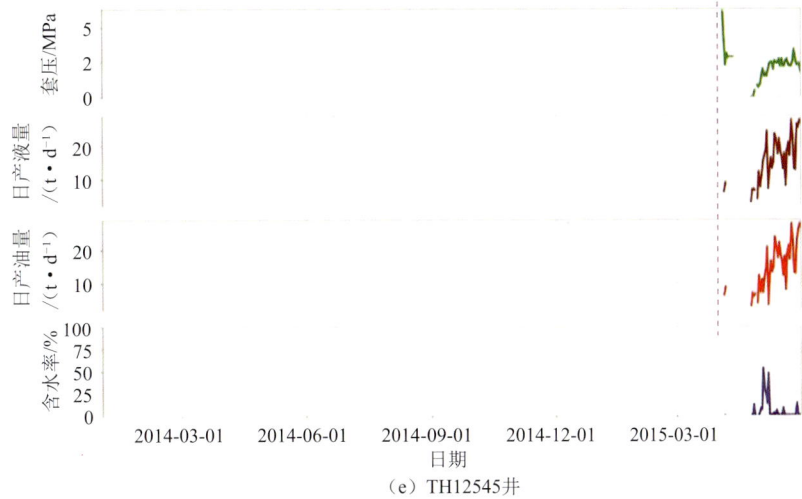

（e）TH12545井

图 4-23(续)　利用类干扰试井分析定性判断连通性

4.3.3　生产特征相似性分析

对于邻近且含水率、产液量等生产动态数据存在剧烈波动特征的井,比较两个时间序列生产特征曲线的相似程度,根据生产特征曲线是否同节奏或反节奏相关来确定连通关系,进而判断是否属于同一缝洞单元。可采用两种算法判断曲线相似程度:一种是灰度分析法,另一种是动态时间调整法。

1)灰度分析法

缝洞单元内一般有多口注水井和生产井,生产井的产量、井底压力、含水率等受周围多口注水井的影响,地层的复杂性以及时滞性决定了注采过程及连通关系是一个灰色系统,相似或相异程度即灰色关联度,可通过计算关联系数来衡量因素间的关联程度,即将曲线间差值作为关联程度的衡量尺度,可以判断不同参数间的影响程度。其计算流程为:通过读取注水井、生产井的注水数据以及产液数据,计算灰色关联系数;根据灰色关联系数求解灰色关联度;根据灰色关联度大小判断注水井与生产井之间是否连通。

假设有两口生产井,生产数据对应的序列为:

$$X_i = \{x_i(1), x_i(2), \cdots, x_i(n)\}, \quad X_j = \{x_j(1), x_j(2), \cdots, x_j(n)\}$$

对其执行如下步骤:

(1)对指标数据进行无因次化。

(2)计算两组数据对应位置的差值 $\Delta_{ij}(k)$。

$$\Delta_{ij}(k) = |x_i(k) - x_j(k)|, \quad k = 1, 2, \cdots, m \tag{4-1}$$

$$X_{ij} = \{\Delta_{ij}(1), \Delta_{ij}(2), \cdots, \Delta_{ij}(m)\} \tag{4-2}$$

(3)确定最小(最大)绝对值差。

$$\Delta_{\min} = \min_{i=1}^{n} \min_{k=1}^{m} |x_0(k) - x_i(k)| \tag{4-3}$$

$$\Delta_{\max} = \max_{i=1}^{n} \max_{k=1}^{m} |x_0(k) - x_i(k)| \tag{4-4}$$

式中　$x_0(k)$——初始点值。

(4)计算灰色关联系数 $\xi_{ij}(k)$。

$$\xi_{ij}(k) = \frac{\Delta_{\min} + \rho \Delta_{\max}}{\Delta_{ij}(k) + \rho \Delta_{\max}} \tag{4-5}$$

式中　ρ——误差。

该算法中 $\rho = 0.5$。一般来说,ρ 越小,精确度越高。

(5)计算灰色关联度 r_{ij}。

$$r_{ij} = \frac{\sum_{k=1}^{n} \xi_{ij}(k)}{m}, \quad k = 1, 2, \cdots, m \tag{4-6}$$

该算法的缺点是没有考虑注水引起的生产数据波动,存在滞后性。

2)动态时间调整法

当注水量发生改变时,生产井的产量不会立即体现这个变化,会延后一段时间,存在一定的滞后性,而传统基于欧几里德距离求解时间序列相似度的算法无法有效解决该问题。

动态时间调整法(dynamic time warping,DTW)是一种衡量两个时间序列之间相似度的方法。该方法考虑了复杂情况下两个时间序列之间的时滞性问题,可以计算出最优相似度值。图 4-24 中,DTW 不是只对同一时刻的点进行比较,而是将不在同一时刻上的点进行匹配,在考虑到时滞性之后,所得结果趋于平滑。

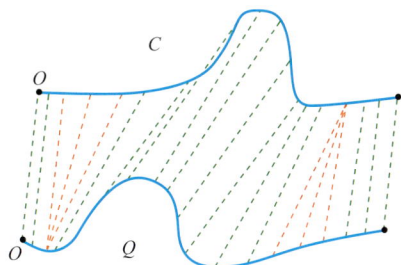

图 4-24　动态时间调整后注采连通对比图

设有两口待比较的生产井,定义其序列分别为:

$$Q = q_1, q_2, \cdots, q_i, \cdots, q_n$$
$$C = c_1, c_2, \cdots, c_j, \cdots, c_m$$

执行如下步骤:

(1) 判断 n 是否等于 m,若等于,直接比较对应位置,否则进入下一步。

(2) 构造一个 $n \times m$ 矩阵,矩阵元素为序列 Q 中的每一个点和序列 C 的每一个点之间的相似度,距离越小则相似度越高。定义欧氏距离 d 为:

$$d(q_i, c_j) = (q_i - c_j)^2 \tag{4-7}$$

(3) 依据状态转移方程计算累积距离,同时记录累积次数 t。

(4) 计算最终的 Dtw。

$$Dis(i,j) = d(q_i, c_j) + \min\{Dis(i-1,j-1), Dis(i,j-1), Dis(i-1,j)\} \tag{4-8}$$

$$Dtw = \frac{Dis(n,m)}{t} \tag{4-9}$$

式中　Dis——两个时间序列点间的欧氏距离,m;

　　　t——动态间隔时间,h;

　　　Dtw——动态时间弯曲距离,m。

4.3.4　注采响应分析

注采响应分析的原理是在注水后,相邻井的生产数据曲线(如压力、产量或含水率等)发生波动,若这些曲线趋势发生明显变化,则表明连通,否则就有不连通的可能。这种明显变化包括压力增加、动液面上升、产液量升高以及含水率的持续变化等。依据数据变化程度,可以获得油藏内部是否连通和连通程度。

注采响应分析是先在多源数据读取和分析的基础上,根据井距初步确定有可能形成有效驱替路径的连通井集合;再根据注水数据确定不同的注水段,选定对应生产井动态数据判断时间窗口,通过移动时间窗口获取含水率、产液量和产油量等生产数据,并计算波动变化特征;最后通过分析波动变化特征和井距数据(包括强、弱波动情况下的数据)、工作制度(包括更换油嘴、洗井、停井等)等初步获取连通关系。具体的计算流程如图 4-25 所示。

注采响应分析的优点在于只要有生产动态数据就可以根据波动特征判断连通程度,因此现场试验的次数不限、费用低、综合性强,也可以用于因不含水或低含水引起的示踪剂无法确定的情况。

注采响应分析的缺点在于多井干扰会导致求解困难,频繁干扰叠加会导致求解误差。多次注水或者含水率较高的井生产数据变化小,产生噪音,注采响应的波动特征不明显,若

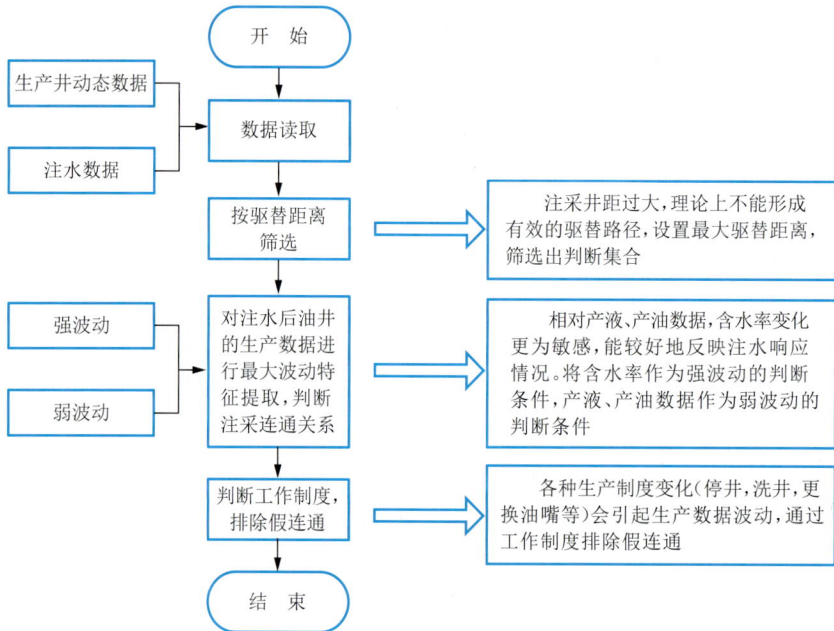

图 4-25　注采响应分析流程图

不注意去噪，则易造成判断失误。

4.3.5　小波变换分析

注采响应分析中生产动态数据中存在的噪音会影响连通性判断的准确性。可利用小波变换原理，将时序数据转换到频域，滤掉低频噪音，再逆变换为时序数据进行波动特征提取来确定连通性关系(图 4-26)。

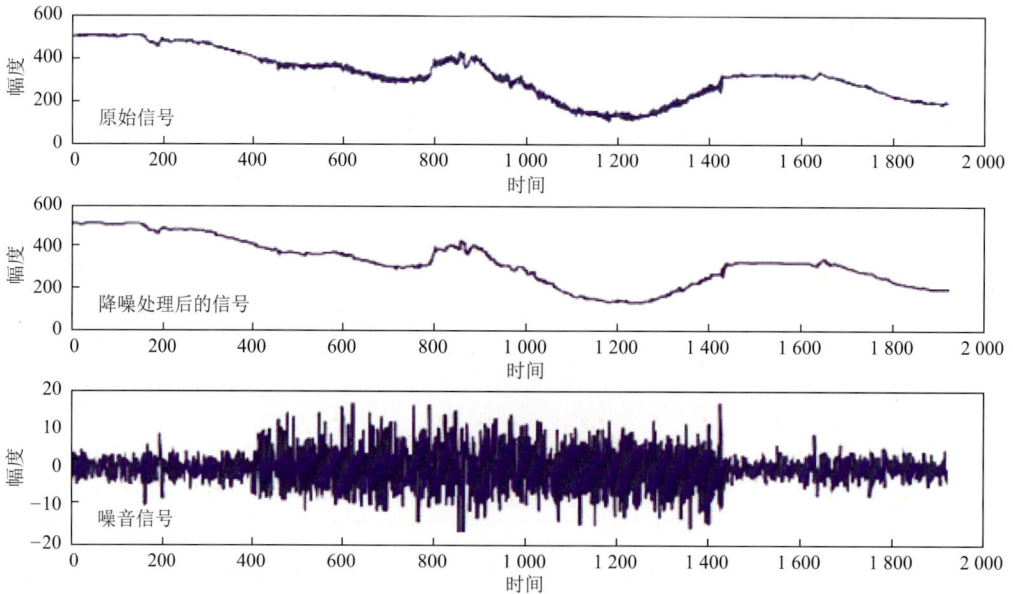

图 4-26　小波处理分析图

从物理上来说,频率越小,说明该信号出现的情况越偶然,有很大可能存在噪音。经过多组试验后设置一个噪音阈值,利用阈值将视作噪音的信号滤掉,得到另一组频域信号。对生产数据(含水率等)进行小波分析处理、去噪,可得到新的波动特征,提高生产数据的可信度,这个过程就是小波变换的过程。

小波变换分析的重点是选取小波模型,进行小波正变换。变换后得到频域的一组数据,在小波基不变的情况下,将过滤后的频域信号逆变换,变回时序信号,再用于判断连通性关系(图 4-27)。

由于实际情况的复杂性,小波变换只能对数据中的部分噪音进行过滤,有其局限性。另外,小波变换的结果还需要其他反演方法的补充,才能更好地计算出波动特征,令结果更加真实可靠。

4.4　流动模型定量评价方法

4.4.1　基本原理

图 4-27　小波处理流程图

在连通性定性研究的基础上,建立了缝洞型油藏简化模型(图 4-28),采用动态方法、多元线性回归和电容模型 3 种方法定量评价井间连通程度。其原理为:首先将油藏看成由注采井网控制的单元构成,单元内是相对均匀的管流,而控制单元之间则是不同的管流。每个控制单元都由传导率和控制体积两个特征参数表征,前者表征了控制单元的流动能力,后者反映了该单元的储量基础。然后以控制单元为研究对象,建立物质平衡方程,通过求解方程并结合水驱前缘推进理论,对各控制单元进行饱和度追踪,进而计算动态指标。最后基于反问题理论,利用最优化算法,对实际动态指标进行历史拟合,反求各控制单元的特征参数,实现对油藏注采关系和剩余油分布的定量预测。

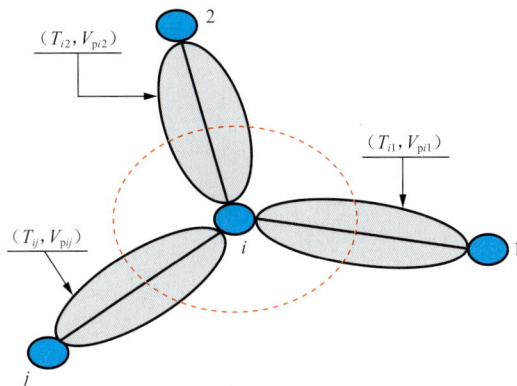

T_{ij}——节点 i 和节点 j 间的平均传导率;V_{pij}——节点 i 和节点 j 间的控制体积。

图 4-28　油藏简化模型

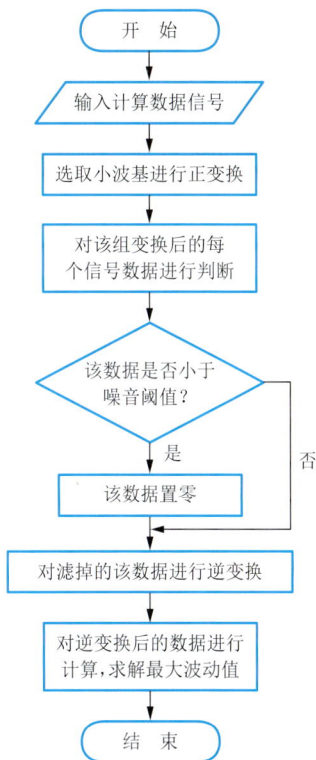

4.4.2　数学模型

在单相达西渗流条件下,流动流管节点 i 和节点 j 间的流动可表示为:

$$\sum_{j=1}^{n} \frac{\alpha k_{ij} A_{ij}(p_j - p_i)}{\mu L_{ij}} + q_i = C_t V_{pi} \frac{\mathrm{d}p_i}{\mathrm{d}t} \quad (4\text{-}10)$$

式中　μ——原油黏度,mPa·s;

　　　k_{ij}——节点 i 和节点 j 间的平均渗透率,$10^{-3}\ \mu m^2$;

　　　A_{ij}——节点 i 和节点 j 间的平均渗流截面积,m^2;

　　　L_{ij}——节点 i 和节点 j 间的距离,m;

　　　p_i, p_j——节点 i 和节点 j 的平均压力,MPa;

　　　q_i——节点 i 的流量,产出为负,注入为正,m^3/d;

　　　V_{pi}——节点 i 的控制体积,m^3;

　　　C_t——综合压缩系数,MPa^{-1};

　　　t——生产时间,d;

　　　α——单位换算系数,取 0.086 4。

$$T_{ij} = \frac{\alpha k_{ij} A_{ij}}{\mu L_{ij}} \quad (4\text{-}11)$$

传导率与流体黏度成反比,与节点间的渗透率、节点间的截面积等成正比,它反映了流体在两个节点之间的流动能力。传导率越低,说明节点之间的流体流动程度越低,对油藏或井网内部来说,传导率是节点之间连通性的重要指标。

对式(4-10)整理可得:

$$\sum_{j=1}^{n} T_{ij} p_j - p_i \sum_{j=1}^{n} T_{ij} + q_i = C_t V_{pi} \frac{\mathrm{d}p_i}{\mathrm{d}t} \quad (4\text{-}12)$$

定义:

$$T_i = -\frac{\Delta t \sum_{j=1}^{n} T_{ij}}{C_t V_{pi}}$$

$$M_i = \frac{\Delta t q_i}{C_t V_{pi}}$$

将方程(4-12)写成矩阵形式,有:

$$\boldsymbol{p}^t = \boldsymbol{T}\boldsymbol{p}^{t+1} - \boldsymbol{M} \quad (4\text{-}13)$$

所以,$t+1$ 时刻压力为:

$$\boldsymbol{p}^{t+1} = \boldsymbol{T}^{-1}(\boldsymbol{p}^t + \boldsymbol{M}) \quad (4\text{-}14)$$

式(4-14)说明节点 i 和节点 j 之间的压力变化与两个节点之间的控制体积和传导率直接相关,可以根据节点之间的压力变化计算得到节点之间传导率的分布,通过归一化处理,分析传导率的变化和分布。

4.4.3　计算方法

根据油藏动静态信息,对井间连通单元的特征参数赋初值,基于井间连通单元的物质平衡方程对井点平均压力进行离散求解,再基于水驱前缘推进理论进行井间流量求解与饱和度追踪,进而得到各种生产动态指标。运用优化算法对特征参数进行更新拟合,最终输出特征参数与模拟动态,具体评价流程如图 4-29 所示。

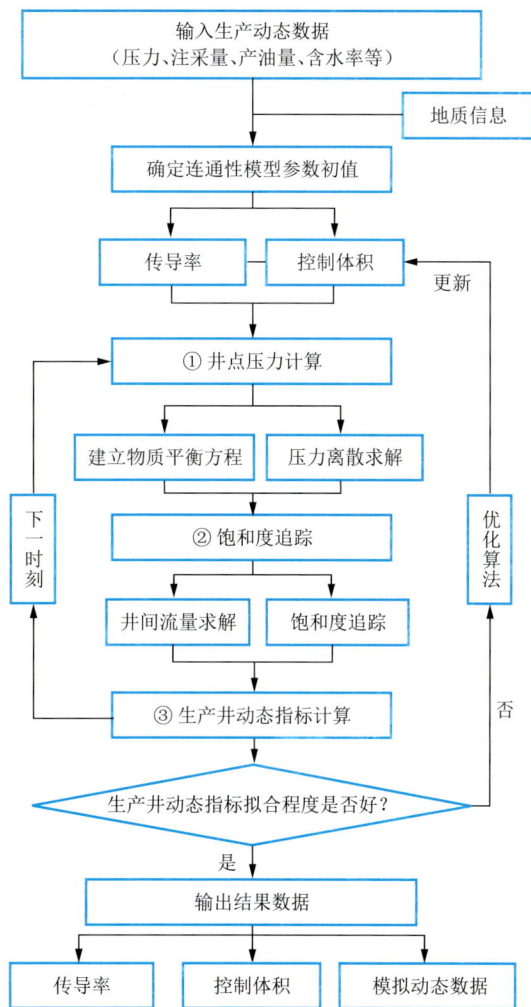

图 4-29　流动模型定量评价流程

第 5 章
碳酸盐岩缝洞型油藏天然能量
开发阶段合理产能确定方法

5.1 合理产能的定义

单井合理产能是碳酸盐岩缝洞型油藏开发设计中最重要的指标之一,其大小直接关系到油田的产能规模与投资。开发实践表明,单井的主要采油期是无水期和低含水期,其累积采油量也主要由这两段时期的长短决定。因此,各区块、各单井若想获得较高的采出程度,就必须延长油井无水采油期,获得较高的无水采油量。单井合理产能的确定应该遵守一定的原则,经综合考虑后确定。

(1)合理产能的要求。

合理产能既要合理利用天然能量,又要满足并协调好采油速度和稳产时间的关系,实现油田的高效开发。

(2)不同阶段合理产能确定指导原则。

不同驱动阶段的合理产能不同,注意事项也不同:弹性驱动阶段(初期)要充分利用油藏的弹性能量,弹性水驱阶段(中期)要防止底水快速锥进,水驱阶段(后期)要延缓含水上升速度,避免水淹。

单井合理产能必须要结合该井所在缝洞单元的特征、油井的储层发育状况和油井的开发程度等具体情况综合确定。塔河油田碳酸盐岩缝洞型油藏非均质性很强,处在不同部位的井产能差异大,目前理论上还没有成熟的量化方法,无法准确有效地确定单井的合理产能。由于塔河油田碳酸盐岩缝洞型油藏存在特殊性,参数的精确取值较为困难,理论计算存在一定的局限性,因此需要通过综合分析方法确定油井合理产能。碳酸盐岩缝洞型油藏确定单井合理产能常用的方法有以下几种:

① 通过油井流入动态曲线(IPR 曲线)确定;

② 利用系统试井或大量流压测试资料计算出油井的绝对无阻流量确定;

③ 利用反映油井弹性能量的弹性产率方法确定;

④ 通过矿场经验统计法确定。

5.2　合理产能的确定方法及其适应条件

5.2.1　IPR 曲线拐点法

1）方法原理

（1）砂岩油藏。

砂岩油藏的 IPR 曲线出现拐点往往是由于单相流向两相流过渡（图 5-1）。

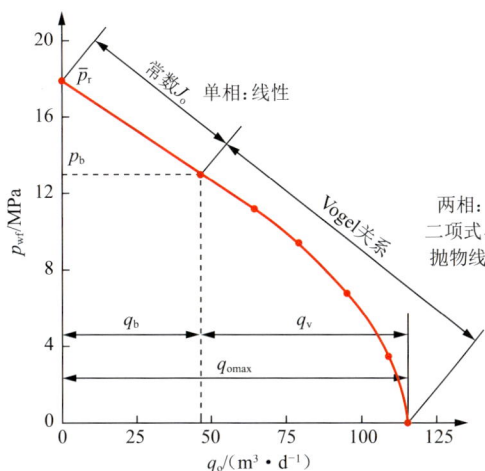

p_{wf}—井底流压；p_b—饱和压力；$\bar{p}_R$—油藏平均压力；q_b—饱和压力下的产油量；

q_v—低于饱和压力的产量；q_o—油井产量；q_{omax}—最大产油量；J_o—采油指数。

图 5-1　砂岩油藏拐点法示意图

当 $p_{wf} > p_b$ 时，油藏中为单相油流，IPR 曲线为直线且表示为：

$$q_o = J_o(\bar{p}_R - p_{wf})$$

由此可得 $p_{wf} = p_b$ 时的产量 q_b 为：

$$q_b = J_o(\bar{p}_R - p_b)$$

当 $p_{wf} < p_b$ 时，油藏中为油气两相渗流，IPR 曲线为抛物线且用 Vogel 方程描述：

$$q_o = q_b + q_v\left[1 - 0.2\frac{p_{wf}}{p_b} - 0.8\left(\frac{p_{wf}}{p_b}\right)^2\right]$$

（2）缝洞型油藏。

缝洞型油藏 IPR 曲线中的拐点是由高速紊流造成的，即由线性流向非线性流的转变（图 5-2）。

当 $p_{wf} > p_b$ 时，油藏中为线性流，IPR 曲线为直线且表示为：

$$q_o = J_o(\bar{p}_R - p_{wf})$$

当 $p_{wf} < p_b$ 时，油藏中为紊流，IPR 曲线为抛物线，用二项式方程描述：

$$\bar{p}_R - p_{wf} = Aq + Bq^2$$

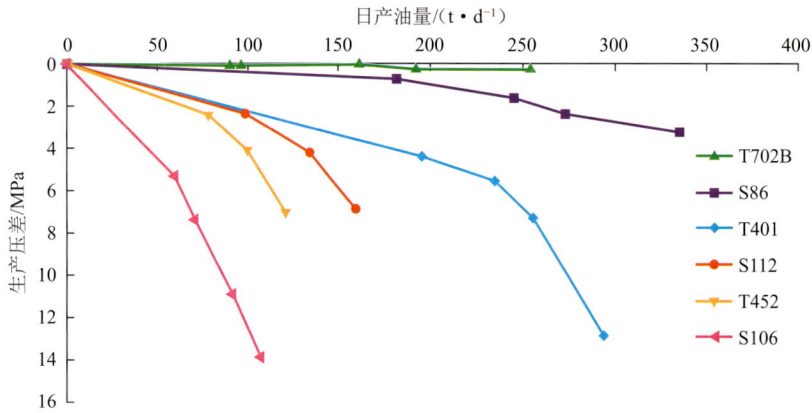

图 5-2　塔河油田缝洞型油藏油井 IPR 曲线

2）实例应用。

（1）有拐点油井。

对 IPR 曲线有拐点的 15 口井进行合理产能-采油指数回归拟合（图 5-3），拟合结果表明置信度在 0.8 以上，说明两者具有较好的线性正相关关系。

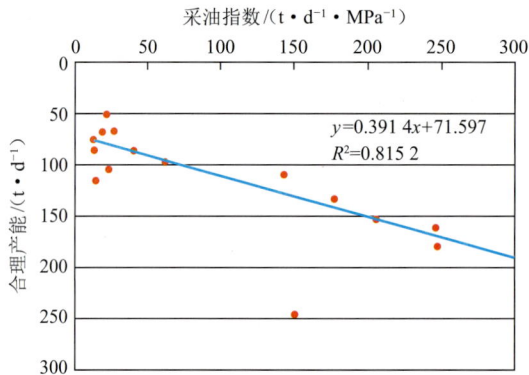

图 5-3　合理产能-采油指数回归关系图

（2）无拐点油井。

对 IPR 曲线没有拐点的 6 口井，因为已知其采油指数，所以可以通过前 15 口井拟合出的公式计算其合理产能。

3）合理产能的计算与实际验证

用上述方法确定出的 21 口井的合理产能与油井实际第一年的日产油量存在较好的匹配性（图 5-4、表 5-1），同时采油指数越大的井，累积产油量越高。

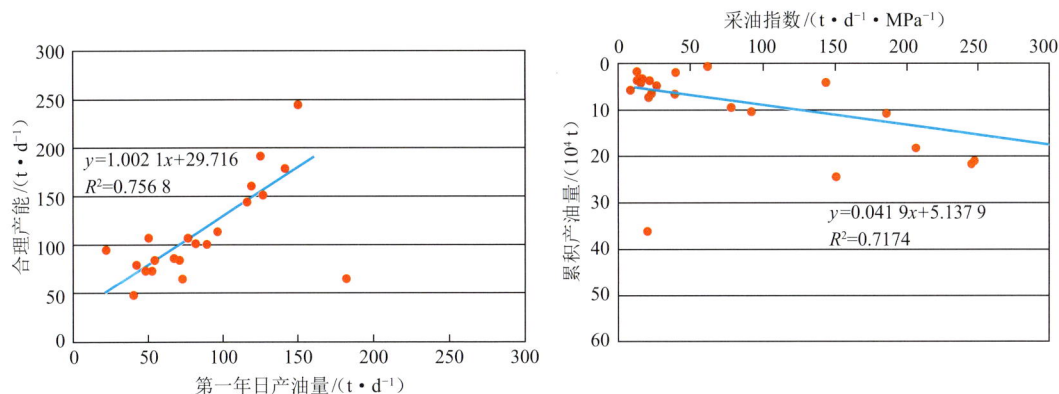

图 5-4　计算合理产能与实际验证图

表 5-1　IPR 曲线拐点法确定合理产能统计表

序　号	井　号	采油指数 /(t·d⁻¹·MPa⁻¹)	合理产能 /(t·d⁻¹)	第一年日产油量/(t·d⁻¹)	累积产油量 /(10⁴ t)	有无拐点
1	S7201	143	107	50	4.3	有
2	TK636H	205	152	126	18.5	有
3	TK716	247	178	141	21.4	有
4	TK7-639	246	160	119	21.8	有
5	S86	150	245	150	24.6	有
6	T702B	823	191	125	34.6	有
7	TH10209	19	65	182	36.1	有
8	TP19X	61	95	22	0.8	有
9	YJ1X	21	48	40	3.9	有
10	SHB1-2H	26	65	73	5.0	有
11	SHB1-4H	39	84	54	2.1	有
12	SHB1-5H	12	85	70	4.4	有
13	SHB1-7H	23	102	80	6.6	有
14	SHB1-8H	12	75	51	2.0	有
15	SHB1-9	14	113	96	4.3	有
16	S106	8	75	47	5.8	无
17	TP15X	91	107	76	10.5	无
18	YJ2X	20	79	42	7.5	无
19	SHB1-1H	77	102	86	9.5	无
20	SHB1-3	185	144	116	10.9	无
21	SHB1-6H	38	87	67	6.7	无

5.2.2 绝对无阻流量法

利用系统试井或大量流压测试资料计算出油井的绝对无阻流量,一般情况下,通常取绝对无阻流量的 1/4～1/3 作为油井合理产能。

1) 多点法(二项式方程)

对于流体高速流动的油井,受井底附近地带湍流的影响,达西定律的平面径向流动已不完全适用。陈元千根据 Forchheimen 方程,在考虑高速湍流影响条件下,推导得到了类似于气井的油井二项式,并建立了可以用于预测油井产能的 IPR 方程:

$$p_e - p_{wf} = Aq_o + Bq_o^2 \tag{5-1}$$

根据上式可以推导出绝对无阻流量的计算公式为:

$$q_{AOF} = \frac{\sqrt{A^2 + 4B(p_R - 0.101)} - A}{2B}$$

式中 p_e——地层压力,MPa;

p_R——油藏压力,MPa;

q_{AOF}——绝对无阻流量,t;

A,B——常数。

2) 一点法(IPR 新方法)

在油井二项式方程的基础上,将式(5-1)等号两端同除以 $p_R(p_e \approx p_R)$,得到油井新的 IPR 方程:

$$\frac{p_{wf}}{p_R} = 1 - A\frac{q_o}{p_R} - B\frac{q_o^2}{p_R}$$

若令 $p_D = \frac{p_{wf}}{p_R}, q_D = \frac{q_o}{q_{AOF}}, E = A\frac{q_{AOF}}{p_R}, F = B\frac{q_{AOF}^2}{p_R}$,则得到新的无因次 IPR 方程:

$$p_D = 1 - Eq_D + Fq_D^2$$

文献研究表明,当 $E = 0.25$ 时,上式具有很好的代表性,即

$$p_D = 1 - 0.25q_D + 0.75q_D^2$$

分别取 $E = 0.2, 0.25, 0.3$,绘制无因次 IPR 曲线,发现 E 值对曲线的影响甚微。由此可求取绝对无阻流量:

$$q_{AOF} = \frac{6q_o}{\sqrt{1 + 48\left(\frac{p_R - p_{wf}}{p_R}\right)} - 1}$$

应用多点法和一点法对研究区 21 口高产井进行单井绝对无阻流量计算,将计算结果与矿场统计的无水期平均日产油量进行对比,分析表明:一点法计算的绝对无阻流量的 1/10～1/8 与油井无水期平均日产油量接近。

3) 方法改进

上文所述的 IPR 曲线方程有线性方程(未出现拐点)和二项式方程(出现拐点)两种,其中线性方程计算的无阻流量值偏大,且直线后期也会出现拐点,因此下面全部采用二项式方程计算绝对无阻流量(图 5-5),这样更符合碳酸盐岩缝洞型油藏的流动特征。

线性：$q_o = J_o(\bar{p}_R - p_{wf})$ ➡ 二项式：$\bar{p}_R - p_{wf} = Aq + Bq^2$

IPR曲线

- 3 mm
- 4 mm
- 5 mm
- 5 mm
- 6 mm
- 5.5 mm
- 6 mm
- 6.5 mm
- 7 mm

第一次实测
第二次实测

6.5 mm油嘴为其合理工作制度

井底流压/MPa
日产油量/(t·d⁻¹)

IPR曲线

线性法
二项式法

井底流压/MPa
日产油量/(t·d⁻¹)

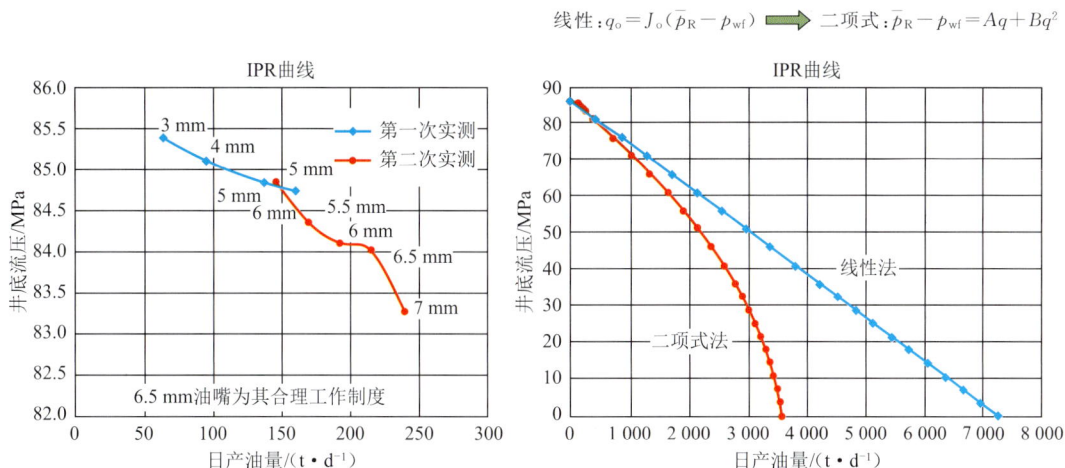

图 5-5　绝对无阻流量计算方法示意图

4）计算结果

将 IPR 数据代入二项式方程，计算得到 21 口井的绝对无阻流量（图 5-6），绝对无阻流量的 1/20 与油井投产第一年的日产油量接近（表 5-2）。

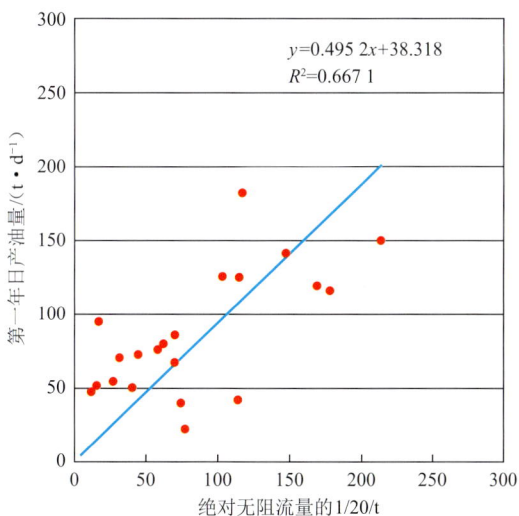

$y = 0.495\,2x + 38.318$
$R^2 = 0.667\,1$

第一年日产油量/(t·d⁻¹)
绝对无阻流量的1/20/t

图 5-6　绝对无阻流量计算合理产能与实际第一年产能关系图

表 5-2　绝对无阻流量法计算合理产能统计表

序 号	井 号	有无拐点	采油指数/(t·d⁻¹·MPa⁻¹)	合理产能/(t·d⁻¹)	第一年日产油量/(t·d⁻¹)	累积产油量/(10⁴ t)	绝对无阻流量/t	绝对无阻流量的1/20/t
1	S7201	有	143	107	50	4.3	820	41
2	TK636H	有	205	152	126	18.5	2 070	104
3	TK716	有	247	178	141	21.4	2 950	148
4	TK7-639	有	246	160	119	21.8	3 380	169

续表 5-2

序　号	井　号	有无拐点	采油指数 /(t·d⁻¹· MPa⁻¹)	合理产能 /(t·d⁻¹)	第一年日产油量 /(t·d⁻¹)	累积产油量 /(10⁴ t)	绝对无阻流量 /t	绝对无阻流量的 1/20 /t
5	S86	有	150	245	150	24.6	4 271	214
6	T702B	有	823	191	125	34.6	2 300	115
7	TH10209	有	19	65	182	36.1	2 340	117
8	TP19X	有	61	95	22	0.8	1 555	78
9	YJ1X	有	21	48	40	3.9	1 500	75
10	SHB1-2H	有	26	65	73	5.0	899	45
11	SHB1-4H	有	39	84	54	2.1	555	28
12	SHB1-5H	有	12	85	70	4.4	639	32
13	SHB1-7H	有	23	102	80	6.6	1 251	63
14	SHB1-8H	有	12	75	51	2.0	318	16
15	SHB1-9	有	14	113	96	4.3	350	18
16	S106	无	8	75	47	5.8	248	12
17	TP15X	无	91	107	76	10.5	1 160	58
18	YJ2X	无	20	79	42	7.5	2 280	114
19	SHB1-1H	无	77	102	86	9.5	1 404	70
20	SHB1-3	无	185	144	116	10.9	3 569	178
21	SHB1-6H	无	38	87	67	6.7	1 402	70

5.2.3　弹性产率法

1) 弹性产率定义

油井弹性产率是指单位压降下依靠弹性能量采出的流体地下体积,其数值的大小反映了油井弹性能量的大小。

$$弹性产率 = \frac{弹性驱动阶段累积产油量}{弹性驱动阶段初期流压 - 弹性驱动阶段末期流压}$$

通过分析和建立油井弹性产率和油井产能之间的关系,实现利用油井弹性产率确定合理产能。通常情况下,弹性产率越大,油井弹性能量越大,间接反映油井动用储量越大,响应油井的产能就越大。

2) 弹性产率计算方法

以 TK1078 井为例,绘制井底流压和累积产液量的关系曲线,如图 5-7 所示。可以看出,缝洞型油井投产初期为明显弹性驱动阶段,油井井底流压和累积产液量间具有明显的线性关系。不同储量规模和能量特征的油井具有不同的曲线斜率。该井弹性产率计算参数见表 5-3,计算得到弹性产率为 $1.98×10^4$ t/(d·MPa)。

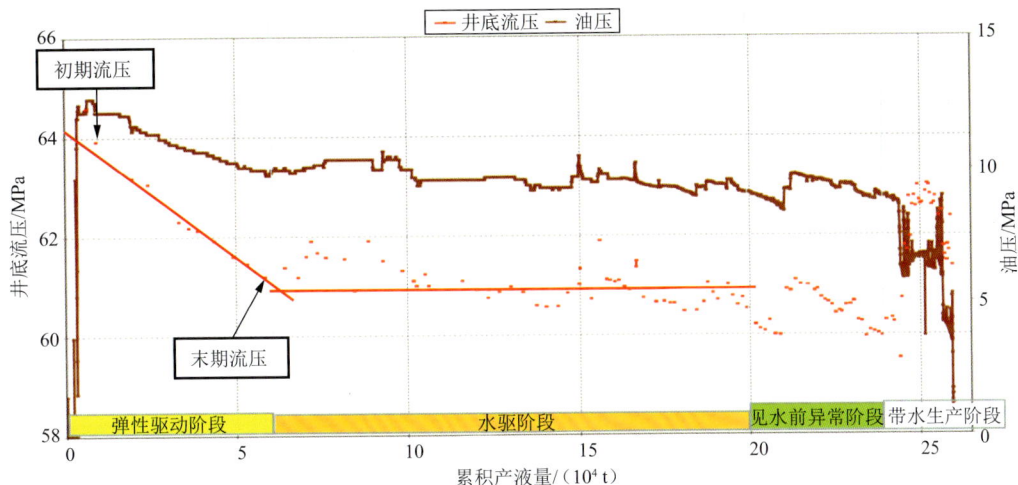

图 5-7 TK1078 井压力分析曲线

表 5-3 弹性产率计算参数表

井 号	阶 段	初期井底流压 /MPa	末期井底流压 /MPa	井底流压差 /MPa	阶段累积产油量 /(10⁴ t)	弹性产率 /(10⁴ t·d⁻¹·MPa⁻¹)
TK1078	弹性驱动阶段	64.10	61.20	2.90	5.75	1.98

3）通过弹性产率确定合理产能

选取托甫台、跃进地区有流压资料的 13 口高产井,统计其弹性驱动阶段累积产油量、弹性产率、初期日产油量、可采储量等 4 个参数,见表 5-4。

表 5-4 弹性产率法计算合理产能统计表

序 号	井 号	弹性驱动阶段 压降/MPa	弹性驱动阶段 累积产油量/(10⁴ t)	弹性产率 /(10⁴ t·d⁻¹·MPa⁻¹)	初期日产油量 /(t·d⁻¹)	可采储量 /(10⁴ t)
1	TP101	2.70	8.0	3.00	170	32.5
2	TK1024	1.80	13.8	7.65	250	36.3
3	TK1078	2.90	5.8	1.99	172	26.2
4	TP6-1X	3.11	11.4	3.66	173	35.9
5	TP103	3.58	7.1	2.03	105	22.8
6	TP110X	1.40	4.7	3.37	169	25.4
7	TP227X	3.16	10.5	3.30	202	32.3
8	TP246X	1.70	3.5	1.98	136	24.8
9	TK1001CH	3.78	17.2	4.55	180	36.5
10	TP15X	6.48	3.7	0.57	72	12.1
11	TP337	0.30	1.0	3.20	116	12.3
12	TP318	0.80	2.4	2.97	72	17.5
13	TP17	21.69	1.7	0.08	55	13.9

根据碳酸盐岩缝洞型油藏开发特征,油井在具有较高的可采储量和初期日产油量时的产能才是油井的合理产能。对托甫台、跃进地区有流压资料的 13 口高产井进行弹性产率与初期日产油量、可采储量的回归,回归结果显示其回归方程符合一元三次方程关系,置信度为 0.6～0.8(图 5-8、图 5-9)。应用回归方程确定新投产井的合理产能,对生产中偏离较多的井提出调整建议。

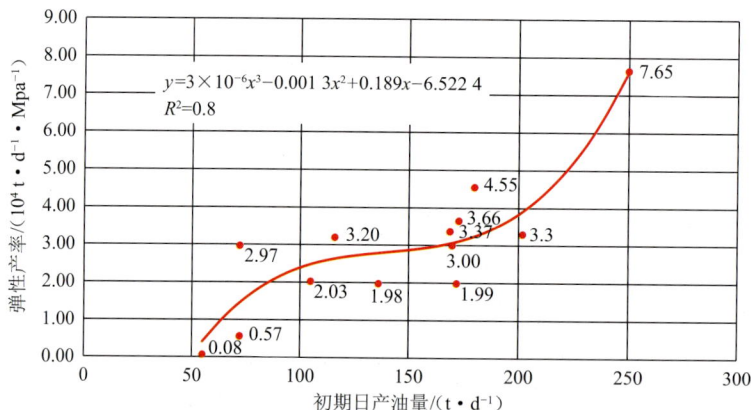

图 5-8　弹性产率与初期日产油能力关系曲线

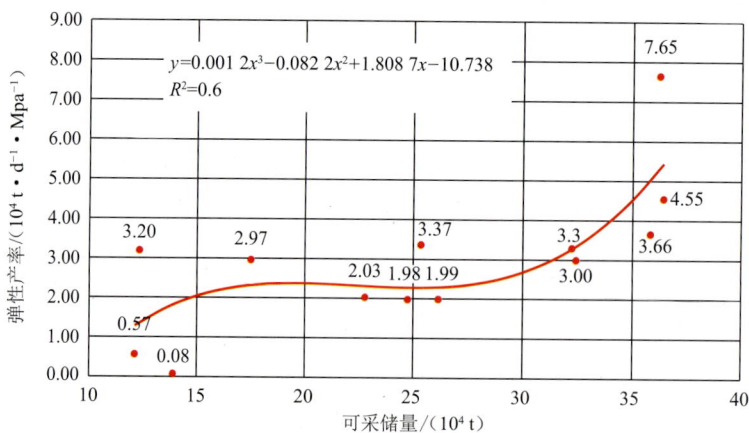

图 5-9　弹性产率与可采储量关系曲线

5.2.4　矿场统计法

1) 地震属性-产能相关法

在油井部署期间,由于缺少资料,只能通过静态资料类比分析的方法预测油井合理产能,即根据已投产油井实际的稳定产能与油井可量化地质条件的相关性来反推预测不同地质条件下的油井产能。在方案设计或井位部署时,利用振幅变化率与产能相关分析法、储集体视体积与产能相关分析法,对产能进行类比预测。

由于单井产能与振幅变化率正相关,利用井区生产稳定井的初期单井产能与振幅变化率的比值 K,推算设计预部署井单井产能(图 5-10)。

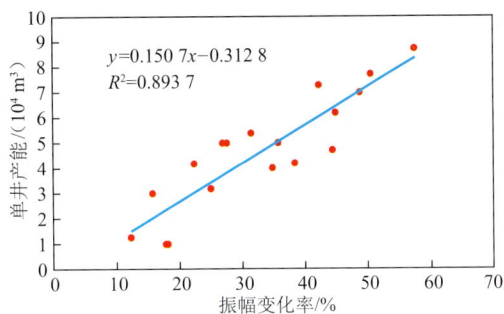

图 5-10　单井产能与振幅变化率关系回归图

2）合理采速法

油藏投产后,采用合理采速生产时产量递减稳定,采收率较高,因此需要分析典型断裂带油井采速和递减率关系,优化合理采速,从而确定合理产能。

以托甫台 TP12 断裂带为例,将 TP12 断裂带上不同储量级别的油井日产油量绘到一张图上,由图可以看出具有聚类效应(图 5-11),由此可将油井分为 3 类,即较大储量规模（60×10^4 t 以上）、中等储量规模（$30 \times 10^4 \sim 60 \times 10^4$ t）、较小储量规模（30×10^4 t 以下）。

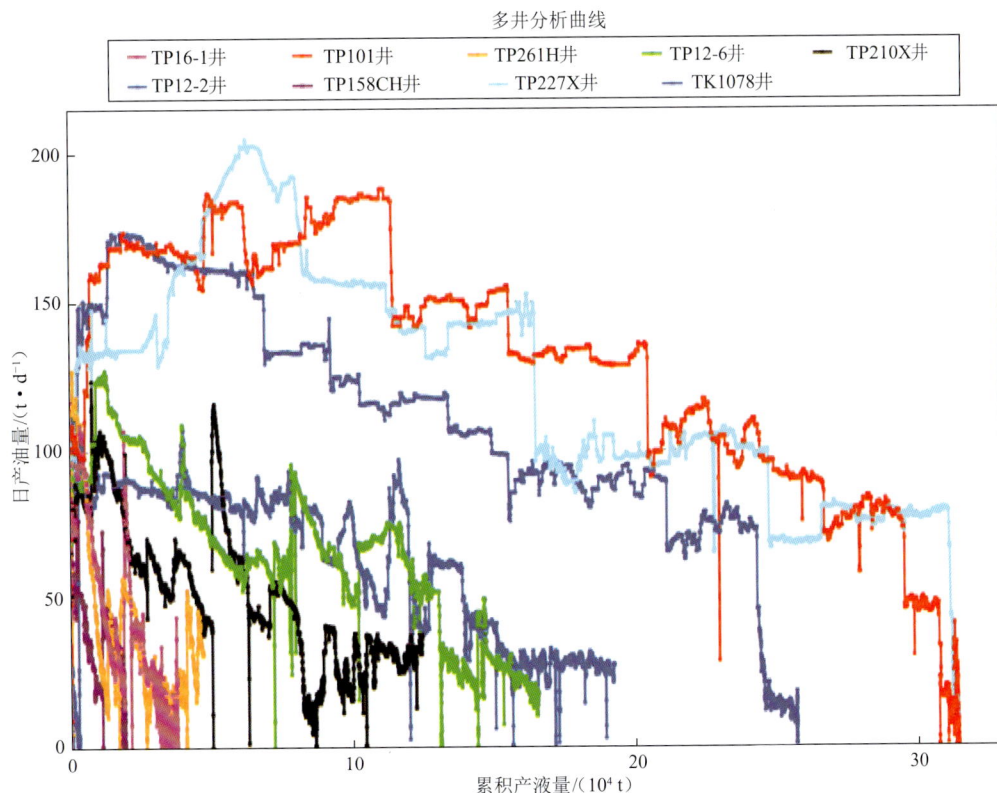

图 5-11　TP12 断裂带不同储量级别油井日产油量与累积产液量关系曲线

建立 TP12 断裂带不同储量级别典型油井合理采速图版(图 5-12),从图版上可以看出如下规律:① 较大储量规模油井初期采速 2% 左右,随后稳定缓慢下降;② 中等储量规模油井初期采速较高,为 3%～4%,随后下降较快;③ 较小储量规模油井初期采速高,为 6%

以上,随后快速下降,近似呈"L"形。

按照油井聚类分析,回归不同储量规模油井的合理采速图版,确定油井合理产能。

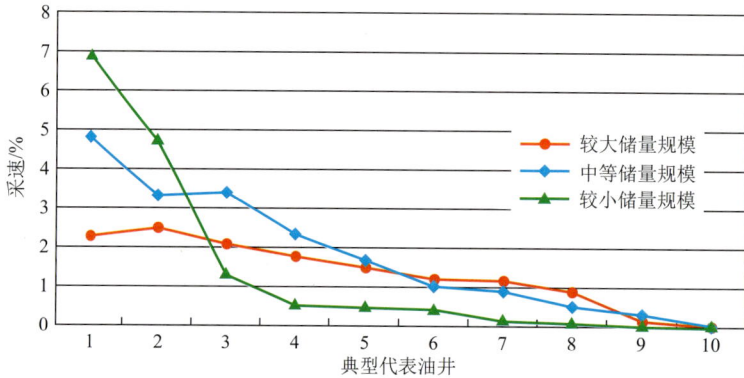

图 5-12　TP12断裂带不同储量级别典型代表油井合理采速图版

5.2.5　各类方法适用阶段

通过研究,形成了从规划设计到生产、从生产初期到生产中后期的缝洞型油井合理产能确定方法(表 5-5)。

表 5-5　合理产能确定方法汇总表

序　号	生产阶段	方　法
1	开发方案编制及井位部署阶段	地震属性-产能相关法
2	投产初期	IPR 曲线拐点法
3	投产初期	绝对无阻流量法
4	开发初期	弹性产率法
5	开发中后期	合理采速法

5.3　油井全周期合理产能优化应用实例

1) 单井

单井产能(强能量油井)以"控制底水均衡抬升,不使底水沿裂缝窜进,尽量延长油井无水采油期"为出发点,采用分段控制法进行管理。

(1) 正面实例。

TP101井弹性驱动阶段优化合理产能后压力均匀下降,采速为 1.9%,年递减率为20.6%;弹性水驱复合阶段优化合理产能后采速为 1.4%,油井产量稳定,年递减率为16.5%;水驱阶段进一步控液,优化合理产能后采速为 0.6%,年递减率为 0.5%;油井全周期优化合理产能后生产平稳,水驱可采储量 91×10⁴ t,开发效果较好,如图 5-13 所示。

仿照 TP101 井全周期优化过程，划分其余油井驱动阶段，优化各阶段合理产能，如 TP227X 井（图 5-14）等。

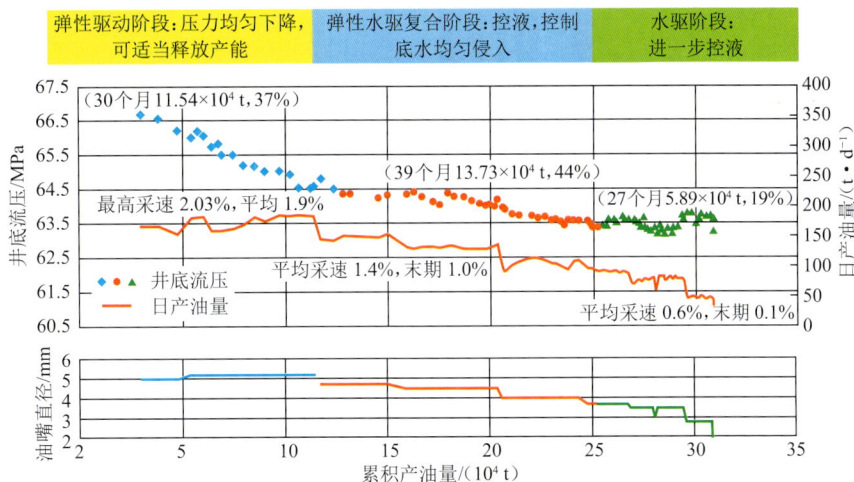

图 5-13　TP101 井驱动阶段划分和合理产能优化过程

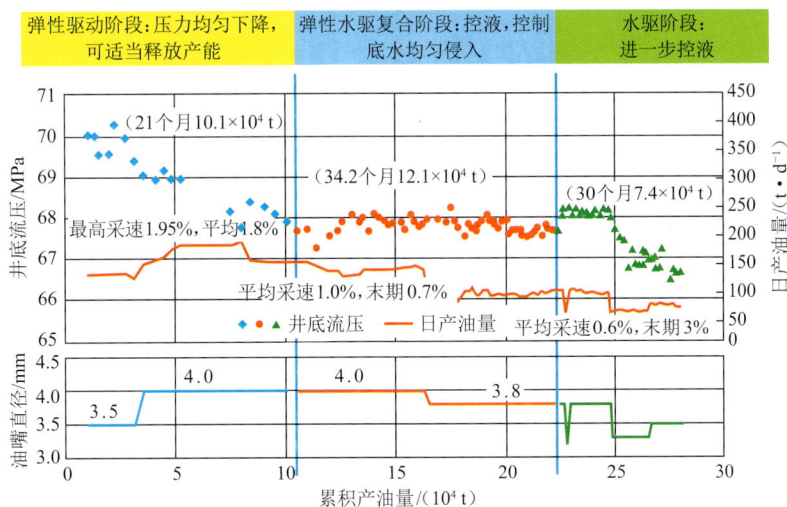

图 5-14　TP227X 井驱动阶段划分和合理产能优化过程

将 TP227X 井划分为 3 个驱动阶段，采取三段式开发政策：

① 弹性驱动阶段。适当放大生产压差，保持相对稳产，年递减率小于 5%。

② 弹性水驱复合阶段。此阶段底水已经启动，水侵速度逐步加快，需逐步控制油嘴进行生产，年均递减率为 10%～16%。

③ 水驱阶段。此阶段底水完全启动，进入定态水侵阶段，需加大控制力度，并加强见水异常信号捕捉，见水预警，年均递减率为 20%～35%。

（2）反面实例。

TP314 井进入水侵及水侵加剧后没有及时进行控制，导致出现暴性水淹，油井累积产油量仅 5.4×10^4 t，明显低于同类油井，水驱开发效果较差（图 5-15）。

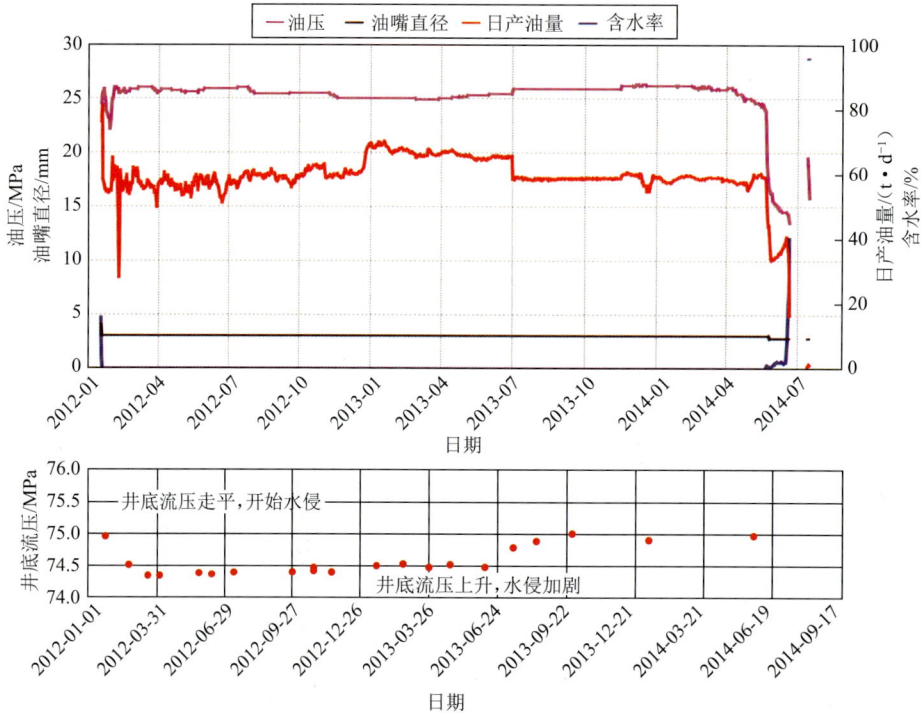

图 5-15　TP314 井多参数曲线

2）TP12 断裂带高产井

针对 TP12 断裂带 10 口产量在 $20×10^4$ t 以上的高产井,统计其各个驱动阶段的时间步长、油嘴直径、产量保有率、压力保持水平、采出程度、可采采速等参数,汇总其开发规律概况,见表 5-6。

表 5-6　分阶段合理产能控制防水对策表(断溶体强能量高产井模型)

	阶　段	弹性驱动阶段	弹性水驱复合阶段	水驱阶段	见水前异常阶段	带水生产阶段	合计/(变化)
时间步长/年	范　围	0~3.1	0~3.4	1.4~9.0	0~3.8	1.0~5.8	
	平　均	1.6	0.9	3.7	1.9	2.4	10.5
油　嘴	平均次数	1.6	1.4	2.2	1.3	1.7	8.2
	每调一次产量下降百分比	−10%	4%	16%	17%	12%	39%
	控嘴次数	放大 1~2 次,后期或调小 1 次	2 次	2~3 次	2~3 次	2~3 次	8~12 次
	期末无因次油嘴直径	0.97	0.91	0.73	0.62		
	示　例	5 mm↑5.2 mm	5.2 mm↓ 5 mm↓ 4.8 mm	4.8 mm↓ 4.5 mm↓ 4.2 mm↓ 3.8 mm	3.8 mm↓ 3.5 mm↓ 3 mm↓ 2.8 mm	调大提液,一般调到10~12 mm	12 mm↓ 2.8 mm

阶 段		弹性驱动阶段	弹性水驱复合阶段	水驱阶段	见水前异常阶段	带水生产阶段	合计/（变化）
产量保有率		92%	87%	51%	29%	5%～10%	
压力保持水平		96%	95%	95%	93%	94%	
采出程度	范 围	27.7%	12.6%	43.2%	12.8%	3.7%	100%
	合 计	27.7%	40.3%	83.5%	96.3%	100.0%	
可采采速	范 围	11%～24%	9%～25%	7%～20%	3%～14%	1%～4%	
	平 均	20.0%	16.0%	13.0%	8.0%	2.7%	

　　由表 5-6 可知，断溶体强能量高产油井平均生产周期为 10.5 年，共划分为 5 个生产阶段，进行合理产能优化调整 8～12 次，产能调整幅度为－10%～17%，压力保持水平为 93%～96%，平均可采采速为 2.7%～20.0%。

第 6 章
碳酸盐岩缝洞型油藏量化注水方法

　　塔河油田碳酸盐岩缝洞型油藏主要储油空间和渗流通道为裂缝和溶洞,其渗透率高,孔隙半径大,毛管力基本不起作用,基岩孔隙度很小,渗透率数量级约为 10^{-3} μm^2,基质基本不含油;储层纵、横向非均质性极强,井间连通性复杂,油水分布规律性差;生产井初期产油量高,但油藏投入开发后自然产量递减快,弹性采收率低,产量年递减率最高达 45%,大部分区块年递减率为 25%~30%,部分单井年递减率高达 80%~90%;2004 年动用地质储量标定采收率 12%,测算部分封闭型油井的采收率只有 2.5%~5.5%;各井无统一油水界面,只有部分井井间有复杂的连通关系。

　　注水是塔河油田碳酸盐岩缝洞型油藏开发的有效方式。截至 2016 年 12 月底,塔河油田碳酸盐岩缝洞型油藏有注水单元 84 个,注水井 160 口,开井 95 口,日注水 7 438 m^3/d,累计注水单元 106 个,累计注水 2 075.4×10^4 m^3,累计增油 177.9×10^4 t,累积注采比 0.3,水驱控制储量达到 4.48×10^4 t。塔河油田碳酸盐岩缝洞型油藏注水分为单井注水和单元注水两种方式,总体而言,单井注水效果优于单元,主要原因在于:单井注水机理简单,对三维地质模型的研究程度要求相对较低,注水方式易于控制;而单元注水机理更复杂,可以采用吞吐、驱替等方式,井间的缝洞分布、物性以及剩余油气分布难以认识。

6.1　单井注水

6.1.1　单井注水原理及技术简介

　　2004 年,塔河油田在修井作业的压井过程中出现先漏后喷的现象,根据"压井可恢复部分产量"的原理摸索出了一套注水替油的方法,并首先在封闭型低能低产井中开展试验。2005 年 3 月开始试验,至 2007 年 12 月底,塔河油田碳酸盐岩缝洞型油藏已实施单井注水替油 110 口井,累计注水 132.18×10^4 m^3,累计增油 42.25×10^4 t,取得了较好的试验与矿场推广效果。以 T-707 井为例,该井自投产至 2005 年 6 月 1 日累计产油 8 675.6 t,产水 1 348.64 m^3,地层压力下降到 51.18 MPa;2005 年 6 月 4 日至 12 日注水 3 363 m^3 后地层压力上升到 65.82 MPa,随后该井无产能关停 4 个多月;再次开井后经过 7 个注水吞吐周期的注水替油,累计注水 28 373 m^3,产油 8 496 t,产水 10 904 m^3,实现了产能和采收率的提高。试验完成后,该注水替油技术在西北油田分公司内全面推广,成为塔河油田碳酸盐岩缝洞型油藏的主要开采方式之一。

单井注水替油的步骤为:油井注水,关井 2 d 至 2 周,开井恢复生产,多次循环前三步。

单井注水替油机理为:

(1)定容性单井缝洞单元的油井首先依靠天然能量生产,当地层压力降至不能维持油井正常生产时,通过注入水补充地层能量,恢复地层压力。注入水进入油井周围比较小的裂缝中,驱替其中难以采出的剩余油。

(2)利用重力分异原理,使注入水在焖井过程中实现油水分离,原来位于高部位的注入水降至储层底部,提高了井筒附近的含油饱和度。塔河油田碳酸盐岩缝洞型油藏缝洞体毛管力微弱,重力分异需要的关井时间很短,数小时至数周即可。

(3)当井口压力恢复到基本稳定后开井生产,采出地下原油。

(4)油井将"注水—焖井—采油"作为一个周期进行注采循环,经过多轮次的注水替油,逐步提高油藏原油采收率。

通过数值模拟可验证上述机理,如图 6-1 所示。

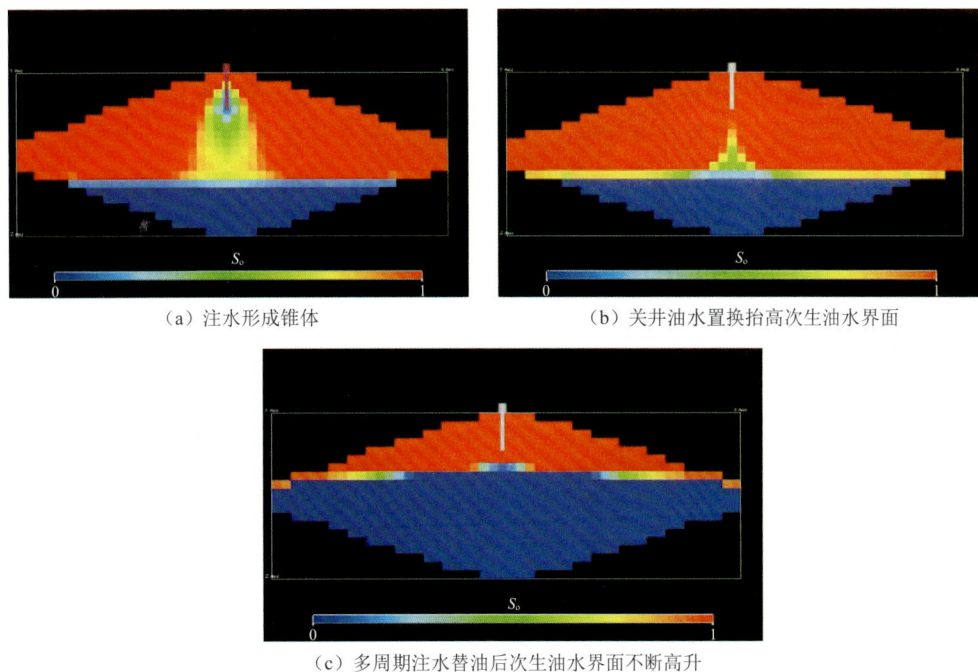

（a）注水形成锥体

（b）关井油水置换抬高次生油水界面

（c）多周期注水替油后次生油水界面不断高升

图 6-1　注水替油过程中油水重力置换及次生油水界面的形成

塔河油田碳酸盐岩缝洞型油藏的注水替油与常规油藏的注水吞吐机理相似,但是因为裂缝和溶洞毛管力微弱,重力分异时间短,所以可以实现油层内油水置换以及产层压力恢复,实施注水替油。塔河油田碳酸盐岩缝洞型油藏的注水替油和常规油藏注水吞吐相比,注水效果的主要差异表现在含水率,前者注水后含水率上升幅度较小,甚至出现油井含水率下降的情况,后者注水后含水率一般较高。

对于注水后含水率反而下降的注水替油,西北油田分公司将其称为注水压锥,它也是塔河油田碳酸盐岩缝洞型油藏注水具有的特殊现象。很多学者对这种现象进行了研究,纷纷给出了作用机理的解释模型,下面以彭小龙等提出的解释模型为例说明其机理,该模型已得到了油藏数值模拟的验证。

该模型是一个三层结构,如图 6-2 所示,油层 A 是一个高渗透储层,B 是次产层,B 层与水层 C 相连通。A 层与 B 层之间的连通性不强,水层 C 对 A 层的影响较弱,这两个限制条件是为了保证水注入 A 层之后不会流入其他储层。A 层的毛管力作用弱,并且有足够的油水置换空间,以保证油水能够分异。注水压锥作用的机理可分为 5 个阶段(图 6-3):

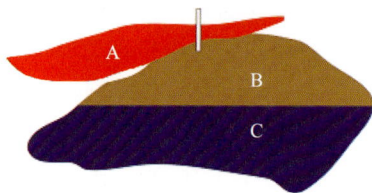

图 6-2 三层结构的机理模型

(1)阶段 1:A 层是主产层,早期产出的油主要来自 A 层,且 A 层与边底水基本不连通,因此 A 层不产水,油井含水率低。

(2)阶段 2:中后期时 A 层产油多,且没有边底水补充能量,所以 A 层的压力下降较 B 层快。A 层的产油能力不断减弱,甚至不产油,此时油井产出的油主要来自 B 层。边底水逐渐进入 B 层,再流入井筒,因此油井开始产水,此时油井中的水主要来自 B 层。

(3)阶段 3:在对油井实施注水时,由于 A 层的吸水能力比 B 层强,A 层的压力比 B 层低,因此注入的水将优先流入 A 层,故 A 层压力恢复快于 B 层。

(4)阶段 4:当油井注入一定量的水后,A 层压力得到足够恢复,为了让注入的水与油分异,需要关井一段时间。关井时间的长短与 A 层的油水可置换空间、A 层的渗透率有关。置换空间越大,渗透性越好,关井时间越短。

(5)阶段 5:关井一段时间后,A 层的能量已得到充分恢复,因此开井生产后 A 层又成为主要的产油层位。此时油水界面低于油井的生产位置,A 层的含水率很低,这使油井的产量上升,含水率下降。

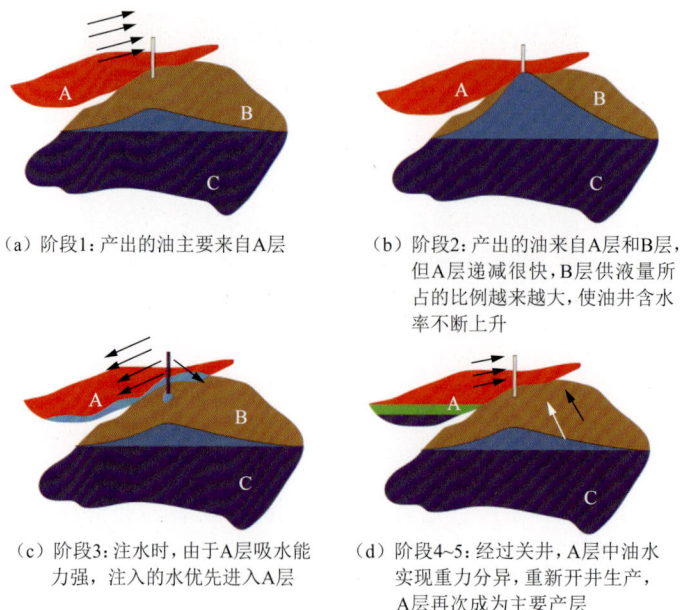

(a)阶段1:产出的油主要来自A层

(b)阶段2:产出的油来自A层和B层,但A层递减很快,B层供液量所占的比例越来越大,使油井含水率不断上升

(c)阶段3:注水时,由于A层吸水能力强,注入的水优先进入A层

(d)阶段4~5:经过关井,A层中油水实现重力分异,重新开井生产,A层再次成为主要产层

图 6-3 注水压锥作用机理示意图

油藏数值模拟可证实上述过程,即经过注水、关井后,再开井生产,油井含水率能够显著降低。

(1) 初始条件下 A 层压力低于 B 层,表明 A 层压力很快下降(图 6-4),从而导致产油量快速下降。注水 10 d 后,A 层的压力恢复明显快于 B 层。

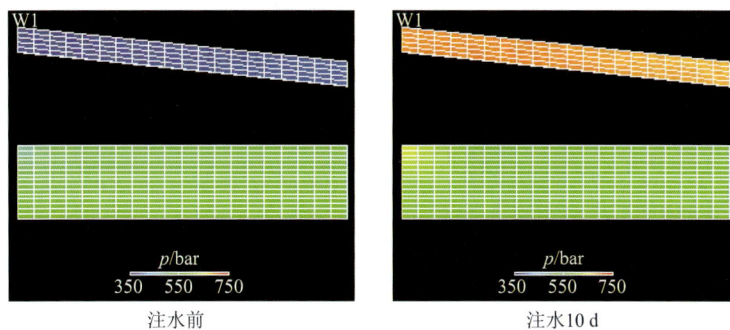

1 bar＝0.1 MPa。

图 6-4　A 层油藏压力分布

(2) 关井前后 A 层含油饱和度的变化如图 6-5 所示。油水分异在开井和关井两个时期都存在,但关井时更明显。虽然关井能够降低油井含水率,但开井生产后含水率将快速上升,如图 6-6 所示。由图可知,注水压锥比纯粹地关井更能有效地改善油井的生产状况。

进一步研究发现,有大溶洞的油藏的注水压锥效果明显好于没有溶洞的油藏(图 6-7),原因在于有大溶洞时,大溶洞可以更快地让注入的水到达油层低部位,加快油水分异。如果油藏没有大溶洞,

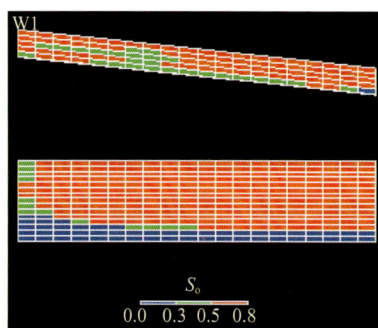

图 6-5　关井前后 A 层内含油饱和度

注水后需要更长的关井时间,在本章介绍的模型中,需要关井一年以上,才能显著降低油井含水率。

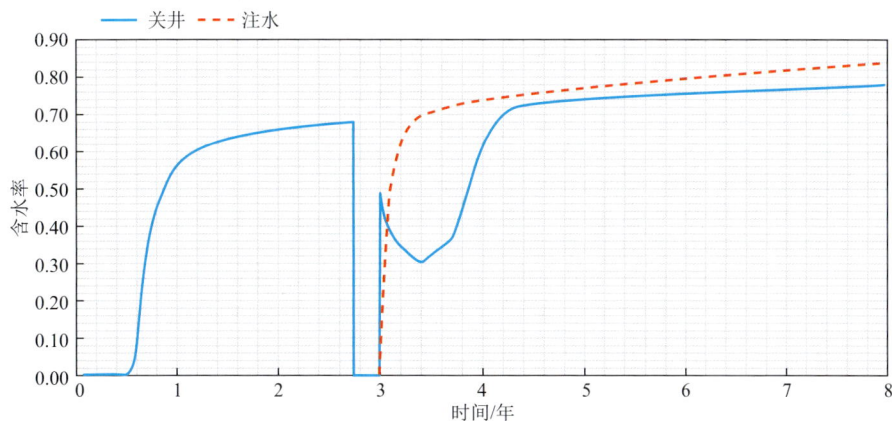

图 6-6　注水与关井的含水率对比

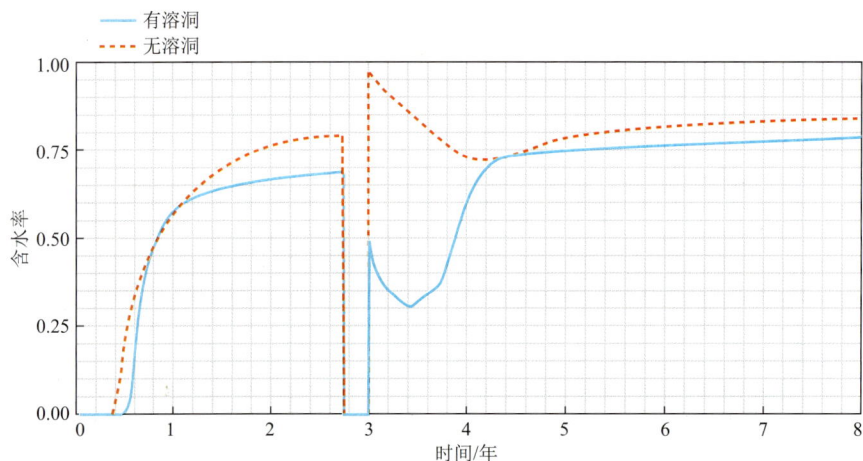

图 6-7　有溶洞和无溶洞时注水压锥效果比较

6.1.2　单井注水效果评价

油藏开发的效果评价包括指标筛选、确定评价指标权重以及多指标的开发效果综合评价等环节。

1）评价指标

根据单井生产动态，分析注采制度是否合理，以及地质条件、单井工作制度对开发效果的影响，总结出不同储集体单井注水替油开发效果的影响因素，提出单井经济、技术评价体系，并进行开发效果评价。

（1）存水率：存水率反映了注入水利用率，实际生产中累积存水率能较好地反映注水替油效果。

（2）方水换油率：方水换油率反映了油水置换的效率情况。在进入低置换期后，可以结合深抽排液提高油藏采收率。

（3）累积注采比：累积注采比反映了每采出单位体积原油的注水量。

（4）累积水油比：受周期注采关系影响，注水替油井后期含水率波动很大，累积水油比变化规律明显，可较好地表征注水替油开发阶段。

2）评价方法

（1）模糊综合评价方法。

对于一个普通集合，一个元素要么属于这个集合，要么不属于这个集合，两者必居且仅居其一，即这个元素表现出"非此即彼"的特性。但对于一个模糊集合，一个元素就不能明确地与之划清界限，而是用闭区间$[0,1]$上的实数来表示这个元素对模糊集合的隶属程度，因此这种"非此即彼"的特性便转化为"亦此亦彼"的特性。将这种"亦此亦彼"的模糊概念用定量的数值表达出隶属程度，就是应用模糊数学进行评价的出发点。

对于论域U的每一个元素$x \in U$和某一个子集$A \in U$有$x \in A$，或$x \notin A$，二者有且仅有一个成立。于是，对于子集A，定义映射

$$\mu_A:U \to \{0,1\} \tag{6-1}$$

设 U 是一个论域,如果给定了一个映射

$$\mu_A:U \to [0,1] x \mapsto \mu_A(x) \in [0,1] \tag{6-2}$$

则确定了一个模糊集 A,μ_A 称为模糊集 A 的隶属函数,$\mu_A(x)$ 称为 x 对模糊集 A 的隶属度。

当论域 $U = \{x_1,x_2,\cdots,x_n\}$ 为有限集时,若 A 是 U 上的任一个模糊集,则其隶属度为 $\mu_A(x_i)(i = 1,2,\cdots,n)$,$A$ 通常有如下两种表示方法。

① 将论域中的元素 x_i 与其隶属度 $\mu_A(x_i)$ 构成序偶来表示 A。

$$A = \{(x_1,\mu_A(x_1)),(x_2,\mu_A(x_2)),\cdots,(x_n,\mu_A(x_n))\} \tag{6-3}$$

此种表示方法下,隶属度为 0 的项可不写入。

② 向量表示法。

$$\boldsymbol{A} = (\mu_A(x_1),\mu_A(x_2),\cdots,\mu_A(x_n)) \tag{6-4}$$

此种表示方法下,隶属度为 0 的项不能省略。

模糊集具有与普通集相同的运算和相应的运算规律。

若 $B \subseteq A$,且 $A \subseteq B$,则称 A 与 B 相等,记为 $A = B$。

设模糊集 $A,B \in F(U)$,其隶属函数为:

$$\mu_A(x), \quad \mu_B(x) \tag{6-5}$$

$$\mu_A^C(x) = 1 - \mu_A(x) \tag{6-6}$$

式中,上标 C 表示补集。

在进行模糊综合评价时通常按以下步骤进行。

① 确定因素集 U:

$$U = \{u_1,u_2,\cdots,u_n\} \tag{6-7}$$

式中 u_i——第 i 个评价因素。

② 确定评判集 V:

$$V = \{v_1,v_2,\cdots,v_m\} \tag{6-8}$$

式中 v_i——第 i 个评价结论。

③ 进行单因素评价,得:

$$r_{ij} = \{v_{i1},v_{i2},\cdots,v_{im}\} \tag{6-9}$$

式中 r_{ij}——被评价事物相关的因素。

④ 构造综合评判矩阵:

$$\boldsymbol{R} = \begin{bmatrix} r_{11} & r_{12} & \cdots & r_{1m} \\ r_{21} & r_{22} & \cdots & r_{2m} \\ \vdots & \vdots & & \vdots \\ r_{n1} & r_{n2} & \cdots & r_{nm} \end{bmatrix} \tag{6-10}$$

⑤ 综合评判:对于权重

$$A = \{a_1,a_2,\cdots,a_n\} \tag{6-11}$$

计算 $\boldsymbol{B}=A \circ \boldsymbol{R}$,并根据最大隶属度原则做出评判。在进行综合评判时,根据算子的不同定义,可以得到不同的模型。

a.模型Ⅰ:$M(\wedge,\vee)$——主因素决定型。

运算法则为:

$$b_j = \max\{(a_i \wedge r_{ij}), i = 1, 2, \cdots, n\}, \quad j = 1, 2, \cdots, m \tag{6-12}$$

"$\vee$""$\wedge$"分别表示取大运算和取小运算,称为 Zadeh 算子。

该模型评判结果只取决于在总评判中起主要作用的那个因素,其余因素均不影响评判结果,比较适用于单项评判最优就能认为综合评判最优的情形。

b. 模型 Ⅱ:$M(\cdot, \vee)$——主因素突出型。

运算法则为:

$$b_j = \max\{(a_i \cdot r_{ij}), i = 1, 2, \cdots, n\}, \quad j = 1, 2, \cdots, m \tag{6-13}$$

该模型与模型Ⅰ比较相近,但比模型Ⅰ更精细,不仅突出了主要因素,也兼顾了其他因素,比较适用于模型Ⅰ失效的情形。

模糊综合评价方法的显著优点主要有:

① 通过精确的数字手段处理模糊的评价对象,对蕴藏信息呈现模糊性的资料做出比较科学、合理、贴近实际的量化评价;

② 评价结果是一个矢量,而不是一个点值,包含的信息比较丰富,既可以比较准确地刻画被评价对象,又可以进一步加工,得到参考信息。

其缺点主要有:

① 计算复杂,对指标权重的确定主观性较强;

② 当指标集 U 较大,即指标集内元素个数较多时,在权重和为 1 的条件约束下,相对隶属度权系数往往偏小,权重与模糊矩阵 **R** 不匹配,出现超模糊现象,分辨率很差,无法区分谁的隶属度更高,甚至造成评价失败,此时可用分层模糊评价方法加以改进。

（2）BP 神经网络方法。

BP(back propagation)神经网络是 1986 年由 Rinehart 和 Mc Cleland 为首的科学家小组提出的,是一种按误差逆传播算法训练的多层前馈网络,是目前应用最广泛的神经网络模型之一。BP 神经网络能学习和存储大量的输入-输出模式映射关系,而无须事前揭示描述这种映射关系的数学方程。BP 神经网络模型拓扑结构包括输入层(input layer)、隐层(hide layer)和输出层(output layer),如图 6-8 所示。

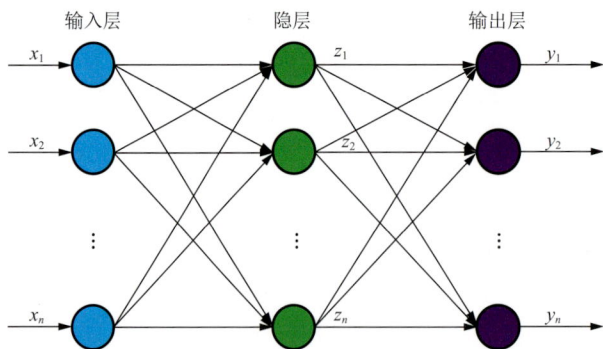

图 6-8　神经网络结构关系示意图

BP 神经网络的学习可以理解为:对于确定的网络结构,寻找一组满足要求的权系数,使给定的函数误差最小。设计多层前馈网络时,主要侧重实验,需探讨多种模型方案,在实验中改进方案,直到选取一个满意方案为止,可按下列步骤进行:对于任何实际问题,首先都只选用一个隐层,使用很少的隐层节点(神经元)数,然后不断增加隐层节点数,直到获得满意性能为止;否则再采用两个隐层重复上述过程。训练实际上就是根据目标值与网络输出值之间误差的大小反复调整权值和阈值,直到误差达到预定值为止。

① BP 神经元。

BP 神经元只模仿了生物神经元所具有的 3 个最基本也是最重要的功能:加权、求和与转移。其中,$x_1, x_2, \cdots, x_i, \cdots, x_n$ 分别代表来自神经元 $1, 2, \cdots, i, \cdots, n$ 的输入;$w_{j1}, w_{j2}, \cdots, w_{ji}, \cdots, w_{jn}$ 分别表示神经元 $1, 2, \cdots, i, \cdots, n$ 与第 j 个神经元的连接强度,即权值;b_j 为阈值;$f(\cdot)$ 为传递函数;y_j 为第 j 个神经元的输出值。

第 j 个神经元的净输入值 $\boldsymbol{S}_j$ 为:

$$\boldsymbol{S}_j = \sum_{i=1}^{n}(w_{ji}x_i + b_i) = \boldsymbol{W}_j\boldsymbol{X} + \boldsymbol{b}_j \tag{6-14}$$

其中:

$$\boldsymbol{X} = (x_1, x_2, \cdots, x_i, \cdots, x_n)^{\mathrm{T}} \tag{6-15}$$

$$\boldsymbol{W}_j = (w_{j1}, w_{j2}, \cdots, w_{ji}, \cdots, w_{jn}) \tag{6-16}$$

若视 $x_0 = 1, w_{j0} = b_j$,即令 $\boldsymbol{X}$ 及 $\boldsymbol{W}_j$ 包括 x_0 及 w_{j0},则

$$\boldsymbol{X} = (x_0, x_1, x_2, \cdots, x_i, \cdots, x_n)^{\mathrm{T}} \tag{6-17}$$

$$\boldsymbol{W}_j = (w_{j0}, w_{j1}, w_{j2}, \cdots, w_{ji}, \cdots, w_{jn}) \tag{6-18}$$

② BP 网络。

BP 算法由数据流的前向计算(正向传播)和误差信号的反向传播两个过程构成。正向传播时,传播方向为输入层→隐层→输出层,每层神经元的状态只影响下一层神经元。若在输出层得不到期望的输出,则转向误差信号的反向传播过程。通过这两个过程的交替进行,在权向量空间执行误差函数梯度下降策略,动态迭代搜索一组权向量,使网络误差函数达到最小值,从而完成信息提取和记忆过程。

设 BP 网络的输入层有 n 个神经元,隐层有 q 个神经元,输出层有 m 个神经元,输入层与隐层之间的权值为 v_{kj},隐层与输出层之间的权值为 w_{jk}。隐层的传递函数为 $f_1(\cdot)$,输出层的传递函数为 $f_2(\cdot)$,则隐层神经元的输出(将权值写入求和项中)为:

$$z_k = f_1\left(\sum_{i=0}^{n} v_{kj}x_i\right), \quad k = 1, 2, \cdots, q \tag{6-19}$$

输出层神经元的输出为:

$$y_i = f_2\left(\sum_{k=0}^{m} w_{jk}z_k\right), \quad j = 1, 2, \cdots, m \tag{6-20}$$

至此 BP 神经网络就完成了 n 维空间对 m 维空间的近似映射。

③ 计算 BP 神经网络结构。

确定了网络层数、每层神经元数、传递函数、初始权系数、学习算法等也就确定了 BP 神经网络。确定这些选项时有一定的指导原则,但更多的是靠经验和试凑。

隐层数的确定:1998 年 Robert Hecht-Nielson 证明了任何在闭区间内的连续函数都可以用一个隐层的 BP 神经网络来逼近,因此一个三层的 BP 神经网络可以完成任意的 n 维到 m 维的映射。因此,在确定隐层数时通常从含有一个隐层的 BP 神经网络开始进行训练。

常用传递函数:BP 神经网络的传递函数有多种。log-sigmoid 型函数的输入值可取任意值,输出值在 0 和 1 之间;tan-sigmoid 型传递函数的输入值可取任意值,输出值在 −1 到 1 之间;线性传递函数 purelin 的输入值与输出值可取任意值。BP 神经网络通常有一个或

多个隐层,该层中的神经元均采用 sigmoid 型传递函数,输出层的神经元则采用线性传递函数,整个网络的输出值可以取任意值。

用本章节所述的样本集训练 BP 神经网络时发现,只改变传递函数而其余参数均固定,传递函数使用 tan-sigmoid 函数时要比使用 log-sigmoid 函数时的误差小。因此在以后的训练中,隐层传递函数改用 tan-sigmoid 函数,输出层传递函数仍选用 purelin 函数。

多层前向 BP 神经网络是目前应用最多的一种神经网络形式,它具备神经网络的普遍优点,主要包括:

① BP 神经网络实质上实现了一个从输入到输出的映射功能,数学理论证明,三层的 BP 神经网络就能够以任意精度逼近任何非线性连续函数,这使得其特别适合于求解内部机制复杂的问题,即 BP 神经网络具有较强的非线性映射能力。

② BP 神经网络在训练时能够通过学习自动提取输入、输出数据间的"合理规则",并自适应地将学习内容记忆于网络的权值中,即 BP 神经网络具有高度自学习和自适应的能力。

但 BP 神经网络并不是完美的,它的缺点主要有:

① 局部极小化问题。从数学角度看,传统的 BP 神经网络是一种局部搜索的优化方法,它要解决的是一个复杂非线性化问题,网络的权值通过沿局部改善的方向逐渐调整,这样会使算法陷入局部极值,即权值收敛到局部极小点,从而导致网络训练失败。另外,BP 神经网络对初始网络权重非常敏感,以不同的权重初始化网络往往会收敛于不同的局部极小点,这也是很多初学者每次训练得到不同结果的根本原因。

② 收敛速度慢。由于 BP 神经网络算法本质上是梯度下降法,因此必然会出现"锯齿形"现象,这使得算法效率较低;又由于优化的目标函数很复杂,因此必然会在神经元输出接近 0 或 1 的情况下出现一些平坦区,在这些区域内,权值误差改变很小,使训练过程几乎停顿。此外,为了使网络执行 BP 算法,不能使用传统的一维搜索法求每次迭代的步长,而必须把步长的更新规则预先赋予神经网络,这种方法也会引起算法低效。

模糊综合评价及 BP 神经网络方法得到的评价结果为好的井大多储集体发育,定容特征明显,且基本不含水,实施注水替油能大幅恢复产量(表 6-1)。通过模糊综合评价指标,同时结合生产实际,得出碳酸盐岩缝洞型油藏注水替油选井主要针对缝洞系统发育、封闭性相对较好、水体较弱的油井,为后续注水替油井的实施提供了参考。

表 6-1 油藏评价指标汇总

类　别	属性描述		评价级别				
			好	较　好	中	较　差	差
地质因素	缝洞储集体类型		大溶洞	小溶洞	裂缝-溶洞	大裂缝	微裂缝
	储集体发育的程度		好	较　好	一　般	较　差	差
	储集体油水分布模式		隔水式	隔水式	复合式	隔油式	隔油式
	连通水体能量大小		弱	较　弱	中	较　强	强
生产动态	目前生产状况	日产油量/(t·d^{-1})	>20	20~15	15~10	10~5	<5
		含水率/%	<30	30~50	50~70	70~90	>90
		产液量/(t·d^{-1})	>40	40~30	30~20	20~10	<10

类　别	属性描述	评价级别				
		好	较　好	中	较　差	差
生产 动态	动态变化 规律	存水率	>0.9	0.9～0.8	0.8～0.7	0.7～0.6	<0.6
		方水换油率	>0.6	0.6～0.5	0.5～0.4	0.4～0.3	<0.3
		累积注采比	<0.9	0.9～1.0	1.0～1.1	1.1～1.2	>1.2
		累积水油比	<0.3	0.3～0.45	0.45～0.6	0.6～0.7	

3）效果评价

（1）周期效果评价。

周期效果评价的目的是评价本周期的注水效果，并间接地指导下一周期的注采参数。以 T751 井为例，解释周期评价指标，包括周期增油量、周期存水率、周期含水率、周期方水换油率、周期时效和周期提高采出程度。T751 井共进行了 18 个有效注水替油周期，其中前 10 个周期效果最好，周期注水量 3 000～4 000 m³，焖井时间 0.5～1.5 d，周期增油 2 000～3 000 t，周期存水率为 0.95～1.0，周期含水率小于 10%，周期方水换油率为 1.25～2 t/m³，周期时效一般大于 50 t/d，周期提高采出程度 2.5%；之后周期评价指标明显变差（图 6-9）。

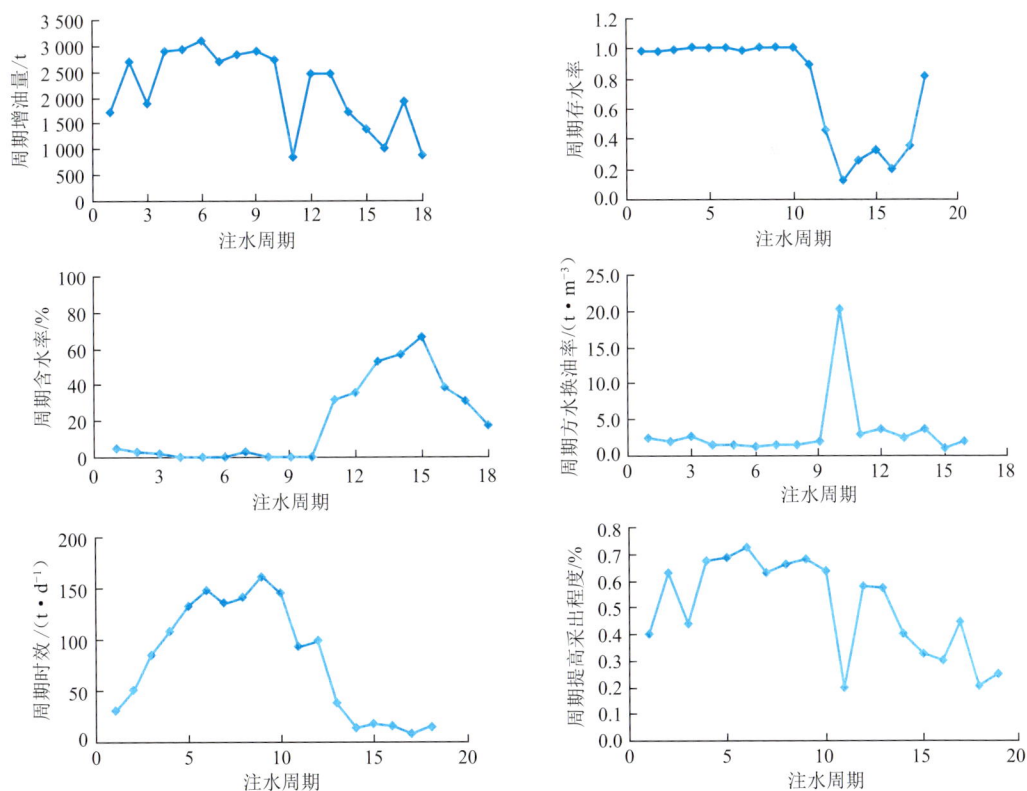

图 6-9　T751 井周期注水指标图

分析结果表明,油井注水替油初期周期增油量、周期存水率、周期时效和周期提高采出程度较高,后期变小,而周期含水率、周期方水换油率在注水替油初期较小,后期效果变差后变高。

(2) 最终效果评价。

① 累积存水率。

累积存水率是衡量注入水利用率的指标,也是衡量注水开发油田水驱开发效果的指标。累积存水率越高,注入水的利用率越高,水驱开发效果也就越好。

对注水周期大于5的60口井的累积存水率进行分析(图6-10),结果表明,有80%的井(48口井)的累积存水率大于0.5。其中,累积存水率大于0.9的井有21口,占35%;在0.7~0.9之间的井有16口,占27%;小于0.7的井有23口,占38%。整体分析表明,位于溶洞型储集体的井(如TK828,TK839,T751,TK7-454)累积存水率比较高,接近1;位于裂缝型储集体的井(如TK405CH)累积存水率相对较低,一般低于0.7。

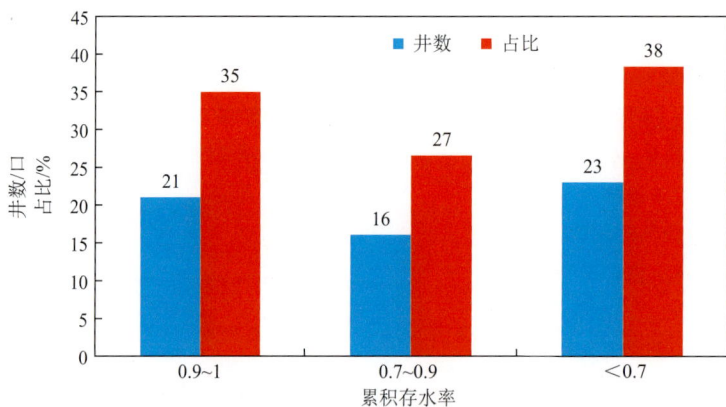

图6-10 单井缝洞单元注水替油后累积存水率分布范围及比例直方图

② 方水换油率。

方水换油率越低,注水开发效果越好。对注水周期大于5的61口井的方水换油率进行分析(图6-11),结果表明,有92%的井(55口井)的方水换油率小于5 t/m³。其中,方水换油率小于2 t/m³的井有37口,占61%;在2~5 t/m³之间的井有18口,占29%;大于

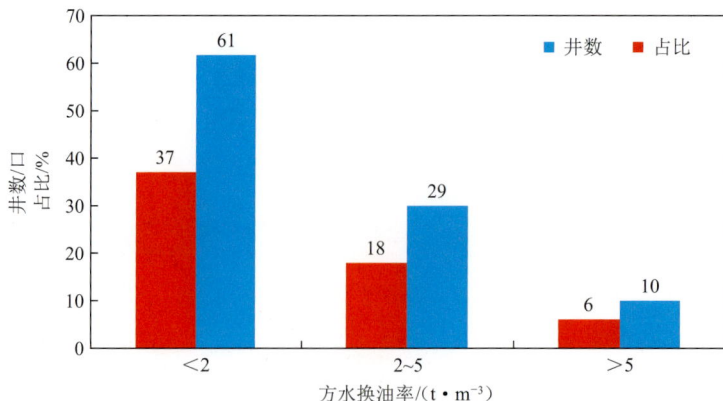

图6-11 单井缝洞单元注水替油后方水换油率分布范围及比例直方图

5 t/m³ 的井有 6 口,占 10％。整体分析表明,位于溶洞型储集体的井(如 TK828,TK839,T751,TK7-454)方水换油率较低,一般在 2 t/m³ 以内;位于裂缝型储集体的井(如 TK405CH)方水换油率相对高一些,大于 5 t/m³。

③ 累积增油量。

对目前结束注水替油的周期大于 5 的 20 口井的累积增油量进行统计,结果表明,累积增油量为 $0.4×10^4$～$4.7×10^4$ t,平均为 $1.55×10^4$ t,如图 6-12 所示。其中位于溶洞型储集体的油井累积增油量较高,平均为 $2.05×10^4$ t;位于裂缝型储集体的油井累积增油量相对较低,平均为 $1.00×10^4$ t。整体分析表明,累积增油量大于 10 000 t 属增油效果好,累积增油量为 3 000～10 000 t 之间属增油效果中等,累积增油量小于 3 000 t 属增油效果差。

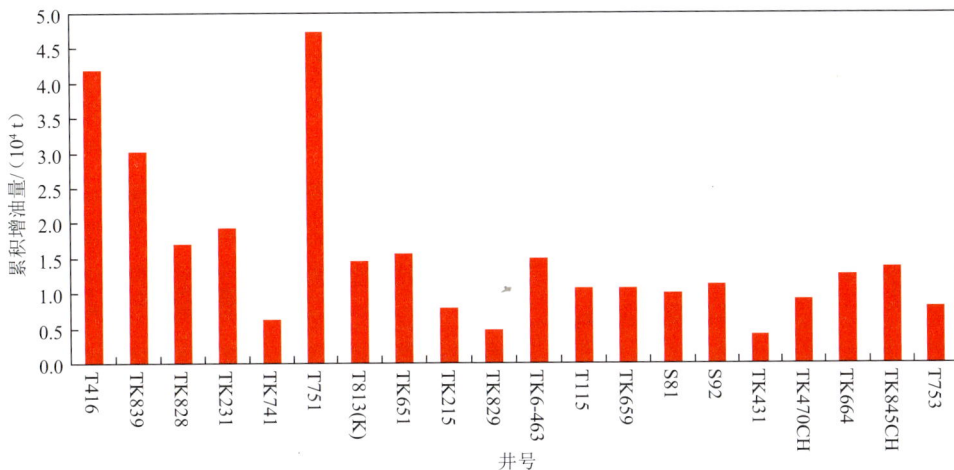

图 6-12 单井缝洞单元注水替油后累积增油量分布图

④ 提高采收率。

对目前结束注水替油的周期大于 5 的 20 口井的提高采收率进行统计,结果表明,提高采收率为 2.57％～11.35％,平均为 5.73％,如图 6-13 所示。其中位于溶洞型储集体的油井提高采收率较高,在 5％以上;位于裂缝型储集体的油井提高采收率较低,在 5％以下。

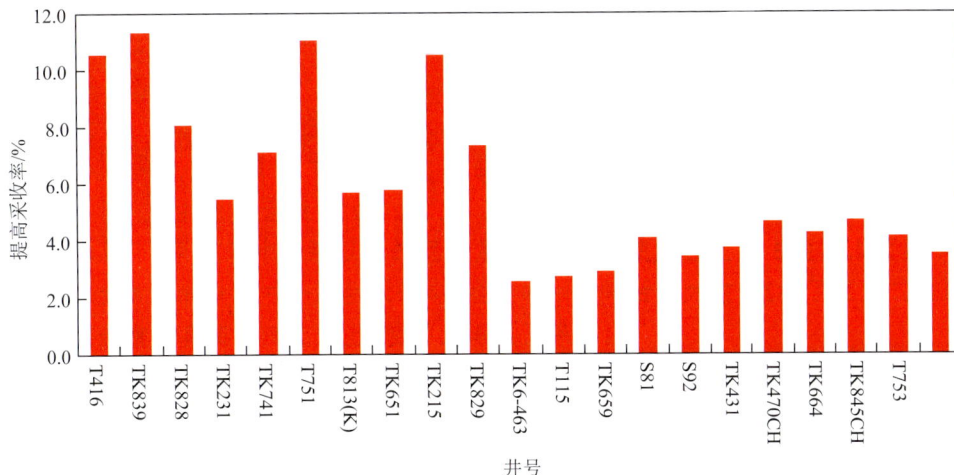

图 6-13 单井缝洞单元注水替油后提高采收率分布图

通过以上分析,综合评价单井缝洞单元的注水替油效果,给出效果评价指标,将其划分为好、中、差 3 种类型,见表 6-2。

表 6-2　单井缝洞单元的最终注水替油效果评价标准

评价结果	累积存水率/%	方水换油率/(t·m⁻³)	累积增油量/t	提高采收率/%	典型井
好	1.0~0.9	<2	>10 000	>5	T416,TK828,T751,TK839,TK651
中	0.7~0.9	2~5	3 000~10 000	2~5	TK741,S81,TK1009,TK664,T707
差	<0.7	>5	<3 000	<2	TK7-454,TK655,TK431,S92,TK829,TK730,TK753

6.1.3　定量化单井注水

1) 选井原则

利用数值模拟对储集体的平面连通性、垂向连通性和底水连通性进行注水替油效果对比分析。

平面连通性:由于溶洞内是否充填以及充填方式不易确定,因此可通过渗透性表征溶洞内的连通性,模拟溶洞内不同连通性条件下的注水替油效果指标,评价其对注水替油效果的影响。分析模拟结果可知,溶洞平面连通性越好,注水替油效果越明显,注水替油增油量越多。

垂向连通性:如果不存在底水,垂向连通性对注水替油的影响和溶洞内平面连通性是一致的,但如果存在底水,底水能量和垂向渗透性将决定水锥的形成和扩展,影响到生产井的含水上升趋势。

底水连通性:模拟显示,在没有底水连通的情况下,注水替油的效果明显好于衰竭式开采,而在底水连通性好的情况下,两种开采方式的开采效果比较接近,这说明活跃的底水将降低注水替油的开采效果。分析其机理,对于衰竭式开采,活跃的底水将对缝洞单元的能量亏空起到良好的弥补作用,而且由于缝洞系统内垂向流动空间大,连通性好,油水界面的推进比较均匀,底水大大改善了衰竭式开采效果,削弱了注水替油的增产效果。

根据室内物理模拟实验和数值模拟研究结果,结合现场注水替油效果分析,逐步建立注水替油选井原则:

(1) 生产表现为定容特征、由于能量不足导致产量递减快的油井为优;

(2) 位于发育良好的溶洞型储集体处的油井为优;

(3) 生产后期表现为低含水或不含水的油井为优。

2) 注水时机

利用数值模拟方法分析了不同注水时机下注水替油效果。

注水参数设计：油井依靠天然能量开采阶段参数设计为定液量生产，自喷结束地层压力为 52.6 MPa，机抽废弃压力为 26.5 MPa。注水替油阶段参数设计为每轮次注水 5 d，注入进度 400 m³/d，周期注水 2 000 m³，焖井 4 d 后开井生产。

由模拟结果可知，在转抽至废弃压力后进行注水，累积产油量提高更为明显，如图 6-14 所示。

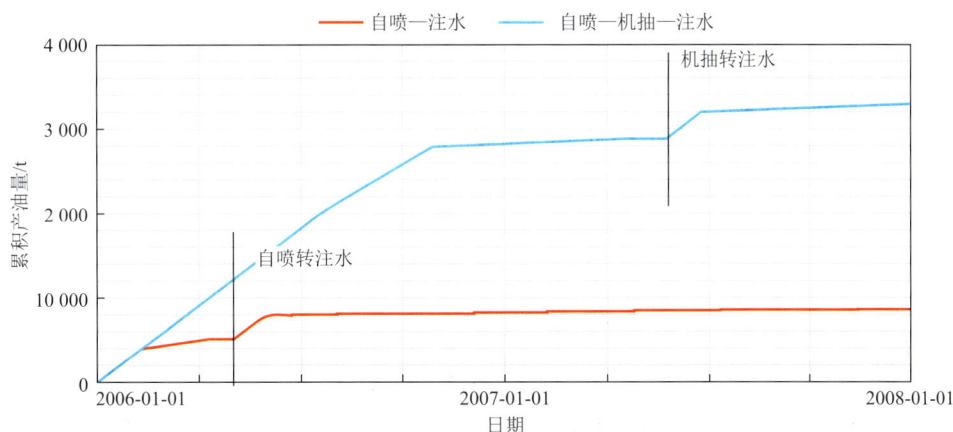

图 6-14　不同生产方式下注水替油效果对比

因此，油井要尽可能利用天然能量开采，在后期地层压力难以维持正常机抽生产时再进行注水替油。

3）注采比

模拟一个生产周期累积注水量为 1 200～7 000 m³ 的累积产油量。结果表明，对于周期注水替油开采方式，存在一个最佳周期累积注水量。对于上述机理模型，最佳周期累积注水量为 1 800 m³。当注入量较低时，能量补充不够，注水替油不充分；当注入量超过最佳周期累积注水量以后，油水界面抬升，含水率大幅上升，开采效果变差（图 6-15）。

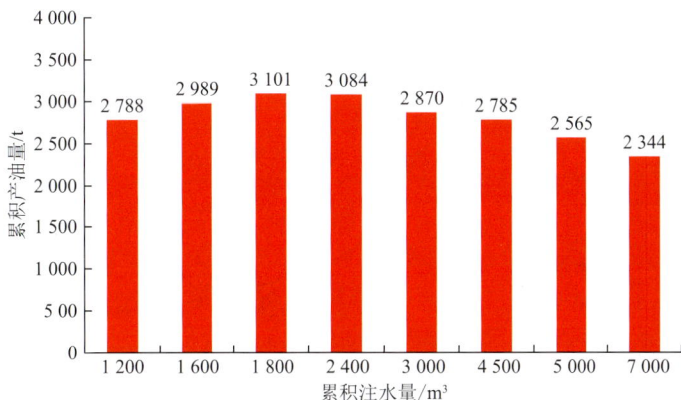

图 6-15　累积注水量对产量的影响

因此，注采比与注水量有关。注水替油的注采比定义为周期累积注水量与上一周期产液量在地层条件下体积的比值。

在注水替油现场试验的基础上,利用周期含水率与周期累积产油量的关系将注水替油划分为 3 个实施阶段:含水率小于 20% 时为注水替油早期,含水率 20%～80% 时为注水替油中期,含水率大于 80% 时为注水替油后期。

分析注水效果较好的井周期注采比与周期方水换油率可知,溶洞型储集体的油井,早期注采比为 0.8～1.0、中期注采比为 1.0～1.2、后期注采比为 1.2～1.5 时,注水替油效果较好;裂缝型储集体的油井,早期注采比为 0.6～0.8、中期注采比为 0.8～1.0、后期注采比为 1.0～1.2 时,注水替油效果较好。

4) 注水速度

从流动机理上分析,注水速度越高,注入水的波及范围越广;相反,注水速度越慢,在重力分异的作用下,注入水大部分沿垂向沉入溶洞底部。用数值模拟的方法对比了周期累积注水量为 2 000 m³,注水速度分别为 1 000 m³/d 和 200 m³/d 的情况。模拟结果表明,对于快速注入的情况,注水期末平面波及范围直径达到 55 m,而对于慢速注入的情况,注水期末平面波及范围直径仅为 25 m,如图 6-16 所示。

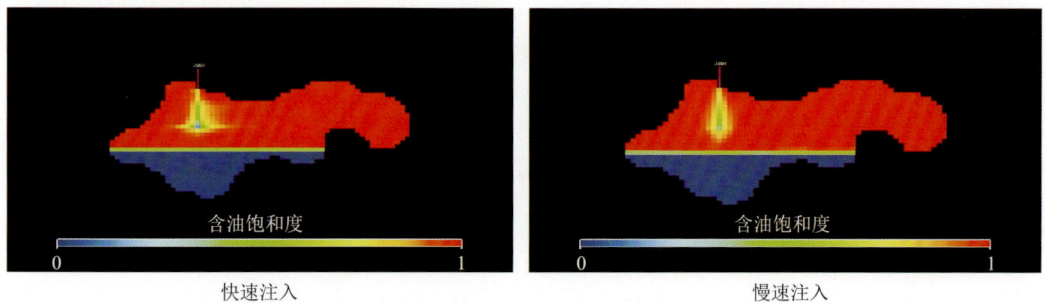

图 6-16 注水速度对波及范围的影响

在周期累积注水量为 2 000 m³ 的情况下,分别模拟不同注水速度时的周期产油量。模拟结果表明,注水速度有一个最佳值,如图 6-17 所示。显然,注水速度过低,注入能量得不到最佳利用,虽然此时周期产油量相对较高,但达不到最高,且开采时效很低,影响生产;注水速度过高,注入水易把油向远离井的方向驱替,不利于替油。

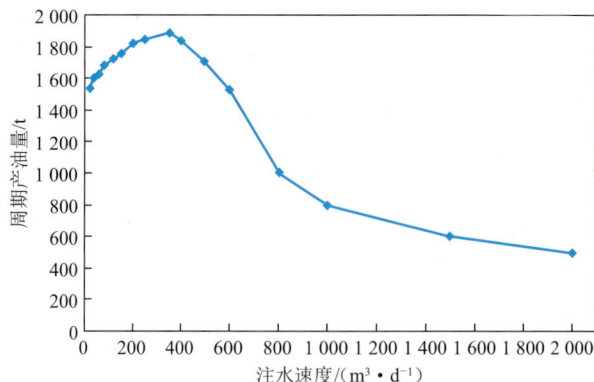

图 6-17 不同注水速度下周期产油量图

结合现场实际分析注水受效井注水速度与生产初期日产液量比值和方水换油率关系

可知,随着注水速度与生产初期日产液量比值增大,方水换油率增大;注水替油注水速度是生产初期日产液量的 2～4 倍时,方水换油率较低,注水效果较好,如图 6-18 所示。

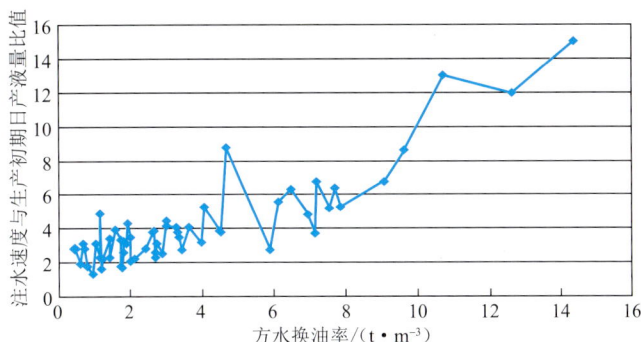

图 6-18 注水受效井注水速度与生产初期日产液量比值和方水换油率统计

溶洞型储集体的油井比裂缝型储集体的油井生产初期日产液量大,因此在注水替油过程中,溶洞型储集体的油井注水速度一般要大于裂缝型储集体的油井。统计表明,溶洞型储集体的油井一般注水速度为 $200～400$ m^3/d,裂缝型储集体的油井注水速度一般为 $100～200$ m^3/d。

5）注入压力

生产初期注入压力相对较低,随着注入周期的增加,注入压力逐渐提高。注水试验表明,油井注水替油时每周期初期注入压力较低,注水结束时压力有所上升。一般第一注水周期初期注入压力为 $0～3.6$ MPa,平均为 0.95 MPa;注水结束时注入压力为 $0～23.8$ MPa,平均为 7.78 MPa。而且随着注水周期的增加,累积注水量增加,储集体前期亏空得到弥补,注入压力会逐渐增加。

一般注入压力设计时,要根据井口承压能力而定,自喷井井口压力可以设计至 20 MPa,机抽井井口设计压力在 15 MPa 左右。

6）焖井时间

对注水替油期间油井焖井时间进行对比模拟,模拟结果显示,对于机理模型,最佳焖井时间为 7 d,焖井时间继续延长,累积产油量提高幅度很小。因此注水后焖井期间,油水发生重力分异,焖井时间越长,越有利于油水的充分置换,提高原油的动用程度,但置换完成后,继续焖井就无效益可言了。从时效的角度,焖井时间应该有一个最佳值。

不同油井焖井时间不一样,需要在实践中摸索。现场试验表明,油水重力分异基本结束的表现为自喷井井口压力由上升(下降)趋于平稳,机抽井液面基本平稳。统计表明,溶洞型储集体的油井一般焖井时间为 $2～4$ d,裂缝型储集体的油井由于油水分异慢,一般需 $10～25$ d。

7）开井工作制度

水锥形成的直接原因是生产井井底压力与油藏压力之间存在压差,理论上压差越大,水锥形成的驱动力也就越大。机理模型的模拟结果表明,当日产液量小于 120 m^3/d 时,随着日产液量的提高,见水时间急剧缩短(图 6-19)。从累积产油量的角度出发,日产液量过低时时效较低,日产液量过高时由于见水时间缩短,导致开采效果变差。因此实际注水替油生产中,参照油井前期正常生产含水稳定时的工作制度,优化设计注水替油阶段的开井工作制度,总体原则是开井日产液量不高于注水前正常生产时的日产液量。裂缝型储集体的油井由于置换速度相对较慢,宜采用日产液量较小的工作制度;水体弱的溶洞型储集体的油井,初中期可以采用日产液量较大工作制度生产以提高时效。

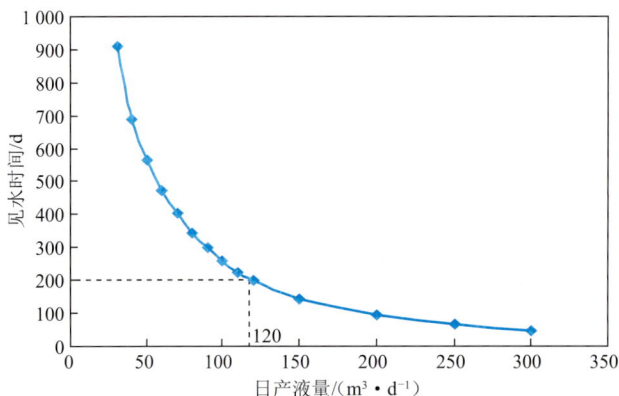

图 6-19 等效定容性的双重介质模型开井见水时间-日产液量关系

在上述研究成果的基础上,通过不断分析总结注水替油现场实施效果,建立并完善了一套注水替油现场操作标准,主要包括选井原则、注水时机、注采比、注水速度、注水压力、焖井时间、开井工作制度,见表 6-3。

表 6-3 注水替油现场操作标准

序号	项目	参考标准		
1	选井原则	① 生产表现为定容特征、由于能量不足导致产量递减快的油井为优; ② 位于发育良好的溶洞型储集体处的油井为优; ③ 生产后期表现为低含水或不含水的油井为优		
2	注水时机	尽可能利用天然能量开采,在后期地层压力难以维持正常机抽生产时再进行注水替油		
3	注采比	储集体类型	注水替油早期	注水替油中期	注水替油后期
		溶洞型	0.8~1.0	1.0~1.2	1.2~1.5
		裂缝型	0.6~0.8	0.8~1.0	1.0~1.2
4	注水速度	油井生产层段初期日产液量的 2~4 倍		
5	注入压力	根据井口承压能力而定,自喷井井口压力可以设计至 20 MPa,机抽井井口设计压力在 15 MPa 左右		
6	焖井时间	自喷井井口压力由上升(下降)趋于平稳,机抽井液面基本平稳		
7	开井工作制度	开井日产液量不高于注水前正常生产时的产液量,溶洞型储集体的油井所采用的工作制度可适当大于裂缝型储集体的油井		

6.2　单元注水

6.2.1　单元注水原理及技术简介

塔河油田碳酸盐岩缝洞型油藏多井缝洞单元采收率普遍偏低,注水效果远不及单井注水替油,本着先易后难的原则,单元注水开发实施落后于单井注水 1～2 年。井间储层的连通性是影响单元注水效果的关键因素,以 TK449H 井组和 S48 井组为例,井间的连通性与注水效果之间表现出明显的正相关关系(表 6-4)。

表 6-4　典型单元连通性与注水效果的对应关系

井　　组	注水井	受效井	连通级别	受效程度
TK449H 井组	TK421CH	TK462H	I	明　显
	TK427		II	一　般
	TK427CH		II	明　显
	TK440	TK449H	I	明　显
	TK421CH		I	明　显
	T402		II	明　显
S48 井组	TK430CX	T401	II	一　般
	S48		I	明　显
	TK426	S48	II	一　般
	TK411		II	一　般
	TK425CH		II	一　般
	TK408	TK467	III	一　般
	TK411		II	一　般
	TK425CH	TK410	III	一　般
	TK458H		I	明　显

塔河油田碳酸盐岩缝洞型油藏单元注水原理主要包括:注水驱替、注水替油、平衡边底水、井组的注水压锥。

(1)注水驱替的原理和常规油藏相同,注水井注入的地层水将注采井间的原油向生产井驱扫,当驱替前缘到达生产井时,油井见水,见水后生产井的含水率不断上升。

(2)井间注水同样存在注水替油现象。其原理在于井间储层具有强非均质性,井间缝洞体构成的储集空间底部高低起伏,往往形成多级遮挡,同时重力作用导致注入地层的水快速向储层底部流动,注入的地层水与原油形成置换。

(3)平衡边底水。边底水与油藏的连通方式为局部性连通,推进时往往呈点状、起伏入侵等非均衡方式入侵,导致油井快速见水。通过注水可改变压力场分布,恢复储层压力,达到抑制边底水入侵速度、改变驱油路径的目的,改变剩余油气分布。

（4）井组的注水压锥。其原理与单井注水压锥相同，但井组的注水压锥要求井组内的所有井同时注水、同时关井、同时开井生产。

6.2.2　定量化单元注水

1）研究理论和方法

油藏介质的复杂性表现在储集空间类型多、形态复杂、尺度变化大、空间的组合关系复杂等方面。碳酸盐岩缝洞型油藏是最典型的复杂介质油藏，储集空间包括裂缝、孔隙、溶洞，其中裂缝和溶洞的尺度变化范围非常大，从微米到数百米，跨度很大，相差数个数量级，若每种储集空间具有不同尺度，就应该处理为不同的介质。实现定量化单元注水的关键在于认识油藏的三维地质模型和剩余油气分布，而碳酸盐岩缝洞型油藏的三维地质模型的缝洞空间展布和物性分布认识困难。三维地质模型结合油藏数值模拟技术是定量化认识油藏复杂地质模型和剩余油气分布的主要方法，在此基础上结合实际单元注水效果来总结定量化多井单元注水。

现有的商业软件的理论基础主要是裂缝-基岩双重介质模型。近年来，Schlumberg 公司的 Eclipse 软件成功构建出了三重介质模型。相比真实的复杂介质油藏，当前的商业软件具有以下不足：

（1）在很多情况下，油藏中的大尺度储集体并不适合处理为连续介质。根据连续介质的理论，只有当多孔介质的特征尺度远远小于研究对象时才能作为连续介质。

（2）多重介质的数值模拟与试井不同，在进行计算之前，需要输入窜流系数。现有的双重介质模型主要基于裂缝-基岩双重介质模型建立，窜流的计算公式则依据多种基岩-裂缝双重介质模型。目前还没有其他类型介质组合的窜流计算公式，这极大地限制了现有商业软件的应用范围。

（3）油藏的介质类型往往不仅限于 2 种或者 3 种，还可能存在 3 种以上的介质类型。

（4）低充填度或未充填的大尺度裂缝或溶洞内的流动规律严格上讲并不服从达西定律。

针对商业软件的上述不足，采用以下解决方法。

第一步：区分连续介质和不连续介质。

岩石中的孔隙、微小的裂缝，其特征体积小，大多数油藏中的溶洞特征尺度也较小，不超过厘米级的一般处理为连续介质。大的裂缝以及断裂、断层的特征尺度达数十米以上，分布间距大，不适合处理为连续介质；大尺度的缝洞在储集能力和流动能力方面远远高于微小裂缝和微小孔洞，且分布周期性差，具有随机性，不适合处理为连续介质。因此，整体上不能处理为多重连续介质模型。在数学模型中，大尺度缝洞在三维空间上的展布与真实油藏的缝洞体基本一致时才能反映出流体在油藏中的流动，即对大尺度缝洞采用不连续介质模型。

第二步：按照缝洞重组型双重介质模型建立油藏模型。两种介质能否处理为双重介质需要满足两大原则：① 存在不同类型的储集空间，每种类型的储集空间都能够处理为连续介质；② 两种介质间的窜流表现出标量特征（窜流项可以简化为源汇项）。

如果两种介质不满足条件①，则需要将不满足连续介质的储集空间类型（如大尺度裂缝和溶洞)处理为离散介质;如果满足条件①但不满足条件②,则两种介质复合为一种介质。

具体到塔河油田碳酸盐岩缝洞型油藏,裂缝-溶洞型油藏存在两种不同类型的介质,其窜流的方向性是否可以忽略取决于单元体中裂缝和溶洞的空间组合关系。图 6-20(b)为两种常见的裂缝和溶洞组合类型。类型Ⅰ中溶洞与裂缝的组合呈葡萄状,溶洞与裂缝的出入口只有一个,而且可以近似处理为一个点,因此可忽略窜流的方向。类型Ⅱ中溶洞与裂缝有多个出入口,流体流动不满足各向同性,同时窜流的出口和入口也不能近似处理为一个点,即渗流模型中的窜流量不能处理为标量,因此不能处理为裂缝-溶洞双重介质模型。大量应用表明,将裂缝与溶洞处理为复合的单重介质比较好,在此情况下溶洞相当于砂岩孔隙中的孔隙,而裂缝相当于孔喉。

第三步:确定运动方程。

大多数油藏渗流力学的运动方程可采用达西公式,但碳酸盐岩缝洞型油藏可能存在大尺度的孔隙空间,并不适用达西公式。例如,塔河油田碳酸盐岩缝洞型油藏由于特殊的成藏历史地史,大量在地表形成的大型孔隙空间在地下幸存下来,孔隙尺度可达数米甚至数十米,其内部的流动规律属于自由流动,应该采用 Navier-Stokes 方程来描述,但 Navier-Stokes 方程很难与达西公式耦合解决实际油藏的开发问题。这一方面是因为连续介质区达西公式和空腔流区 Navier-Stokes 方程相比可流动性相差多个数量级,导致形成的数值模拟的方程组具有超强的非均质性,耦合计算很难收敛;另一方面是因为还没有商业化的油藏数值模拟软件能够实现大规模的模拟计算,所以采用如下技术实现等效模拟。

方法一:采用渗透率保比截断法处理渗透率,实现等效渗流模拟,具体描述如下。

(1) Navier-Stokes 模型所描述的未充填溶洞在一些简单的条件下表现出管流的特征,如水平管状、垂直管状以及倾斜管状的溶洞中的流动都可以作为管流处理,由于管壁不同于通常的固壁,是多孔介质,因此将其作为似管流模型。当关注的焦点是整体流动时,对于单相流体可采用达西定律,而多相流由于要考虑流体的分布形态,因此应慎重采用相关定律。

(2) 当油井产量不高,渗透率大于一定程度时,再增大渗透率对油藏流动的影响可忽略。由此可知,如果将自由流动区域的等效渗透率设置得足够大,就有可能采用渗流模型来等效模拟 Navier-Stokes 模型。

(3) 根据 Navier-Stokes 模型,流体在溶洞中心的速度高于边部,因此在采用渗流模型等效模拟 Navier-Stokes 模型时,应考虑这种非均质性。

方法二:采用超导流缝洞模型。

超导流缝洞模型指缝洞体具有超强的导流能力,传导系数趋于无限大,与试井理论的无限导流概念在本质上相同。该方法的关键在于将缝洞体按等势体处理,即缝洞体内部的势处处相等,而流体的分布按重力分异和物质守恒方程描述或者根据实验测量的分布规律描述。

第四步:确定裂缝-基岩双重介质模型与油藏缝洞双重介质-离散缝洞介质模型的对应关系。

塔河油田碳酸盐岩缝洞型油藏以裂缝-溶洞组合为主,考虑上述因素,将裂缝-溶洞组合类型分为以下 4 种类型(图 6-20)。

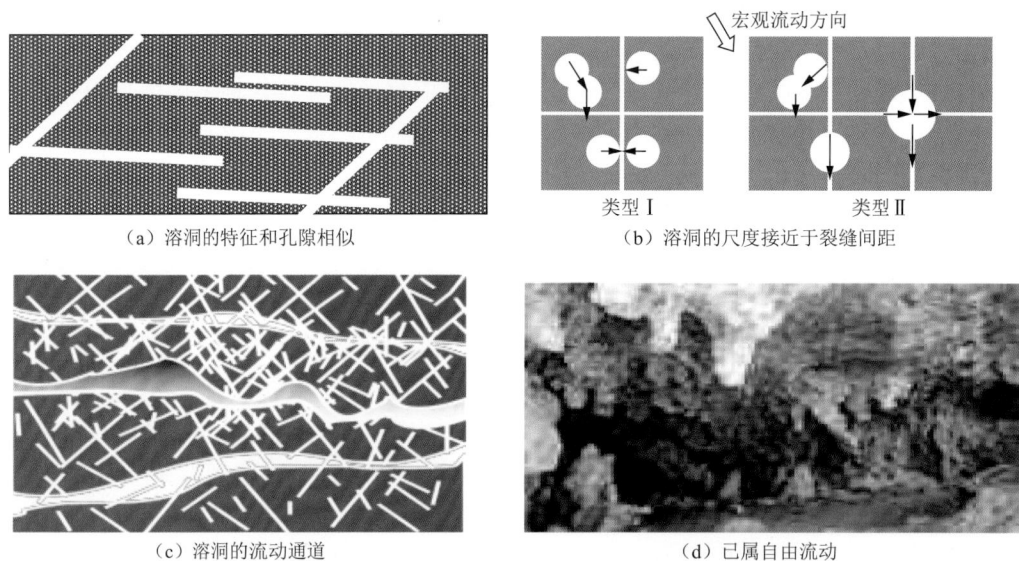

（a）溶洞的特征和孔隙相似

宏观流动方向

类型 I

类型 II

（b）溶洞的尺度接近于裂缝间距

（c）溶洞的流动通道

（d）已属自由流动

图 6-20　裂缝-溶洞结构分类示意图(a~c 中的缝洞都能处理为连续介质)

（1）溶洞的尺寸远小于裂缝间距，溶洞的渗透性也远远低于裂缝，此时溶洞和裂缝都可以处理为连续介质。这种类型中的溶洞对流动的作用类似于商业软件裂缝-孔隙模型中的孔隙，溶洞只是尺度稍大一些的孔隙，采用流动模型时可将溶洞介质处理为基岩。

（2）溶洞的尺寸小于裂缝间距，但相差不大，溶洞的渗透性也与裂缝接近，此时溶洞和裂缝都可以处理为连续介质。这种类型中的溶洞对流动的作用不能简单地处理为基岩，也不能把整个油藏简单地处理为双重介质模型，而是需要考虑窜流的方向性。如果窜流的方向性可以忽略，则可以把介质间的窜流处理为标量，整个油藏处理为双重介质模型。

（3）溶洞是主要的渗流通道，溶洞的渗透性远远大于裂缝，此时溶洞和裂缝都可以处理为连续介质。这种类型中的裂缝对流动的作用可处理为基岩。

（4）溶洞或裂缝尺度较大，此时已不适合将溶洞和裂缝处理为连续介质。对于没有充填的大尺度溶洞或裂缝应采用流体水动力数学模型来描述，而对于那些部分充填的溶洞或裂缝则可采用达西公式来计算，但是由于溶洞或裂缝的渗透性以及储集性与围岩存在显著差异，因此需要采用不连续介质模型。

2）关键参数优化

塔河油田碳酸盐岩缝洞型油藏定量化注水技术的关键在于注水关键参数的优化，并在此基础上形成注水的技术政策。下面以 S67 单元和 S74 单元为例建立油藏三维地质模型并进行油藏数值模拟，通过历史拟合等方法定量化认识油藏的地质模型、剩余油气分布和地层水分布。

根据数值模拟计算，S67 和 S74 单元剩余油主要分布在 c1 段（上部）、c2 段（中部），c3 段（下部）已基本上被水淹没，如图 6-21～图 6-24 所示。通过对局部剩余油进行分析可知，剩余油分布在局部构造高部位，形成"阁楼油"；生产井暴性水淹，导致井筒周边存在大量剩余油，连通性较差部位存在剩余油，致密层以下部位存在剩余油。

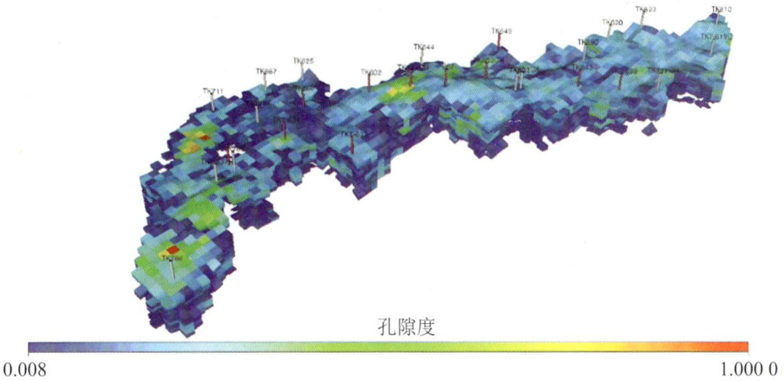

孔隙度

0.008   1.000 0

图 6-21　S67 单元数值模拟模型(孔隙度)

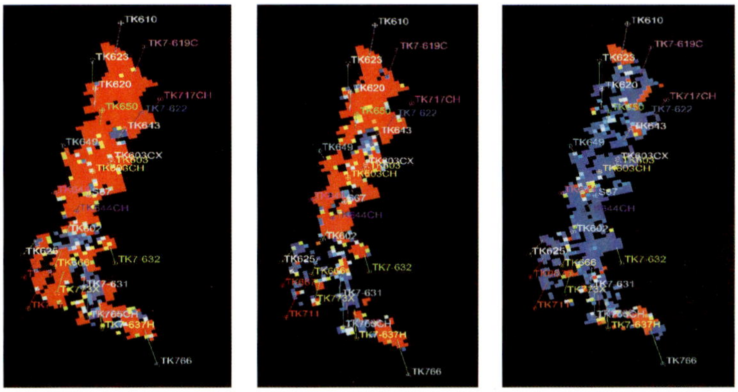

c1   c2   c3

图 6-22　S67 单元剩余油分布图

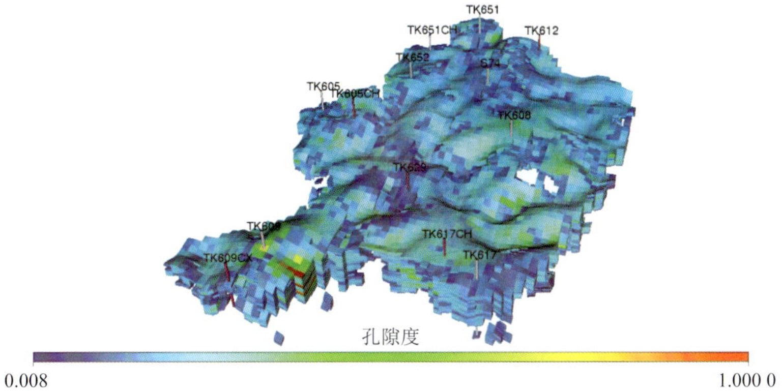

孔隙度

0.008   1.000 0

图 6-23　S74 单元数值模拟模型(孔隙度)

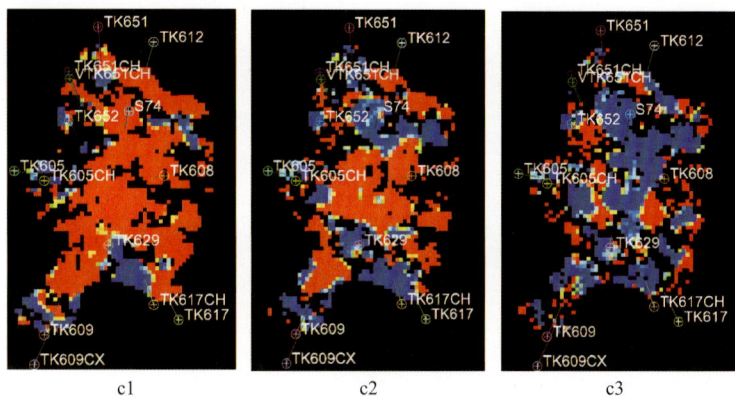

图 6-24 S74 单元剩余油分布图

　　统计多个缝洞单元的油藏数值模拟结果和现场注水开发结果,在塔河油田初步形成一套注水开发技术政策(表 6-5),为实现定量化单元注水奠定基础。

　　(1)因为油藏储层具有强非均质性,所以注采井网采用不规则井网。注采井数比主要受剩余油气分布、井位分布位置、储层连通性、边底水连通位置影响,注采井数比在1∶1.6～1∶2.5之间。

　　(2)注水时机与储集空间类型之间存在关系。从水驱特征存在差异的角度出发,储集空间类型分为溶洞型、孔洞型、裂缝型。注水时机主要考虑压力保持水平和生产井含水两个因素。总体上,较优的注水时机为:溶洞型储集空间内的压力保持水平为80%～90%,含水率为40%～50%;孔洞型储集空间内的压力保持水平不低于90%,含水率为20%～40%;裂缝型储集空间内的压力保持水平不低于90%,含水率越低越好。总体上,溶洞型储层的注水时机可晚于裂缝型,这是因为溶洞型储层重力分异效果更为明显,见水后可通过注水关井恢复主产层能量,压制低渗层的产水(原理类似于单井注水压锥)。溶洞型储层对于边底水连通位置的敏感性弱于裂缝型储层。

　　(3)注采方式受储集空间类型和注采井位置影响。缝注洞采、缝注孔洞采的方式优于洞注缝采。在注采井的注采层位方面,低部位注水、高部位采油效果更好。因为注水、注气开发过程中,注采井间的流线受重力作用影响大。如果在驱替路径上从高部位注入地层水,那么注入的地层水容易对原油进行切割,破坏剩余油的连续分布;而从低部位注入地层水,注入的地层水可直接到达储层底部,加快分异。

　　(4)注采比和注采周期根据数值模拟和物理实验结合现场注水方案综合确定。

表 6-5 多井缝洞单元注水开发技术政策

技术政策	政策指标		
注采井网	井网类型	不规则面积井网	
	注采井数比	1∶1.6～1∶2.5	
注水时机	储集空间类型	压力保持水平	含水率
	溶洞型	80%～90%	40%～50%
	孔洞型	≥90%	20%～40%
	裂缝型	≥90%	越低越好

续表 6-5

技术政策	政策指标		
注采方式	储集空间类型	缝注洞采、缝注孔洞采	
	注采井位置	低注高采	
注采比	含水阶段	缝注洞采	缝注孔洞采	洞注洞采
	中低含水阶段	0.4~0.6	0.6~0.8	0.4
	中—中高含水阶段	0.6~0.8	0.8~1.0	0.8
	高含水阶段	0.8~1.0	1.0~1.2	0.8
注采周期	周期注水优于常规注水		
	缝注洞采	短注长停	
	缝注孔洞采	长注短停	
	洞注洞采	短注长停	

下面对典型参数进行优化(以 TK449H 井组为例):

(1) 连续注水与周期注水日产油量及累积产油量对比如图 6-25 所示,由此可判断周期注水优于连续注水。

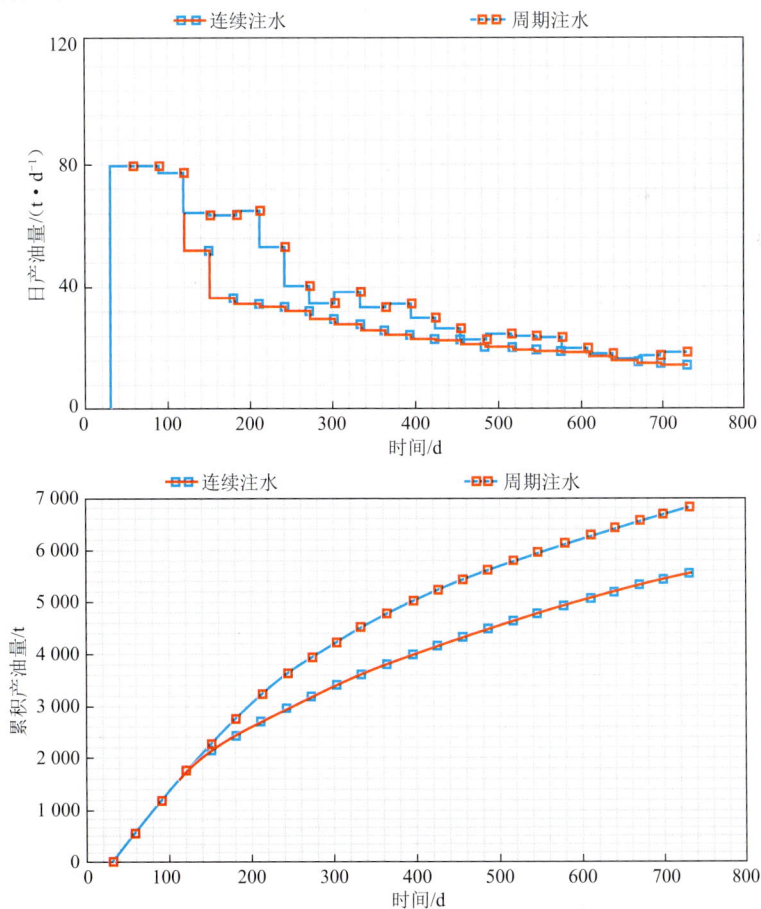

图 6-25　TK449H 井组连续注水与周期注水日产油量、累积产油量对比图

（2）采用洞注缝采、高注低采的方式进行连续注水与周期注水日产油量、累积产油量对比，如图 6-26 所示，由此可判断周期注水优于连续注水。

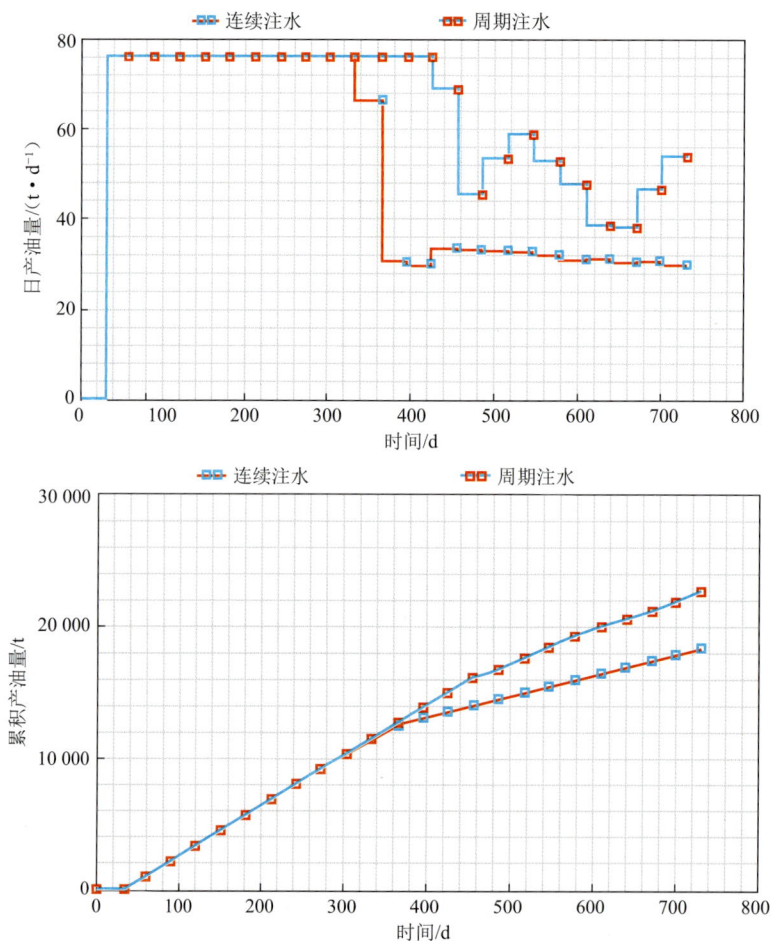

图 6-26　TK449H 井组连续注水与周期注水日产油量、累积产油量对比图

（3）不同阶段注水方式优化。

对不同注水方式下持续开采的累积产油量以及含水率等指标进行对比分析，以确定目前开发阶段最合适的注水方式。通过对比累积产油量、日产油量与含水率等曲线，验证了大排量周期注水和换向注水的合理性。设计的 5 套方案见表 6-6。

表 6-6　注水方式的详细对比如下表所示

方案编号	注水时机	注水方式	注水井	备　注
方案 1	早期（不注水）	衰　竭	—	基础方案
方案 2	前期（2005 年开始注水）	温和注水	T402、T403、TK446CH、TK405CH、TK411、TK421CH、TK440、TK476、S48	2005 年之前与方案 1 相同
方案 3	中期（2008 年开始注水）	温和周期注水	T402、T403、TK446CH、TK405CH、TK411、TK421CH、TK440、TK476、S48	2008 年之前与方案 2 相同

方案编号	注水时机	注水方式	注水井	备　注
方案 4	后期 （2012 年开始注水）	大排量周期注水	T403,TK446CH, TK440,TK421CH,T401,S48	2012 年之前与 方案 3 相同
方案 5	晚期 （2014 年开始注水）	大排量换向注水	TK462H,TK486,S48,T401, TK469,T403	2014 年之前与 方案 3 相同

按照上述 5 个方案分别进行生产,油藏数值模拟显示累积产油量分别为 0.86×10^6 m³, 0.96×10^6 m³, 1.02×10^6 m³, 1.09×10^6 m³, 1.15×10^6 m³,含水率分别为 0.868, 0.837,0.786,0.767,0.736。综合累积产油量和含水率,可发现方案 5 优于其他方案 (方案 5＞方案 4＞方案 3＞方案 2＞方案 1),如图 6-27 所示。

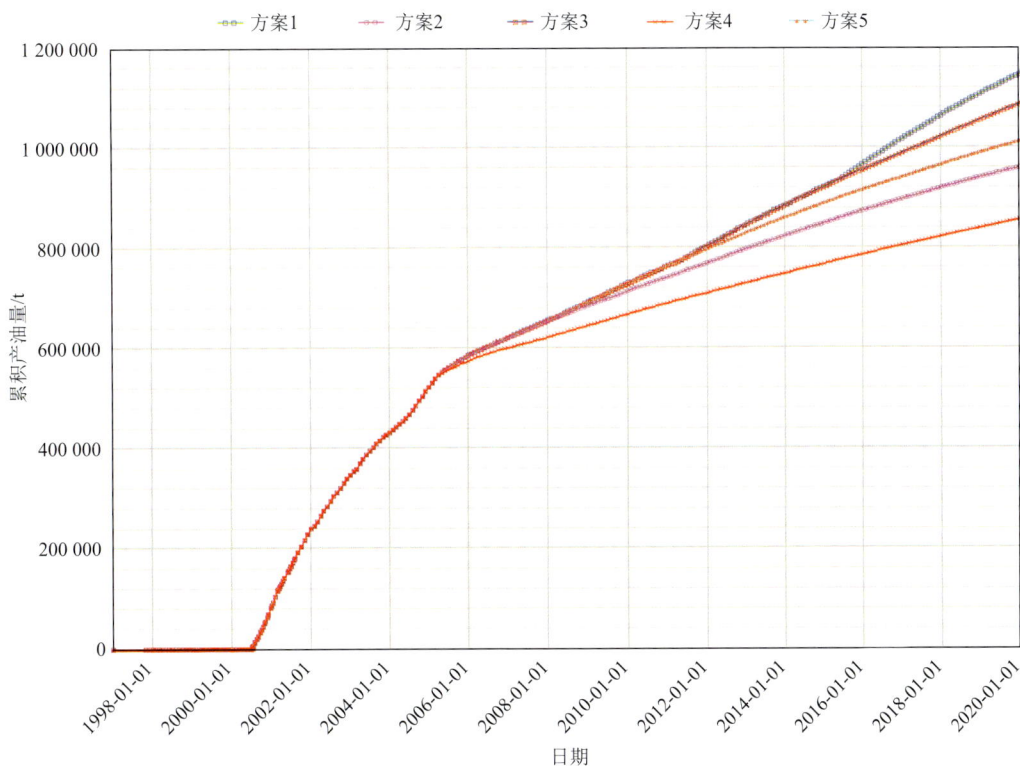

图 6-27　TK449H 井组不同阶段不同注水方式累积产油量对比图

TK449H 井组初期衰竭开采,2005 年后利用 TK440 与 TK421CH 井进行持续注水, 2008 年后进行周期注水。通过分析井组矛盾,认为长期注水形成的井间优势水流通道导致水窜,从而降低注水效果,因此提出转为大排量周期注水,改变地下渗流场,在注水失效后再改用换向注水,TK462H 转注水井,进行大排量换向注水。大排量周期注水相比温和周期注水能够增大注水驱油波及面积,表现为两口井之间剩余油含油饱和度明显降低,继续改为大排量换向注水进一步增加注水驱油波及范围,提高注水效果。

(4) 周期注水时机优化。

TK449H 井组北部选择 TK421CH 井注水,TK462H,TK449H 井采油。共设计 6 个

方案,分别在含水率为 55%,60%,65%,70%,75%,80% 时开始进行周期注水,注采比为 4:1,TK421CH 井日注水量为 400 m³/d,TK462H 井和 TK449H 井日产液量均为 50 t/d,注 3 月关 6 月。基础方案为历史拟合方案。

通过对比 TK449H 井组在不同方案下的累积产油量(图 6-28)、日产油量以及含水率可以看出,含水率为 80% 时开始进行周期注水效果最佳。

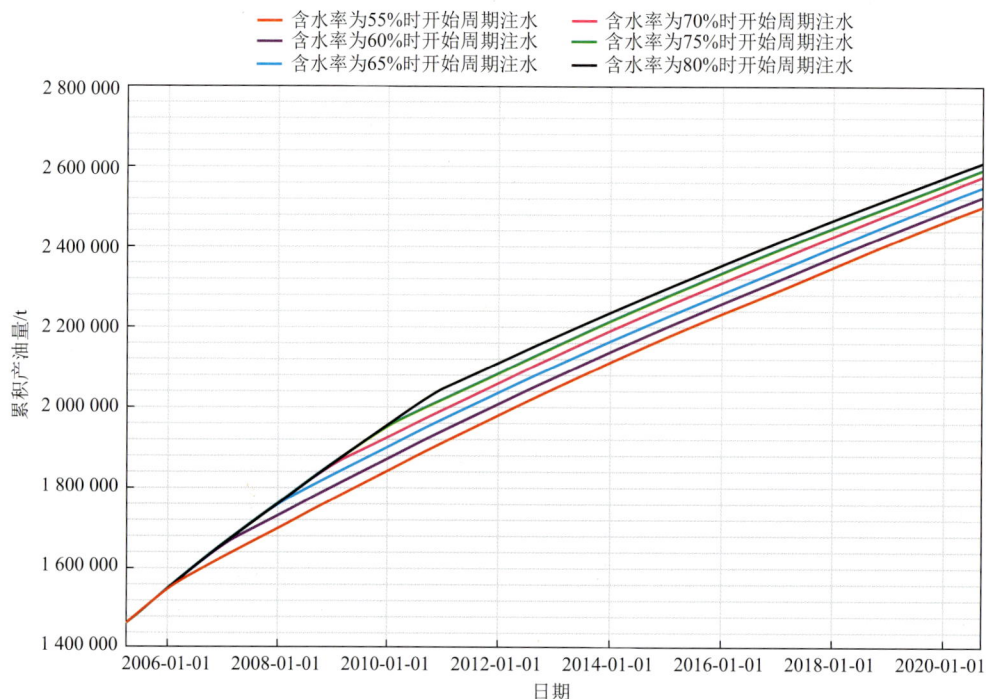

图 6-28 TK449H 井组不同方案下的累积产油量对比图

(5)周期累积注水量优化。

对注水量优化主要参照前期注水量,设计 TK421CH 井与 TK427CH 井的周期累积注水量分别为 $4×10^4$ m³,$5×10^4$ m³,$6×10^4$ m³,$7×10^4$ m³ 4 个方案。对比不同方案的生产指标,得到最佳周期累积注水量为 $5×10^4$ m³ 时累积产油量最高(图 6-29),含水率最低。

(6)注水周期优化。

为了研究最佳注水周期,结合现场实际,设计了 6 个注水方案,注水周期分别为 10 d,20 d,30 d,40 d,50 d,60 d。对比 3 年中不同注水周期下油水的各项指标,得到最佳注水周期。对比方案显示,注水周期为 50 d 时效果最好(图 6-30)。该方案生产井在相同的配产条件下,累积产油量最高,含水率最低。分析认为,这与大排量注水后通过关井消除注入水体的快速突破有关。

从剩余油分布及变化规律可明显看出周期为 50 d 的方案相比其他方案,无论在平面上还是流线分布上,注水驱油波及范围更大,因此开发效果更好。流线图体现了水驱油的流动过程,同样反映出关井时间消除了高速注水产生的水流通道。

(7)间注周期优化。

在前面的方案中,确定了最佳注水周期为 50 d,在确定最佳注水周期后,结合现场实

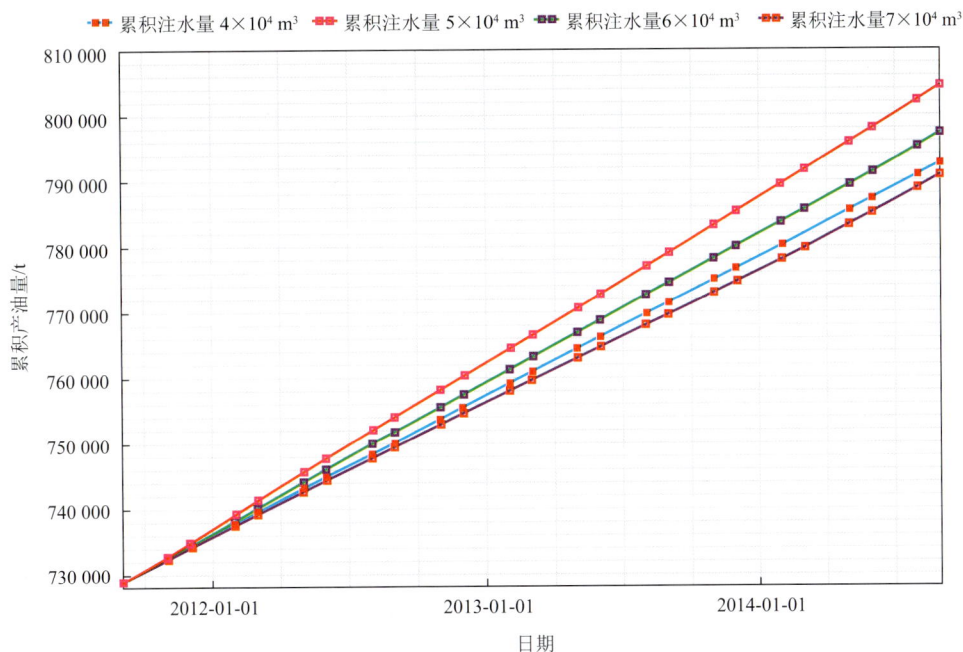

图 6-29　TK449H 井组不同周期累积注水量下累积产油量对比图

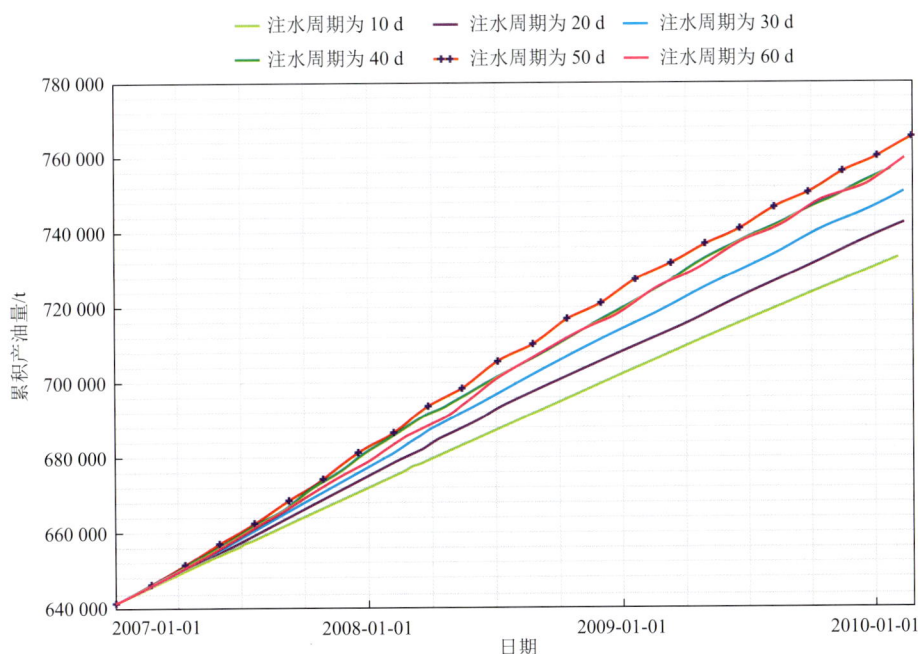

图 6-30　TK449H 井组不同注水周期下累积产油量对比图

际,设计了 4 个间注周期方案,分别是注 10 d 停 40 d、注 20 d 停 30 d、注 30 d 停 20 d、注 40 d 停 10 d。对比 3 年中不同间注周期下油水的各项指标,得到最佳间注周期。对比方案显示,注 40 d 停 10 d 时开发效果最好(图 6-31)。该方案生产井在相同的配产条件下,累积产油量最高,含水率最低。分析认为,这与大排量注水后通过关井消除注入水体的快速突破有关。

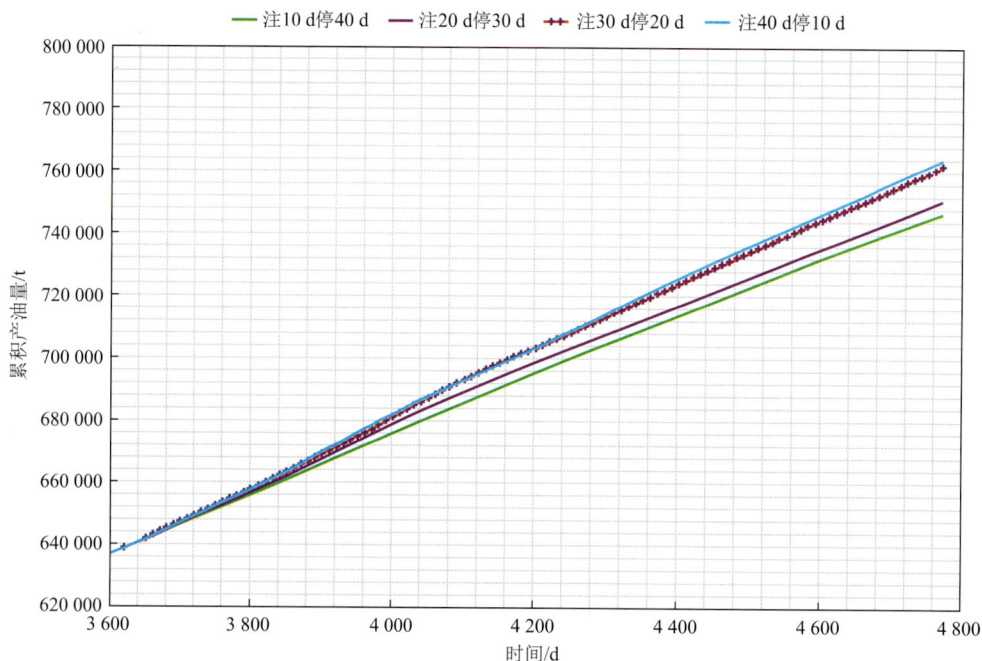

图 6-31　TK449H 井组不同间注周期下累积产油量对比图

从剩余油分布及变化规律可明显看出,注 40 d 停 10 d 的方案相比其他方案,无论是在平面上还是流线分布上,注水驱油波及范围更大,因此开发效果更好。流线图体现了水驱油的流动过程,同样反映出关井消除了高速注水产生的水流通道。

（8）注采比优化。

注采比优化主要参照前期注采比,设计 TK449H 井组注采比分别为 1:1,2:1,3:1,4:1,5:1,6:1。对比不同注采比条件下油水的各项指标可知,最佳注采比为 4:1,该方案下的累积产油量最高（图 6-32）,含水率最低。

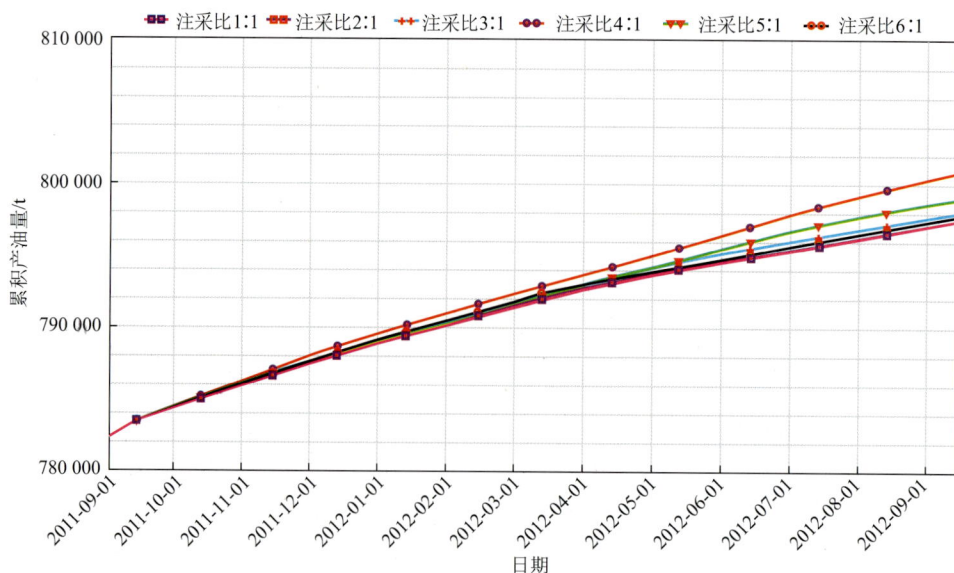

图 6-32　TK449H 井组不同注采比下累积产油量对比图

（9）注水速度优化。

为了确定最佳注水速度，在周期累积注水量及注水周期确定的情况下，设计 4 个方案，即注水速度分别为 600 m^3/d，800 m^3/d，1 000 m^3/d，1 200 m^3/d。通过对比不同方案下油水的各项指标，得到最佳注水速度为 600 m^3/d（图 6-33）。

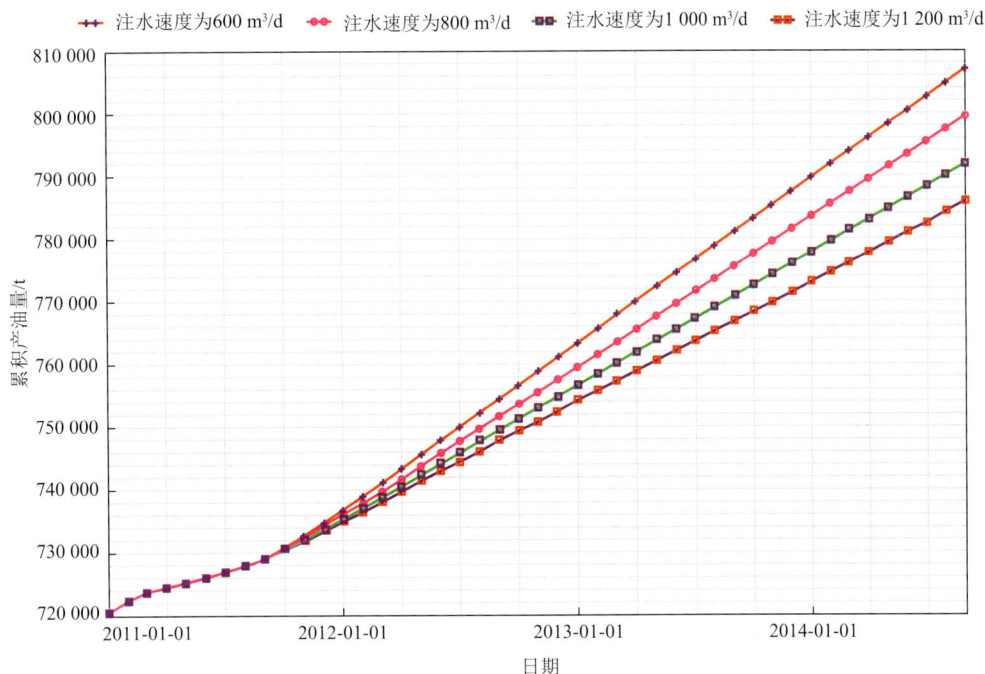

图 6-33　TK449H 井组不同注水速度下累积产油量对比图

（10）换向注水参数优化。

选择 TK462H 为 TK449H 井组换向注水的注水井。下面主要研究换向注水量、换向注水时机优化等。

① 换向注水量优化。

设计 TK449H 井组换向注水量分别为不进行换向注水（基础方案），6×10^4 m^3，8×10^4 m^3，10×10^4 m^3。通过对比上述 4 种方案发现，换向注水量为 8×10^4 m^3 时，注水效果最佳（图 6-34）。

② 换向注水时机优化。

换向注水时机优化基于目前注水受效状况与井组亏空率。对于注水有效的注采井，依据井组亏空率进行换向注水，对比不同方案下的各项油水指标，得到最佳换向注水时机；对于注水亏空的注采井，依据采油井周围剩余油富集量，选择合适的注水时机进行换向注水。

设计注水时机分别为不换向注水（基础方案）、含水率 75% 时、含水率 80% 时、含水率 85% 时。通过对比上述 4 种方案发现，含水率为 80% 时，注水效果最佳（图 6-35～图 6-37）。

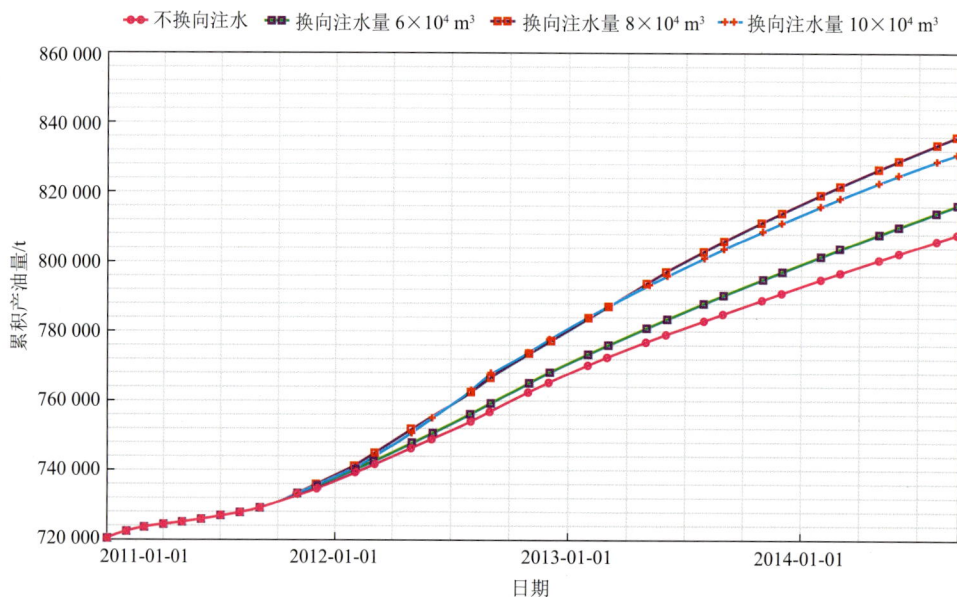

图 6-34 不同换向注水注水量下累积产油量对比图

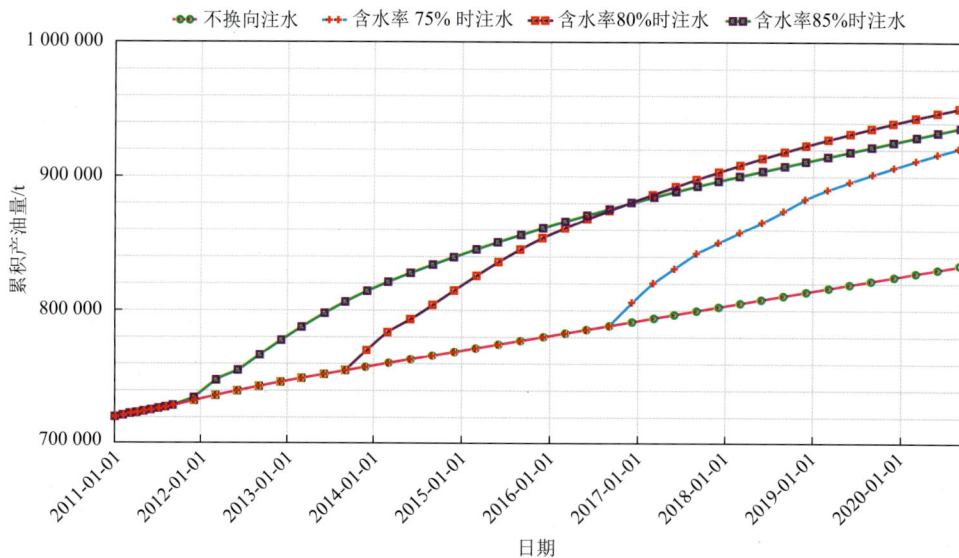

图 6-35 不同换向注水时机下累积产油量对比图

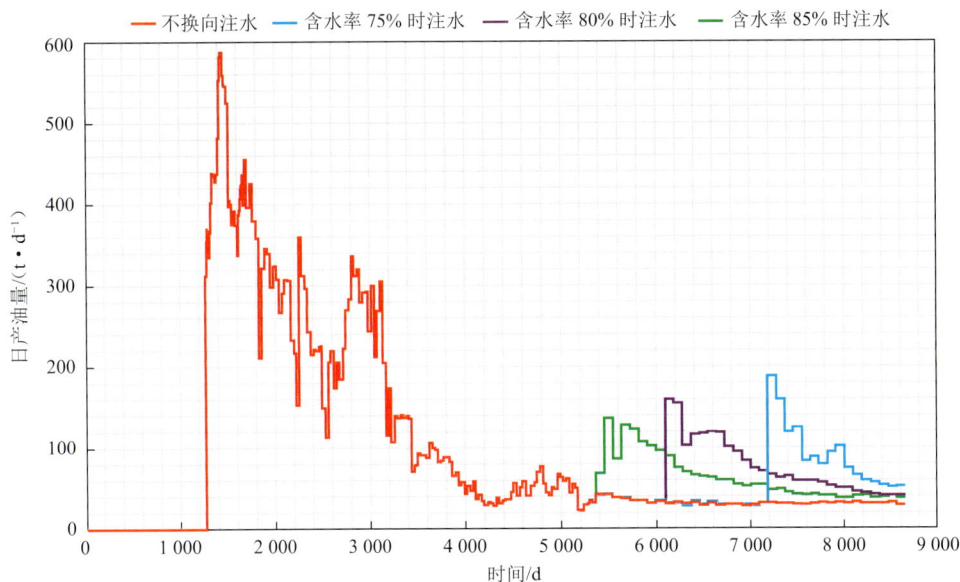

图 6-36　不同换向注水时机下日产油量对比图

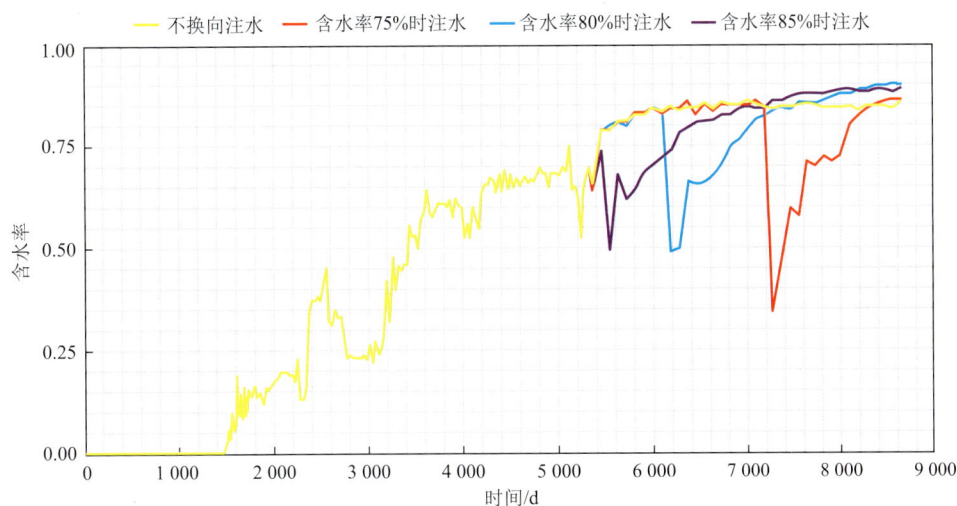

图 6-37　不同换向注水时机下含水率对比图

6.2.3　单元注水效果评价

单元注水效果的评价步骤为评价指标体系建立、评价指标界限划分、评价指标权重设置、水驱效果综合评价、水驱综合评分分布规律研究。根据评价需要,按照单元整体、井组分别建立评价系统。

1) 评价指标体系建立

根据注水效果评价指标,最终形成单元注水效果评价指标体系,体系基本涵盖不同尺度下注水效果评价的需求(表 6-7),且综合考虑了以下 3 个问题:

表 6-7 单元注水效果评价指标体系

类　别	目前评价指标	作　用	评价意义
井网完善类	水驱缝洞控制程度	评价井网完善程度	从井网构建角度评价
	水驱缝洞波及系数		
注采平衡类	累积注采比	评价注采效率情况	从开发政策角度评价
	能量保持程度	评价储层保压情况	
开发水平类	存水率	评价水驱开发水平、驱替效果	从注水效果角度评价
	含水上升率		
效果效益类	提高采收率	评价注水效果产生的效益	从效果效益角度评价
	方水换油率		

（1）有效性，即评价尺度的改变对指标有无影响？

（2）适应性，即指标是否适用于评价井组？

（3）准确性，即指标能否准确地计算出来？

碳酸盐岩缝洞型油藏水驱效果评价计算的主要流程有：

（1）基于各个指标的界限划分。通过聚类分析法以及因素分析法判定各个指标的范围界限。

（2）基于各个指标的权重计算。对每一个注水评价指标计算权重值，通常采用基于Delphi方法的层次分析法，最大程度减小专家打分系统产生的随意性和不一致性，快速实现指标权重系统的建立。

（3）基于各个注水单元的综合评价。在界限划分以及指标权重建立的基础上，采用模糊综合评价方法，实现各个注水单元的评价分析。同时基于BP神经网络方法，充分利用其包含多隐层神经元的自适应学习能力，实现各个注水单元注水效果的评价分析。

2）评价指标界限划分

通过聚类分析法以及因素分析法，得到注水单元不同含水阶段评价指标界限如下。

（1）低含水阶段评价指标界限（表 6-8）。

表 6-8 低含水阶段评价指标界限划分成果汇总表

指标类型	低含水阶段（<40%）		
	优	中	差
提高采收率/%	>8	3～8	<3
方水换油率/%	>35	15～35	<15
水驱缝洞动用程度/%	>40	25～40	<25
水驱缝洞波及系数/%	<30	15～30	>15
能量保持程度/%	>95	88～95	<88
存水率/%	>83	42～83	<42
含水上升率/%	<3	3～6	>6
累积注采比	<0.15	0.15～0.45	>0.45

（2）中含水阶段评价指标界限（表 6-9）。

表 6-9　中含水阶段评价指标界限划分成果汇总表

评价指标	中含水阶段(40%～80%)		
	优	中	差
提高采收率/%	>7.5	2.5～7.5	<2.5
方水换油率/%	>30	10～30	<10
水驱缝洞动用程度/%	>35	20～35	<20
水驱缝洞波及系数/%	>90	85～90	<85
能量保持程度/%	>80	40～80	<40
存水率/%	<3.8	3.8～7	>7
含水上升率/%	<0.2	0.2～0.5	>0.5
累积注采比	<0.17	0.17～0.47	>0.47

（3）高含水阶段评价指标界限（表 6-10）。

表 6-10　高含水阶段评价指标界限划分成果汇总表

评价指标	高含水阶段(>80%)		
	优	中	差
提高采收率/%	>8	3～8	<3
方水换油率/%	>30	10～30	<10
水驱缝洞动用程度/%	>38	21～38	<21
水驱缝洞波及系数/%	>60	35～60	<35
能量保持程度/%	>90	85～90	<85
存水率/%	>80	40～80	<40
含水上升率/%	<3.8	3.8～7	>7
累积注采比	<0.2	0.2～0.5	>0.5

3）评价指标权重设置

根据前期确定的评价指标，结合油田注水基本原理，以及碳酸盐岩缝洞型油藏注水开发关键点，基于以下考虑，建立评价体系。

（1）核心评价目标。权重集中凸显注水开发核心目的，主要表征指标为提高采收率、方水换油率。

（2）主要评价目标。考虑注水的三大目的，即提高采收率、增大波及系数以及保持地层能量，主要表征指标为水驱缝洞动用程度、水驱缝洞波及系数。

（3）基本评价指标。权重集中体现注水开发常规评价指标的影响，主要表征指标为含水率和含水上升率。

（4）常用技术指标。权重集中体现相关技术参考指标的影响，主要表征指标为累积注采比和能量保持程度。

在碳酸盐岩缝洞型油藏注水开发中,不同注水阶段指标的敏感性和重要性存在差异,所以要分别考虑不同注水受效阶段下的指标权重。其主要确定原则是:

(1) 低含水期更多关注地层能量的保持状况;

(2) 中含水期更多关注注水波及范围、地层能量补充状况以及提高采收率;

(3) 高含水期的核心关注点为驱替效率和提高采收率。

在人工排序表的基础上,采用 Delphi 方法建立对比矩阵,见表 6-11。

表 6-11　Delphi 层次分析矩阵

评价指标	提高采收率	方水换油率	水驱缝洞动用程度	水驱缝洞波及系数	能量保持程度	存水率	含水上升率	累积注采比
提高采收率	1.00	1.14	1.33	1.60	2.00	2.67	4.00	8.00
方水换油率	0.88	1.00	1.17	1.40	1.75	2.33	3.50	7.00
水驱缝洞动用程度	0.75	0.86	1.00	1.20	1.50	2.00	3.00	6.00
水驱缝洞波及系数	0.63	0.71	0.83	1.00	1.25	1.67	2.50	5.00
能量保持程度	0.50	0.57	0.67	0.80	1.00	1.33	2.00	4.00
存水率	0.38	0.43	0.50	0.60	0.75	1.00	1.50	3.00
含水上升率	0.25	0.29	0.33	0.40	0.50	0.67	1.00	2.00
累积注采比	0.13	0.14	0.17	0.20	0.25	0.33	0.50	1.00

注:表中数据均为无因次量。

Delphi 层次分析矩阵的最大特征值 λ_{max} 为:

$$\lambda_{max} = 9.005\ 3 \tag{6-21}$$

一致性指标 CI 为:

$$CI = \frac{\lambda_{max} - n}{n - 1} = 6.695\ 7 \times 10^{-4} \tag{6-22}$$

式中　n——元素个数。

一致性比率 CR 为:

$$CR = \frac{CI}{RI} = 4.617\ 7 \times 10^{-4} \tag{6-23}$$

式中　RI——随机一致性指标。

因为

$$CR < 0.1 \tag{6-24}$$

故 Delphi 层次分析矩阵的一致性较好,可以进行下一步计算,得到评价指标的最终权重,见表 6-12。

表 6-12　不同含水阶段下注水单元评价指标权重分析成果

含水阶段	提高采收率	方水换油率	水驱缝洞动用程度	水驱缝洞波及系数	能量保持程度	存水率	含水上升率	累积注采比
低含水(<40%)	0.195	0.155	0.125	0.105	0.215	0.095	0.065	0.045
中含水(40%~80%)	0.155	0.105	0.215	0.195	0.125	0.095	0.065	0.045
高含水(>80%)	0.215	0.195	0.155	0.125	0.105	0.095	0.065	0.045

4）水驱效果综合评价

（1）风化壳岩溶。

风化壳岩溶背景下,注水井组效果评价见表 6-13。

表 6-13 注水井组效果评价表

井 组	井组地质背景	含水阶段	提高采收率	方水换油率	水驱缝洞动用程度	水驱缝洞波及系数	能量保持程度	存水率	含水上升率	累积注采比	模糊综合评价分值	BP神经网络评价分值
S72-2	风化壳	低含水	0.01	0.00	0.42	0.22	0.97	0.98	0.35	8.62	55.19	64.58
S23	风化壳	低含水	0.02	0.00	0.47	0.37	0.92	0.96	0.60	5.13	14.06	23.33
S48	风化壳	高含水	0.05	0.03	0.52	0.31	0.97	−2.85	0.22	0.24	83.32	91.36
S65	风化壳	高含水	0.10	0.01	0.48	0.30	0.97	0.31	0.52	0.74	70.11	82.63
S80	风化壳	高含水	0.03	0.11	0.51	0.36	0.90	0.34	0.77	0.15	65.07	78.04
TK518H	风化壳	高含水	0.09	0.01	0.49	0.29	0.85	0.10	0.72	0.99	45.44	75.89
S46	风化壳	高含水	0.03	0.03	0.50	0.41	0.95	−0.03	0.55	0.83	51.19	66.03
T502CX	风化壳	高含水	0.03	0.00	0.41	0.32	0.95	0.36	0.22	231.06	49.35	58.72
TK347H	风化壳	高含水	0.06	0.04	0.47	0.38	0.90	0.65	0.93	2.59	44.20	53.48
S64	风化壳	高含水	0.03	0.00	0.48	0.25	0.92	0.68	0.82	3.05	61.52	41.67
TK409	风化壳	高含水	0.02	0.00	0.44	0.22	0.95	0.44	0.57	1.39	45.72	31.67
TK407	风化壳	高含水	0.02	0.06	0.53	0.32	0.94	0.74	0.22	3.22	62.63	21.35
S70	风化壳	高含水	0.02	0.00	0.49	0.43	0.92	0.57	0.15	2.13	47.67	14.33
S74	风化壳	高含水	0.05	0.02	0.48	0.41	0.92	0.56	0.80	0.81	45.19	12.03
TK409	风化壳	高含水	0.02	0.34	0.68	0.44	0.93	0.62	0.80	2.35	41.22	8.33

（2）断控岩溶。

断控岩溶背景下,注水井组效果评价见表 6-14。

表 6-14 注水井组效果评价表

井 组	井组地质背景	含水阶段	提高采收率	方水换油率	水驱缝洞动用程度	水驱缝洞波及系数	能量保持程度	存水率	含水上升率	累积注采比	模糊综合评价分值	BP神经网络评价分值
TH12202	断控	低含水	0.03	1.43	1.76	0.88	0.86	0.31	0.49	0.56	59.02	70.23
TH10336	断控	低含水	0.01	0.11	0.49	0.27	0.87	0.88	0.91	0.61	77.31	69.62
AD26	断控	低含水	0.09	0.52	0.83	0.69	0.80	0.00	0.33	0.00	59.44	68.36
T738	断控	低含水	0.01	0.00	0.44	0.28	0.85	0.58	0.34	62.39	68.01	
T313	断控	低含水	0.02	0.73	1.05	0.72	0.95	0.32	0.45	0.54	51.45	65.85

井 组	井组地质背景	含水阶段	提高采收率	方水换油率	水驱缝洞动用程度	水驱缝洞波及系数	能量保持程度	存水率	含水上升率	累积注采比	模糊综合评价分值	BP神经网络评价分值
TP12CX	断 控	低含水	0.03	0.17	0.65	0.51	0.83	0.46	0.72	0.11	52.76	61.20
TH10205	断 控	低含水	0.08	0.23	0.73	0.36	0.81	0.92	0.75	0.74	66.85	54.82
TP7	断 控	低含水	0.08	0.32	0.67	0.45	0.90	−2.68	0.34	0.21	37.32	50.68
TH12118	断 控	低含水	0.03	0.00	0.41	0.31	0.80	0.14	0.23	0.50	43.60	47.08
TP16-1	断 控	低含水	0.05	0.67	1.07	0.78	0.90	0.56	0.36	1.16	53.27	46.88
TH12402	断 控	低含水	0.07	0.27	0.62	0.47	0.77	0.44	0.78	0.42	33.68	42.44
T811(K)	断 控	低含水	0.06	12.20	12.19	9.75	0.89	0.00	0.32	0.53	43.20	41.04
TP7-2	断 控	低含水	0.04	0.26	0.64	0.50	0.91	−2.08	0.54	0.25	30.33	34.27
S99	断 控	低含水	0.08	0.33	0.70	0.57	0.90	0.00	0.63	0.22	31.80	32.76
TK825	断 控	高含水	0.04	0.04	0.49	0.28	0.89	0.08	0.75	0.09	65.37	71.91
AD7	断 控	高含水	0.04	0.16	0.59	0.42	0.96	0.89	0.66	0.35	44.76	60.43

（3）暗河岩溶。

暗河岩溶背景下，注水井组效果评价见表 6-15。

表 6-15 注水井组效果评价表

井 组	井组地质背景	含水阶段	提高采收率	方水换油率	水驱缝洞动用程度	水驱缝洞波及系数	能量保持程度	存水率	含水上升率	累积注采比	模糊综合评价分值	BP神经网络评价分值
TH10109	暗 河	低含水	0.02	0.00	0.41	0.23	0.81	0.68	0.36	1.07	65.64	80.74
TH10105	暗 河	低含水	0.01	0.00	0.44	0.25	0.81	0.00	0.18	1.07	64.31	70.10
S93	暗 河	低含水	0.01	0.01	0.43	0.35	0.89	0.00	0.22	0.11	65.39	69.32
TH10101	暗 河	低含水	0.01	0.00	0.44	0.27	0.89	0.00	0.36	0.73	58.84	65.90
TH10209	暗 河	低含水	0.08	0.23	0.73	0.55	0.80	0.87	0.53	0.74	62.52	52.52
TH12402	暗 河	高含水	0.01	0.09	0.54	0.48	0.91	0.57	0.45	1.03	23.51	21.86
S77	暗 河	高含水	0.01	0.03	0.48	0.43	0.90	0.00	0.40	17.25	18.92	15.14
S67	暗 河	中含水	0.08	0.08	0.52	0.35	0.93	0.30	0.23	0.28	91.51	75.95
T7-615	暗 河	中含水	0.02	0.00	0.46	0.40	0.96	0.00	0.38	0.32	64.39	56.02
S93	暗 河	中含水	0.05	0.01	0.47	0.42	0.89	0.12	0.54	0.13	42.49	55.66
S67	暗 河	中含水	0.05	0.04	0.50	0.27	0.85	0.70	0.17	1.69	58.81	54.10
T6-433	暗 河	中含水	0.03	0.00	0.41	0.32	0.89	0.30	0.57	0.60	54.27	50.47

5）水驱综合评分分布规律研究

水驱效果综合评分分布规律如图 6-38 所示，通过研究不同背景、含水阶段的评分情况，可以确定不同水驱阶段的开发状态。下面从注水井组水驱效果评价和对综合评分分布规律进行研究。

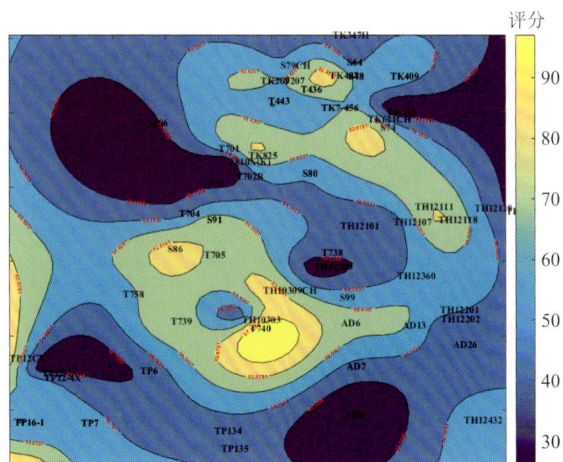

图 6-38　水驱效果综合评分分布

水驱效果评分分布图表明水驱后连片分布特征明显。整体而言，井组水驱效果并不理想，但其中存在效果较好的井。例如，T740 井的水驱效果评分最高，AD4、S76 等井的水驱效果评分最低。

（1）注水井组综合评分分布规律。

在进行注水井组水驱效果评分分布规律分析时，始终坚持根据不同背景、阶段的评分情况，确定注水井组不同水驱阶段的开发状态的研究原则。如图 6-39 所示为注水井组不同阶段的评分情况。

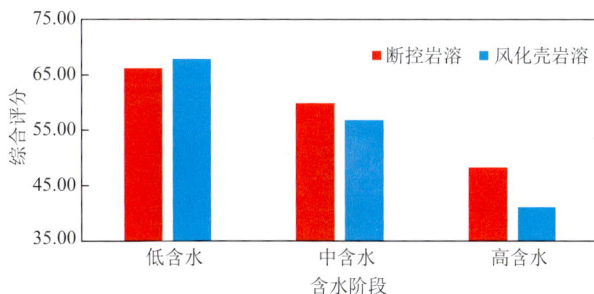

图 6-39　注水井组不同含水阶段评分

通过对注水井组不同含水阶段评分研究发现，低含水阶段断控岩溶与风化壳岩溶具有较高的综合评分，分别为 66 分、68 分；中含水阶段断控岩溶与风化壳岩溶具有中等的综合评分，分别为 58 分、55 分；高含水阶段断控岩溶与风化壳岩溶具有较差的综合评分，分别为 48 分、43 分。因此，低含水阶段断控岩溶与风化壳岩溶的注水井组开发效果最佳，中含水阶段断控岩溶与风化壳岩溶的注水井组开发效果次之，高含水阶段断控岩溶与风化壳岩溶的注水井组开发效果最差;随着含水率升高,断控岩溶与风化壳岩溶注水井组的开发效果均急剧变差。

(2)综合评分低分井组研究。

选取综合评分最低的 10 个注水井组,分析其低分原因。表 6-16 为低分井组效果评价表。

表 6-16　低分井组效果评价表

井　组	井组地质背景	含水阶段	提高采收率	方水换油率	水驱缝洞动用程度	水驱缝洞波及系数	能量保持程度	存水率	含水上升率	累积注采比	BP 神经网络评价分值
TH12202	断　控	中含水	0.05	0.26	0.66	0.35	0.86	0.21	0.045	0.22	12.87
S77	暗　河	高含水	0.01	0.03	0.48	0.43	0.90	0.00	0.040	7.50	15.14
T815(K)	断　控	中含水	0.01	0.30	0.64	0.50	0.90	−2.15	0.056	0.22	15.65
TH12118	风化壳	中含水	0.02	0.22	0.67	0.57	0.81	0.78	0.025	0.53	20.46
T443	断　控	高含水	0.03	0.03	0.42	0.34	0.93	0.64	0.015	2.35	21.65
TH12402	暗　河	高含水	0.01	0.09	0.54	0.48	0.91	0.57	0.045	1.03	21.86
T443	断　控	中含水	0.04	0.02	0.48	0.34	0.94	0.20	0.086	1.10	23.16
S23	风化壳	低含水	0.02	0.00	0.47	0.37	0.92	0.96	0.060	5.13	23.33
TH12515	断　控	中含水	0.02	0.13	0.55	0.39	0.83	0.46	0.086	0.11	27.03
T7-444	断　控	中含水	0.03	0.00	0.47	0.28	0.92	0.45	0.043	0.87	27.78

根据水驱缝洞动用程度(图 6-40)可知,多数井组的水驱缝洞动用程度在 35%～55% 之间。水驱注水效果最好的井组,缝洞动用程度接近 64%,多数注入水存留在缝洞体内,可对剩余油形成有效驱替;注水效果最差的井组,水驱缝洞动用程度小于 35%;注水效果较好的井组,平均水驱缝洞动用程度为 52%。注水效果较差井的平均水驱缝洞动用程度与注水效果较好井的缝洞动用程度差距不大,这说明低分井组并非由水驱缝洞动用程度导致。

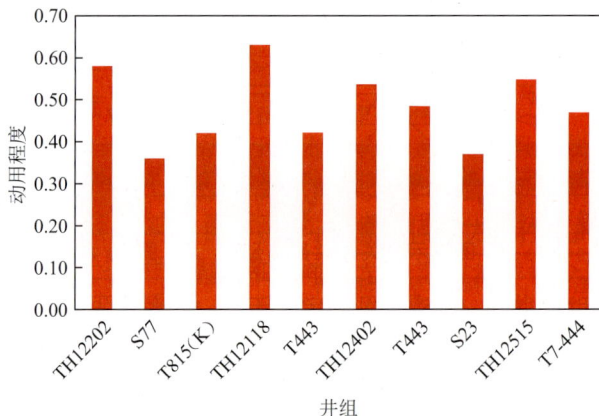

图 6-40　水驱缝洞动用程度分析图

　　根据水驱缝洞波及系数(图 6-41)可知,多数井组的水驱缝洞波及系数在 35% 左右。注水效果最好的井组,水驱缝洞波及系数接近 43%,部分注入水存留在缝洞体内,并未对剩余油形成有效的驱替;注水效果最差的井,水驱缝洞波及系数小于 30%;注水效果较好的井组,平均水驱缝洞波及系数为 41%。注水效果较差井组的水驱缝洞波及系数与注水效果较好井的水驱缝洞波及系数差距不大,这说明低分井组并非由水驱缝洞波及系数导致。

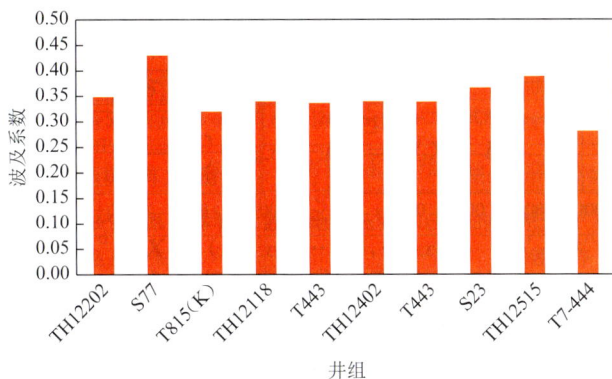

图 6-41　水驱缝洞波及系数分析图

　　根据含水上升率(图 6-42)可知,多数井组的含水上升率在 50% 左右。注水效果最好的井组,含水上升率仅为 5.1%,多数注入水存留在缝洞体内,可对剩余油形成有效驱替;注水效果最差的井,含水上升率接近 90%。这说明低分井组是由注水形成了无效水窜,使得油井见水导致。

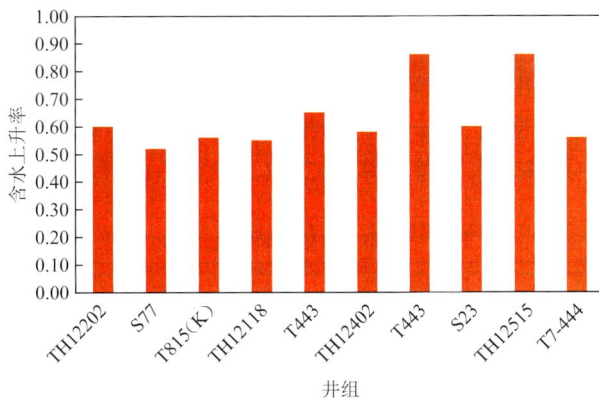

图 6-42　含水上升率分析图

　　通过以上分析得出低分井组综合评分低的原因为:虽然水驱缝洞动用程度可能处于正常水平,但水驱缝洞波及系数不高,低于平均水平,后期开发中应着重提高水驱缝洞波及系数,提高注入水的有效性。此外,低分井的含水上升率普遍较高,说明注水后产水速度普遍较快,水驱效果差,稳产能力差。

　　6)指标评分分布研究

　　基于指标界限分布,通过指标三级隶属度关系,综合确定每个指标的分布状况。同时采用雷达图,研究指标均匀性分布状况。三级隶属度关系计算技术路线如图 6-43 所示。

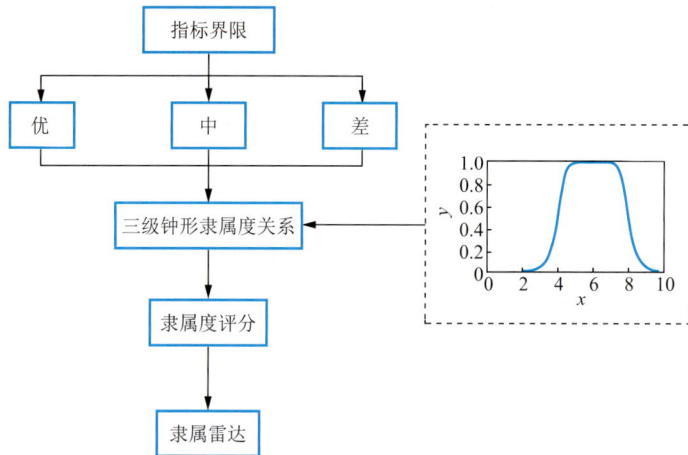

图 6-43　技术路线

注水井组整体分布雷达图如图 6-44 所示。单井注水后，含水上升快，产油能力普遍较低；注水后产油能力提升，但仍普遍存在单井采出程度低、增油效益差的问题。

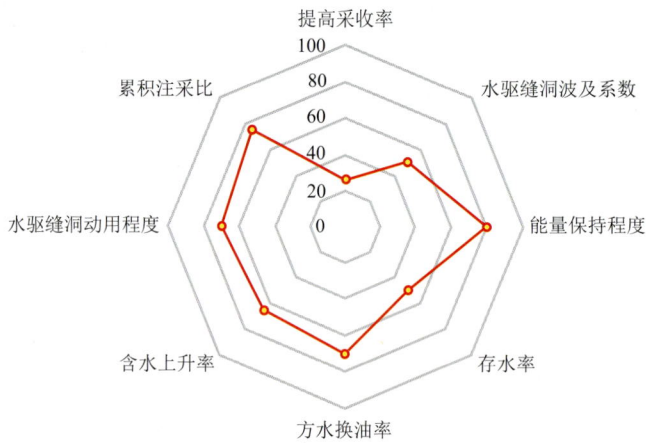

图 6-44　注水井组整体分布雷达图

第7章
碳酸盐岩缝洞型油藏量化注气方法

　　塔河油田从 2012 年 3 月开始尝试注气开采试验,主要针对单井缝洞单元,采用注氮气方式进行试验。该项技术在塔河油田碳酸盐岩缝洞型油藏中取得突破后,已经覆盖塔河老区,推广至塔河新区,扩大到塔河外围,注气成效显著,并将单井注气开发方式推广至多井缝洞单元。截至 2016 年 12 月,累计实施单井注气 323 口,645 轮次,累计注气 545×10^4 t,累计增油 111×10^4 t,其中 2016 年年增油 31.8×10^4 t;氮气驱单元共 29 个,注气井组 37 个,动用地质储量 $7\,576 \times 10^4$ t,注气 1.71×10^8 m³,累计增油 26.80×10^4 t,平均方气换油率 0.48 t/m³,提高采收率 0.35%。目前注气已成为碳酸盐岩缝洞型油藏注水开发中后期提高采收率的有效接替手段。

7.1　单井注气

7.1.1　单井注气原理及技术简介

　　注水替油是油田增产和减缓递减的主力措施,但油井经过多轮次注水替油后,油水界面上移,替油效果逐渐变差,很多油井因注水替油失效导致高含水而停产关井。另外,注水只能把油井地下溶洞溢出口以下的油驱替出来,难以动用溢出口以上顶部的"阁楼油",使得井周高部位大量剩余油无法采出。气体注入地层后,在重力作用下向高部位上升,形成气顶,排驱原油下移,同时补充地层能量,减缓由于地层能量下降造成的产量递减并控制含水上升,抑制底水锥进,可有效启动单纯注水无法驱动的"阁楼油"。国内制氮工艺技术成熟,氮气气源量大,空气中氮气体积比为 78%,且氮气难溶解于原油(1 m³ 原油最多能溶解 28 m³ 氮气),混相压力高达 50~100 MPa,一般油藏条件下注入的氮气处于非混相状态,可有效形成气顶,替油效果好,因此确定氮气作为注气替油的气源。

　　通过分析注水替油失效井静态及生产动态、计算剩余可采储量,制定试验井筛选原则:

　　(1)地震反射特征表明储集体具有一定规模的井;

　　(2)井点周围的高部位有明显反射特征的井;

　　(3)钻遇溶洞或主要生产层段位于岩溶风化面 30 m 以下的井;

　　(4)储量丰度高、累积产油量大、底水锥进造成水淹的井;

（5）注水替油效果变差或失效后，动静态资料表明具有剩余油潜力的井。

现场采取气水混注工艺。利用撬装膜制氮机与 35 MPa 制氮拖车配合注水泵实行气水混注（图 7-1），在满足施工要求的同时大幅度降低了成本。

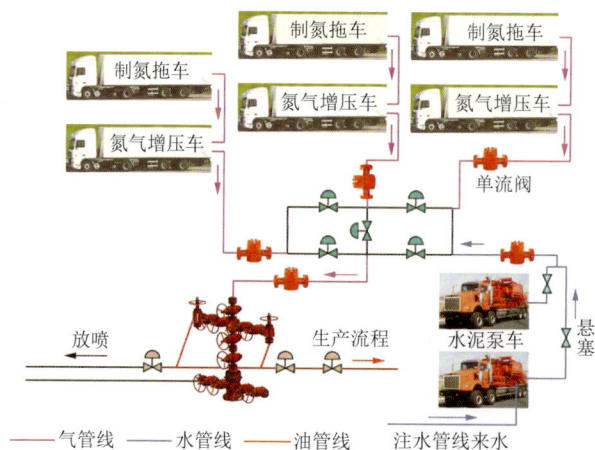

图 7-1 气水混注工艺流程

7.1.2 定量化单井注气

单井注气规律与剩余油的分布特征密切相关。塔河油田碳酸盐岩缝洞型油藏剩余油分为 6 种类型，即封隔溶洞型剩余油、残丘型剩余油、底水封挡型剩余油、水平井上部剩余油、裂缝型剩余油、底水未波及型剩余油（图 7-2），每种类型的定量化注水参数不同。

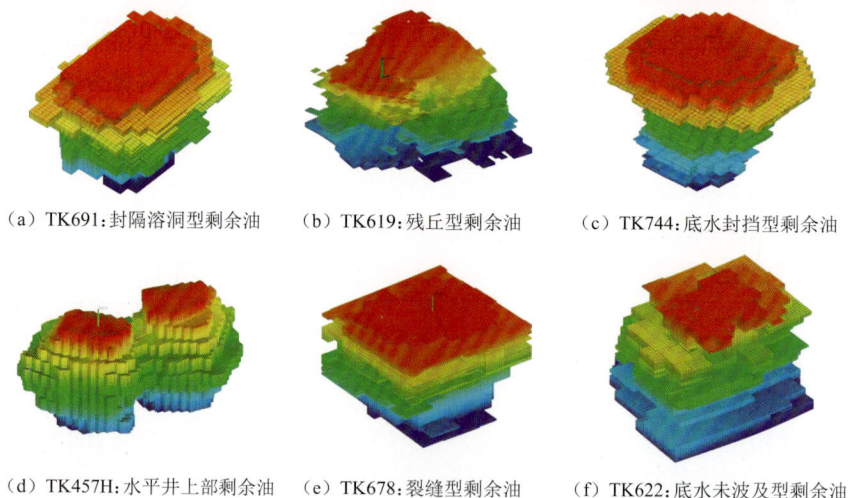

（a）TK691：封隔溶洞型剩余油　（b）TK619：残丘型剩余油　（c）TK744：底水封挡型剩余油

（d）TK457H：水平井上部剩余油　（e）TK678：裂缝型剩余油　（f）TK622：底水未波及型剩余油

图 7-2 6 种剩余油类型及代表井

（1）封隔溶洞型剩余油。

由于封隔作用，生产井在衰竭式开采过程中对封隔溶洞动用程度低，不同驱替方式的选择是实现对封隔溶洞有效驱替的关键（图 7-3）。封隔体使得缝洞存在上、下两条流体连通通道,如果采取两相注入,则两条通道都会被注入流体占用,气水分异导致替油效率较差。连续注气可以形成良好的上通道注气、下通道采油的高效替油通路。

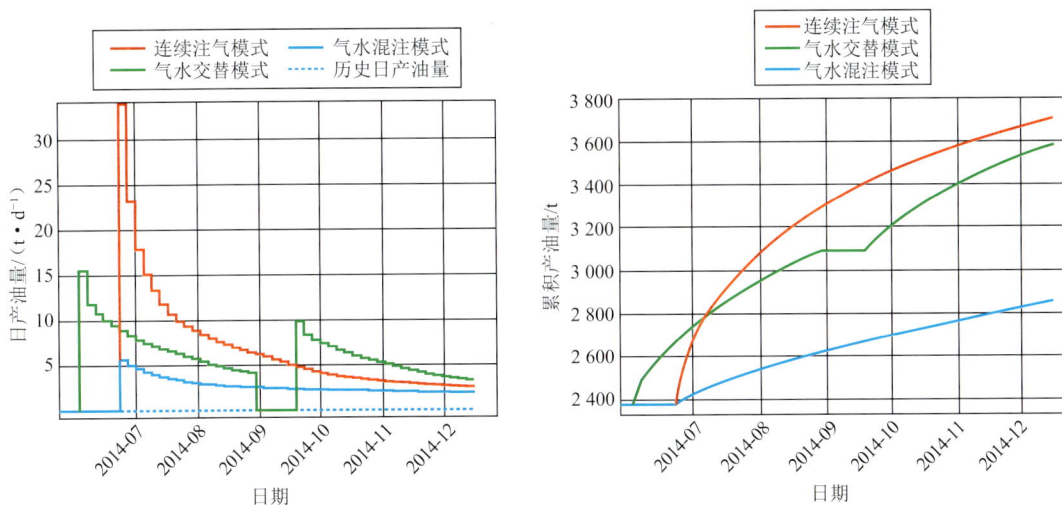

图 7-3　TK691 井不同注气方式下效果对比

(2)残丘型剩余油。

残丘一般距离生产井较远,连续注气和气水混注波及范围较小,难以有效替油,因此需要尽可能扩大波及范围,驱替残丘中的剩余油。气水交替注入可有效推动氮气运移,降低气窜作用,增大波及范围,注入气将上方剩余油替出,而后注入水可以补充油藏能量,促进替出油有效采出,如图 7-4 所示。

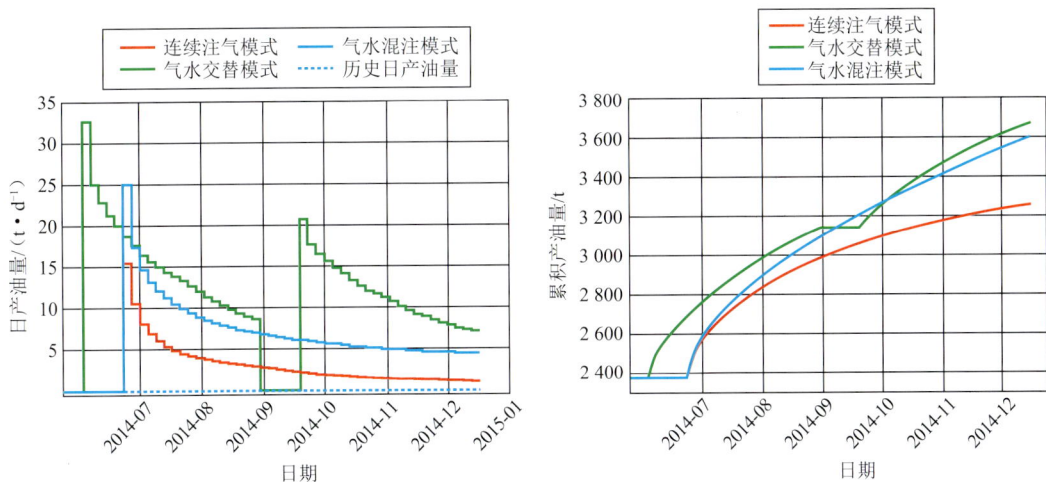

图 7-4　TK619 井不同注气方式下效果对比

(3)底水封挡型剩余油。

底水封挡型剩余油是由于隔水层存在或底水能量不足造成的,其油藏自身能量较弱,产能低,剩余油主要分布在生产井附近。气水混注驱替效率较高,地层能量保持效果较好,可以高效替出生产井附近的剩余油,如图 7-5 所示。

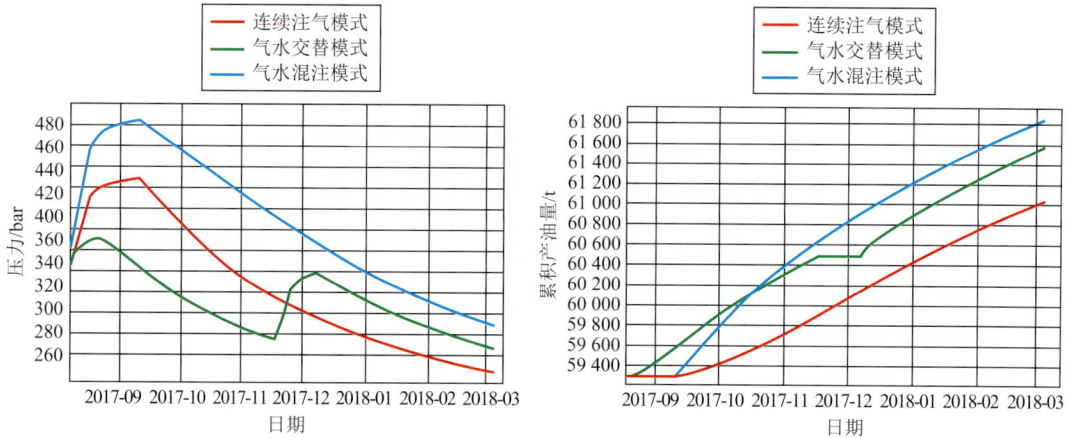

图 7-5　TK744 井不同注气方式下效果对比

（4）水平井上部剩余油。

水平井上部剩余油是由于油藏边底水前缘运移到达井底，突破后的地层水直接通过水平井段流入井筒，导致边底水不能到达水平井段上部区域而形成的。这种情况下边底水做无效驱替，并且底水的快速推进、上升导致水平井生产后期含水率极高（含水率可达到95%）。水平井上部剩余油主要分布于近井上方，注入氮气在重力分异的作用下，在水平井上部形成次生气顶，有效地驱替水平井上部剩余油。连续注气可以有效控制油水界面，抑制底水脊进造成的油井水淹，如图 7-6 所示。

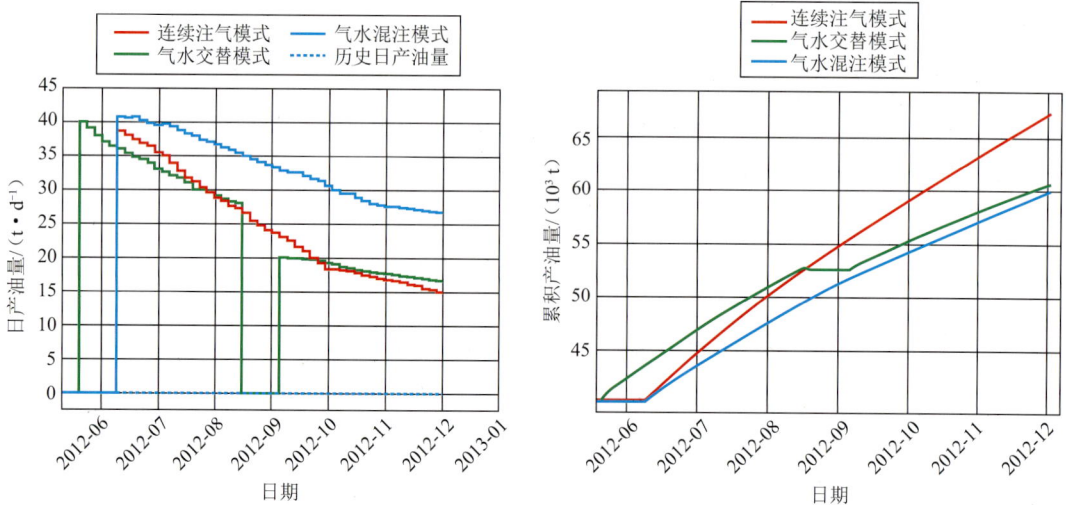

图 7-6　TK457H 井不同注气方式下效果对比

（5）裂缝型剩余油。

裂缝型剩余油的形成主要是由于油藏存在高渗裂缝，油水沿裂缝窜进，使得裂缝周围孔隙内的剩余油可被采出，而分布于裂缝较远的低水淹区域形成了无法驱替的剩余油。裂缝型剩余油普遍存在暴性水淹现象。连续注气不仅可以有效动用生产井上方的剩余油，还可以有效抑制下方裂缝中的水窜问题，如图 7-7 所示。

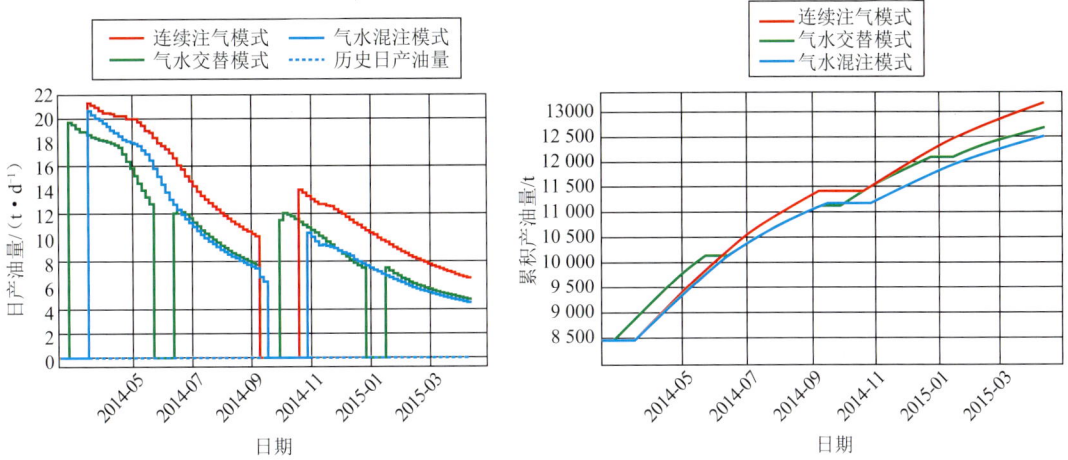

图 7-7　TK678 井不同注气方式下效果对比

（6）底水未波及型剩余油。

底水未波及型剩余油是由于底水能量不足,不能有效波及驱替低部位而产生的。该类型剩余油主要分布在远井地区。数值模拟研究表明,气水交替注入对底水未波及部位驱替效果较好,如图 7-8 所示。因此,采用气水交替注入扩大波及效率,有效替出底水未波及的缝洞区域内的剩余油。

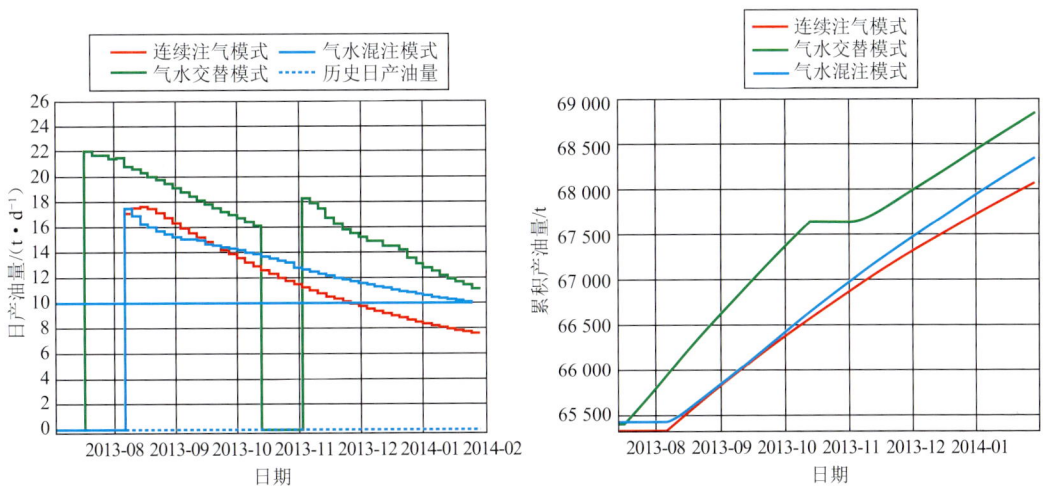

图 7-8　TK622 井不同注气方式下效果对比

通过建立不同类型剩余油的典型井数值模型,得到不同类型剩余油的最佳开发方式,见表 7-1。

表 7-1　最佳注采方式成果表

剩余油类型	井　名	注采方式
封隔溶洞型剩余油	TK691	连续注气
残丘型剩余油	TK619	气水交替

续表 7-1

剩余油类型	井　名	注采方式
底水封挡型剩余油	TK744	气水混注
水平井上部剩余油	TK457H	连续注气
裂缝型剩余油	TK678	连续注气
底水未波及型剩余油	TK622	气水交替

在最佳开发方式的基础上,基于数值模拟方法,对不同类型剩余油的注气速度、注气量、注气周期及注气时机等进行进一步优化。

（1）注气速度优化。

注气开发过程中,采用不同注气速度时,注气替油效果不同。当采用的注气速度较小时,油藏纵向波及范围较小,此时注气时间过长,导致开采成本较高;当采用的注气速度较大时,油藏横向波及能力较小且容易发生气窜。基于数值模拟方法,结合不同的剩余油类型,得到其最佳的注气速度见表 7-2。

表 7-2　不同类型剩余油的单井注气速度优化

剩余油类型	井　名	最佳注气速度/($m^3 \cdot d^{-1}$)
封隔溶洞型剩余油	TK691	8×10^4
残丘型剩余油	TK619	6×10^4
底水封挡型剩余油	TK744	7×10^4
水平井上部剩余油	TK457H	15×10^4
裂缝型剩余油	TK678	6×10^4
底水未波及型剩余油	TK622	10×10^4

（2）注气量优化。

当注气量较小时,注气波及范围有限,不利于剩余油的驱替。随着注气量不断增大,注气驱油的采出程度会不断增大,但注气量过大将导致气窜等不利现象出现。因此,需要结合碳酸盐岩缝洞型油藏剩余油分布位置及地质和开发特点对不同类型剩余油的注气量进行研究(图 7-9),得到不同类型剩余油最佳的注气量见表 7-3。

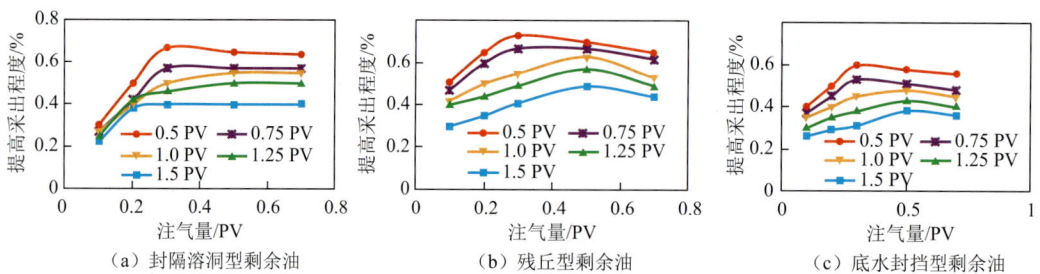

图 7-9　不同类型剩余油的注气量研究

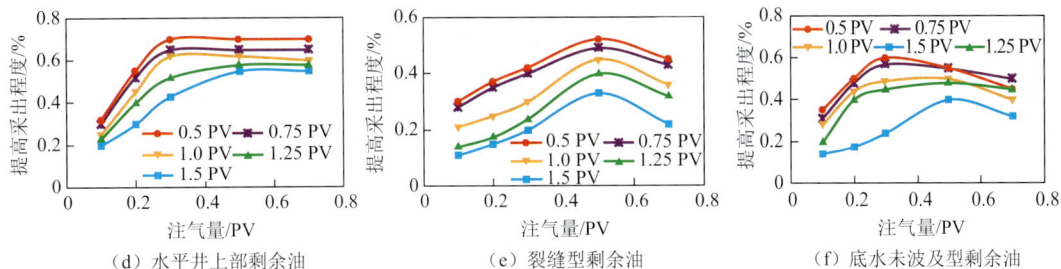

（d）水平井上部剩余油　　　（e）裂缝型剩余油　　　（f）底水未波及型剩余油

图 7-9(续)　不同类型剩余油的注气量研究

表 7-3　6 种剩余油模式最佳注气量

剩余油类型	井　名	最佳注气量/PV
封隔溶洞型剩余油	TK691	0.3
残丘型剩余油	TK619	0.5
底水封挡型剩余油	TK744	0.5
水平井上部剩余油	TK457H	0.3
裂缝型剩余油	TK678	0.5
底水未波及型剩余油	TK622	0.2

（3）注气周期优化。

注气周期需要考虑注入时间和停注时间。对于注入时间，长注利于替换近井地带剩余油；短注利于注入气快速突破，在远端形成自身气顶。对于停注时间，停注时间过短不利于氮气的重力分异作用，使注入气在近井地带聚集，造成开井后大量气体回窜，形成无效注气；停注时间过长会导致生产效率较低，如图 7-10 所示，见表 7-4。

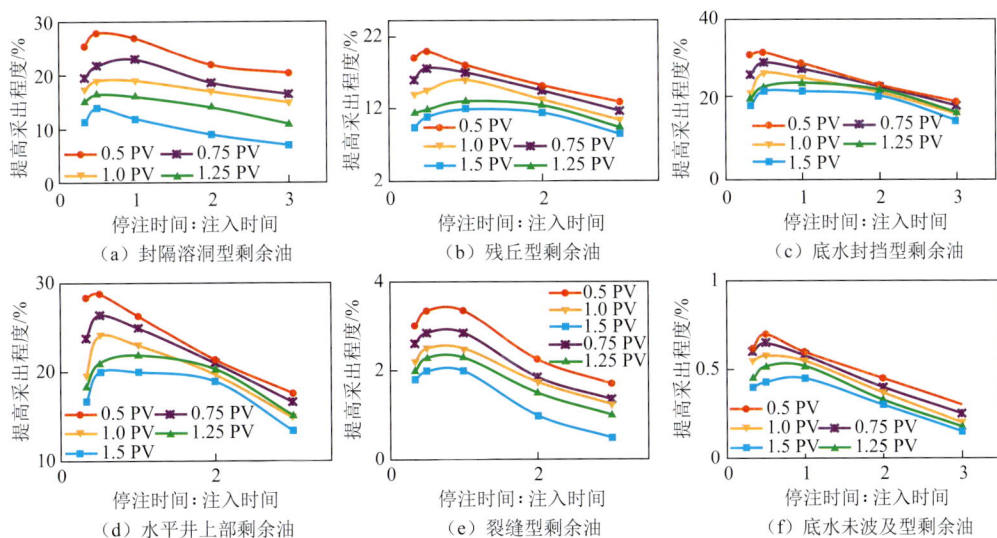

（a）封隔溶洞型剩余油　　　（b）残丘型剩余油　　　（c）底水封挡型剩余油

（d）水平井上部剩余油　　　（e）裂缝型剩余油　　　（f）底水未波及型剩余油

图 7-10　不同类型剩余油的注气周期研究

表 7-4 典型井注气周期最佳生产参数

剩余油类型	井　名	注气方式	最佳注入时间/d	最佳停注时间/d
封隔溶洞型剩余油	TK691	短注长停	10	20
残丘型剩余油	TK619	短注长停	10	20
底水封挡型剩余油	TK744	短注长停	10	20
水平井上部剩余油	TK457H	短注长停	20	40
裂缝型剩余油	TK678	短注长停	10	20
底水未波及型剩余油	TK622	短注长停	10	20

（4）注气时机优化。

注气时机主要根据其与采收率的关系确定。通过理论关系,建立水驱转气驱替油采收率计算关系式,同时结合 6 种剩余油数值模型模拟含水率在 50%,60%,70%,80% 以及 90% 时的单轮次替油情况。研究发现,气驱效果与气驱后波及范围有直接影响关系;水驱开发效果越好,水驱采收率越高,气驱采收率也越高;气驱采收率随着转驱时采出程度的增加而逐渐下降,早期注气有利于提高采收率。

7.1.3　单井注气效果评价

目前气驱效果评价测试的相关研究主要沿着两种模式进行:

（1）单因素评价模式。针对评价对象（单井、井组或者单元）的某个具体评价指标进行研究,分析该指标的变化过程或者目前的状态,进而评价其目前的生产状态。在气驱开发效果评价中,基于采收率、含水率以及自然递减率的单因素评价分析研究开展较多。

（2）多因素综合评价模式。针对评价对象（单井、井组或者单元）的多个评价指标进行研究,该项研究通常根据不同的地质背景以及评价要求提出个性化的评价指标体系,再通过一定的数学方法分析该评价对象气驱开发的综合状况。目前水驱效果的多因素综合评价开展较多,中原油田、江苏油田均已开展相关研究,并根据自身的地质状况提出了相应的评价指标体系。而气驱效果评价领域,由于气体压缩性较强、注入气地下分布模型多样、注气受效时间以及受效效果差异较大等因素,目前气驱多因素综合评价的研究开展较少。

单井气驱效果评价步骤为:建立塔河油田碳酸盐岩缝洞型油藏地质背景的气驱效果评价指标体系（表 7-5）,通过聚类分析、因素分析、层次分析、模糊综合评价以及 BP 神经网络评价等数学方法完成碳酸盐岩缝洞型油藏气驱效果综合评价。

表 7-5　注气效果评价指标统计表

类　型		评价指标
注采连通状况类指标		气驱储量控制程度、注采对应率、注采井数比、井网密度、单井控制储量
注气类指标	注气利用状况	存气率
	含水变化状况	含水率、含水上升率、含水上升速度、含水-可采储量采出程度关系
	产油类指标	地质储量采油速度、无因次采油速度、自然递减率、综合递减率、总递减率、采油指数、产能保有率、平均日增油水平、累积增油量、周期增油量

类　型		评价指标
注采类 指标	注采关系类指标	含水率、含水上升率
	注采平衡类指标	储采平衡系数、储采比、剩余可采储量、采油速度、地层压力、地层总压降、生产压差、地层压力保持水平、新增可采储量、累积注采比
效果效益类指标		地质储量采出程度、可采储量采出程度、采收率、平均日增油水平、方气换油率、累积增油量、周期增油量、提高采出程度

1) 不同阶段的注气效果评价体系

碳酸盐岩缝洞型油藏气驱和水驱在驱（替）油机理、驱替范围以及驱替效果等方面具有许多不同之处。碳酸盐岩缝洞型油藏注气通常是在水驱完成之后进行,一般会进行多个轮次的注气驱替,因此气驱效果需要根据气驱时间的不同进行精细划分评价。

(1) 注气前效果评价体系。

由于注气替油通常是注水后的进一步生产措施,因此有必要对注气之前的油藏生产开发状况进行评价。其目的主要有:

① 明确油藏目前的驱替效果以及开发状态,进一步深刻地认识油藏;

② 为后续气驱效果的评价增加对比参考标准,精确评估油藏注气效果。

基于以上目的,注气前效果评价的核心意义是评价油藏的水驱效果,因此建立碳酸盐岩缝洞型油藏注气前效果评价体系,见表 7-6。

表 7-6　碳酸盐岩缝洞型油藏单井注气前效果评价体系

评价角度	评价指标	评价目的
开采状态	累积注采比	评价注采的平衡状态
	存水率	评价注水的利用状态
	含水上升率	评价生产的含水状态
剩余油生产能力	能量保持程度	从能量角度评价剩余油生产能力
	自然递减率	从产能角度评价剩余油生产能力
效果对比指标	提高采出程度	评价注气前状况,作为注气后效果对比指标

(2) 注气中效果评价体系。

由于注入氮气的密度和油气界面张力较小,因此注气替油是一个逐渐进行的缓慢过程。碳酸盐岩缝洞型油藏注气替油通常采用多个轮次进行,不同轮次可能采用不同的注气速度、注气量以及注气周期,因此不同轮次的驱替效果也有较大差异。碳酸盐岩缝洞型油藏注气中效果评价体系需着重考虑不同轮次的替油效果,见表 7-7。

表 7-7　碳酸盐岩缝洞型油藏单井注气中效果评价体系

类　型	指标名称	定义、计算方法
注采平衡类指标	累积注采比	注水和注气的总注入量与产气和产液的总产量之比
开发水平类指标	轮次存气率	该轮次注入气量与产出气量的差与该轮次注入气量之比

续表 7-7

类 型	指标名称	定义、计算方法
效果效益类指标	累积增油量	注气开采后总产油量与未采取增油措施产油量之差
	提高采出程度	累积增油量与可采储量之比
	周期增油量	累积增油量与周期个数之比
	平均日增油水平	累积增油量与开井天数之比
	方气换油率	$1\ m^3$ 气能够增加的原油采出量

（3）注气后效果评价体系。

注气后效果评价是指注气开发完成之后，对整个注气阶段的生产效果进行的评价，此时不再局限于生产过程中具体的生产指标，而是突出整个注气过程中的生产状态、生产效果以及生产效益，见表 7-8。

表 7-8　碳酸盐岩缝洞型油藏单井注气后效果评价体系

类 型	指标名称	定义、计算方法
注采平衡指标	累积注采比	注水和注气的总注入量与产气和产液的总产量之比
开发水平类指标	累积存气率	累积注入气量与产出气量的差与累积注入气量之比
效果效益类指标	累积增油量	注气开采后总产油量与未采取增油措施产油量之差
	提高采出程度	累积增油量与可采储量之比
	平均日增油水平	累积增油量与开井天数之比
	方气换油率	$1\ m^3$ 气能够增加的原油采出量

2）评价指标权重设置

从评价核心目的、主要评价目标、基本评价指标及常用技术指标几方面考虑，采用 Delphi 层次分析法设置权重。

（1）核心评价目标。注气开发成本较高，评价注气效果首先需要评价注气效益，核心表征指标为方气换油率。

（2）主要评价目标。为凸显注气效果，需从不同角度评价注气后增油状况，主要表征指标为提高采出程度、累积增油量以及周期增油量。

（3）基本评价指标。权重集中体现出注气开发后油井的产能状况，主要表征指标为平均日增油水平。

（4）常用技术指标。加入油井注气效果评价中常用的技术表征指标，主要有存气率以及累积注采比。

根据上述原则，分析得到权重方案排序，见表 7-9。

表 7-9　方案重要性排序表

评价指标	方气换油率	提高采出程度	累积增油量	周期增油量	平均日增油水平	存气率	累积注采比
排序方案	1	2	3	4	5	6	7

在上述排序表的基础上，采用 Delphi 方法建立对比矩阵，见表 7-10～表 7-13。

表 7-10　Delphi 层次分析矩阵

评价指标	方气换油率	提高采出程度	累积增油量	周期增油量	平均日增油水平	存气率	累积注采比
方气换油率	1.00	1.17	1.40	1.75	2.33	3.50	7.00
提高采出程度	0.86	1.00	1.20	1.50	2.00	3.00	6.00
累积增油量	0.71	0.83	1.00	1.25	1.67	2.50	5.00
周期增油量	0.57	0.67	0.80	1.00	1.33	2.00	4.00
平均日增油水平	0.43	0.50	0.60	0.75	1.00	1.50	3.00
存气率	0.29	0.33	0.40	0.50	0.67	1.00	2.00
累积注采比	0.14	0.17	0.20	0.25	0.33	0.50	1.00

表 7-11　注气前权重指标分析成果

评价指标	提高采出程度	自然递减率	能量保持程度	含水上升率	存水率	累积注采比
权　重	0.26	0.22	0.17	0.15	0.12	0.08

表 7-12　注气中权重指标分析成果

评价指标	方气换油率	提高采出程度	累积增油量	周期增油量	平均日增油水平	轮次存气率	累积注采比
权　重	0.25	0.21	0.18	0.14	0.11	0.07	0.04

表 7-13　注气后权重指标分析成果

评价指标	方气换油率	提高采出程度	累积增油量	平均日增油水平	累积存气率	累积注采比
权　重	0.26	0.22	0.17	0.15	0.12	0.08

3）气驱效果综合评价

（1）注气前效果评价。

根据注气前效果评价指标体系，基于综合效果评价方法，对 13 口井进行注气前效果评价，见表 7-14。

表 7-14　注气前单井综合效果评价表

井　名	岩溶背景	开发阶段	提高采出程度/%	自然递减率/%	能量保持程度/%	含水上升率/%	存水率/%	累积注采比	模糊综合评价分值	BP神经网络评价分值
TK865X	断裂＋残丘	注气前	9.81	11.00	96.98	2.74	168.53	0.54	95.62	96.34
TS2	古暗河＋断裂＋残丘	注气前	9.23	26.00	96.51	7.46	147.78	0.60	96.26	91.79
T443CH	断裂＋岩溶管道	注气前	10.60	14.00	95.00	3.48	122.64	0.51	92.32	90.34

续表 7-14

井　名	岩溶背景	开发阶段	提高采出程度/%	自然递减率/%	能量保持程度/%	含水上升率/%	存水率/%	累积注采比	模糊综合评价	神经网络评价
TH10262	地表水系+断裂	注气前	6.81	28.00	92.60	4.31	10.10	0.75	91.20	82.39
TP119	断溶体	注气前	5.00	26.00	90.00	4.91	167.99	0.28	88.48	82.22
TH10142X	暗河+断裂	注气前	0.81	28.00	90.00	1.11	23.86	0.77	82.87	80.25
TH10203	断溶体	注气前	5.09	9.00	94.00	7.40	40.24	0.79	85.25	79.01
TK265	断裂+岩溶管道	注气前	1.86	21.00	92.00	6.65	69.92	0.78	83.90	78.88
TH10104	地表水系+断裂	注气前	0.66	28.00	95.00	5.14	41.30	0.42	80.28	78.42
TP9	断溶体	注气前	4.96	21.00	96.44	2.07	53.88	0.54	88.67	77.45
TH12224CH	残丘	注气前	6.63	21.00	92.00	1.46	112.47	0.78	80.45	76.42
TK604	古水系+残丘	注气前	5.39	11.00	90.00	8.12	116.23	0.79	90.83	75.49
TK678	古暗河+断裂+残丘	注气前	6.34	18.00	93.84	1.97	30.16	0.33	87.08	75.35

（2）注气中效果评价。

根据注气中效果评价指标体系，基于综合效果评价方法，对16口井进行注气中效果评价，见表7-15。

表 7-15　注气中单井综合效果评价表

井　名	岩溶背景	轮次	方气换油率	提高采出程度/%	累积增油量/t	周期增油量/t	平均日增油水平/(t·d⁻¹)	轮次存气率/%	累积注采比	模糊综合评价分值	BP神经网络评价分值
TH12361	断裂	1	0.38	6.0	30 280.00	30 280.00	20.98	0.96	0.09	95.20	97.62
TH12137	断裂	1	0.37	0.6	28 891.34	28 891.34	27.41	0.66	0.04	92.63	94.63
S80	古暗河+断裂+残丘	1	2.0	1.0	26 222.40	26 222.40	20.52	0.77	0.12	84.69	94.01
TH10345	断溶体	1	0.84	1.6	12 086.50	8 050.00	11.68	0.98	0.59	90.36	93.36
TP182X	断溶体	1	0.19	7.4	14 720.00	14 720.00	16.00	1.00	0.10	93.21	92.28
TK603CH	古暗河+断裂+残丘	1	0.22	2.7	14 896.00	14 896.00	22.64	0.85	0.13	83.06	89.70
TH12110	断裂	1	0.37	1.2	20 763.61	12 687.06	13.81	0.68	0.20	80.08	89.68
AD19	断裂	1	0.32	1.6	23 024.00	23 024.00	14.25	1.00	0.09	87.65	89.40
TH10110CH2	暗河+断裂	1	0.22	3.9	14 679.18	9 875.18	8.65	0.65	0.33	74.16	84.54
TK636H	古暗河+断裂+残丘	1	0.20	1.2	27 216.30	27 216.30	23.83	0.84	0.13	88.68	84.25

井　名	岩溶背景	轮次	方气换油率	提高采出程度/%	累积增油量/t	周期增油量/t	平均日增油水平/(t·d⁻¹)	轮次存气率/%	累积注采比	模糊综合评价分值	BP神经网络评价分值
TK462H	岩溶管道＋断裂	1	0.24	0.4	18 886.16	18 886.16	16.51	0.70	0.10	73.39	82.93
S80	古暗河＋断裂＋残丘	2	0.20	0.3	34 856.40	8 634.00	21.11	0.74	0.17	80.70	75.86
TK636H	古暗河＋断裂＋残丘	2	0.30	0.0	28 206.03	989.73	5.08	1.00	0.25	66.06	75.31
TH12251	断裂＋残丘	1	0.25	2.3	8 945.00	8 945.00	7.50	1.00	0.21	64.87	75.25
T702B	断裂＋残丘	1	0.23	0.1	13 160.21	2 611.49	40.80	0.93	0.84	66.42	74.38
TK7-619CH	古暗河＋断裂＋残丘	1	0.22	2.4	13 055.35	9 387.00	7.98	0.86	0.59	66.51	72.50

（3）注气后效果评价。

根据注气后效果评价指标体系，基于综合效果评价方法，对 15 口井进行注气后效果评价，见表 7-16。

表 7-16　注气后单井综合效果评价表

井　名	岩溶背景	开发阶段	方气换油率	提高采出程度/%	累积增油量/t	平均日增油水平/(t·d⁻¹)	累积存气率/%	累积注采比	模糊综合评价分值	BP神经网络评价分值
TH12361	断　裂	注气后	0.38	6.0	30 280.00	20.98	0.96	0.09	94.65	96.36
TH12137	断　裂	注气后	0.37	0.6	28 891.34	27.41	0.66	0.04	95.70	94.65
S80	古暗河＋断裂＋残丘复合控制	注气后	0.20	0.3	34 856.40	21.11	0.74	0.17	88.58	93.21
S115-4	断溶体	注气后	0.37	0.6	9 505.00	8.41	1.00	0.13	82.55	92.46
TH12251	断裂＋残丘	注气后	0.25	2.3	8 945.00	7.50	1.00	0.21	78.22	89.17
TH10144	暗河＋断裂	注气后	0.38	0.1	5 394.92	16.25	0.70	0.32	77.54	89.17
AD19	断　裂	注气后	0.32	1.6	23 024.00	14.25	1.00	0.09	87.23	86.36
TK674XCH	古水系＋残丘复合控制	注气后	0.19	5.3	4 799.00	5.19	0.74	0.57	78.90	82.84
TH10237	断溶体	注气后	0.29	0.4	10 120.00	14.58	0.98	0.22	77.81	78.59
TK209CH2	断裂＋岩溶管道复合控制	注气后	0.33	0.5	5 793.00	11.40	0.83	0.11	73.34	78.47
TH10232	断裂＋上覆水系	注气后	0.30	0.1	6 061.97	16.52	1.00	0.62	75.79	74.27

井　名	岩溶背景	开发阶段	方气换油率	提高采出程度/%	累积增油量/t	平均日增油水平/(t·d⁻¹)	累积存气率/%	累积注采比	模糊综合评价	BP神经网络评价分值
TH10421	断溶体	注气后	0.38	0.0	2 495.00	3.72	0.92	0.89	64.67	72.43
TH10411	断裂+局部构造高	注气后	0.37	0.3	3 097.26	2.42	0.92	0.20	64.09	72.42
TK304CH	断裂+残丘	注气后	0.27	0.3	10 581.90	12.19	0.74	0.22	63.57	71.84
TH10254XCH	断裂+上覆水系	注气后	3.3	0.0	568.59	8.01	1.00	2.62	65.39	71.27

4）气驱综合评分分布规律研究

研究表明,单井注气后效果较为显著,开发效果普遍优于注气前,随着开发时间增加,开发效果递减,但仍普遍优于注气前。同时,气驱过程中注气波及范围较小,影响范围有限,相邻注气井的气驱效果存在较大差异。3个注气阶段的评分比较如图 7-11 所示。

不同注气阶段分数构成如图 7-12 所示。由图可知,随着注气时间增加,注气效果极好的高分井减少 12%,效果较好的中分井增加 16%。

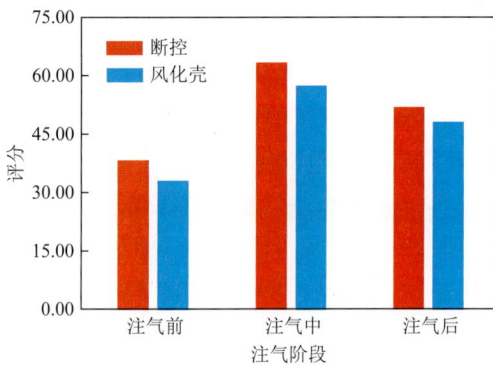

图 7-11　不同注气阶段评分比较

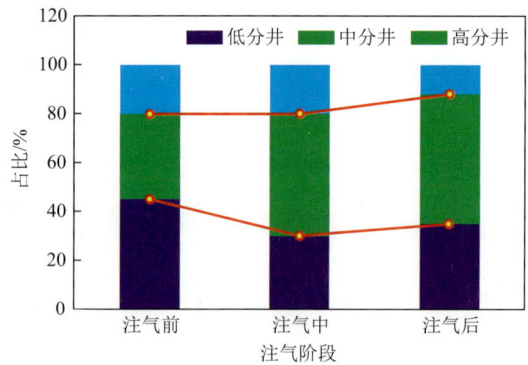

图 7-12　不同注气阶段分数构成

7.2　单元注气

7.2.1　单元注气原理及技术简介

单元注气原理与单井注气原理类似,主要利用注入气体与地层原油的密度差异所产生的重力分异现象产生次生气顶,置换局部高点的原油或"阁楼油",改变剩余油饱和度的分布。惠健通过物理模拟及数值模拟研究塔河油田碳酸盐岩缝洞型油藏注气替油机理,将其总结为 3 个方面,分别是注入氮气的非混相驱油作用、氮气的膨胀与降黏作用以及重力分异替油作用。

7.2.2 定量化单元注气

S67 单元以缝洞储集体为主,油气富集程度高,从填充状况出发可以分为上、中、下 3 层(图 7-13):上层以溶蚀缝为主;中层以未填充溶洞为主,为主力产层;下层以垮塌充填溶洞为主,伴生强烈的溶蚀改造。

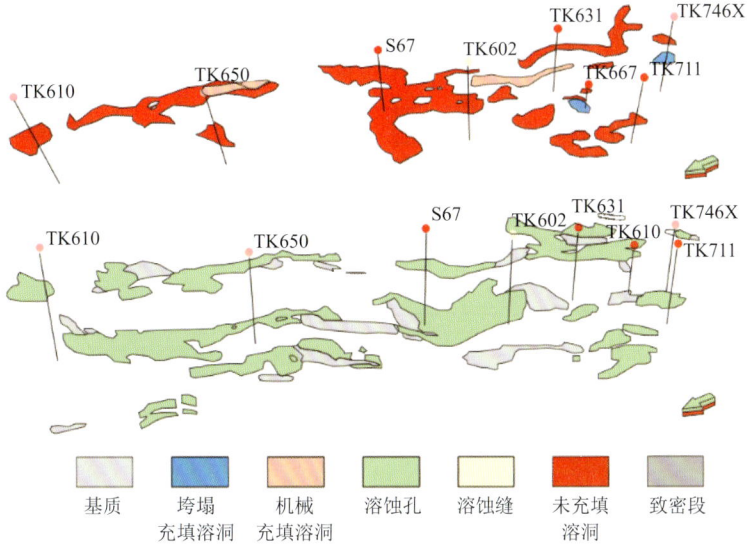

图 7-13 S67 单元储层平面展布状况

单元内暗河发育,有上、下两层暗河,上下河道主要通过断裂和裂缝连通,见表 7-17,如图 7-14 所示。

表 7-17 S67 单元河道孔渗状况

结构要素		平均孔隙度	平均渗透率/(10^{-3} μm^2)
上层河道		0.02	58.5
下层河道	主干河道	0.06	438.9
	分支河道	0.04	340.0
裂 缝		0.50	1 000.0

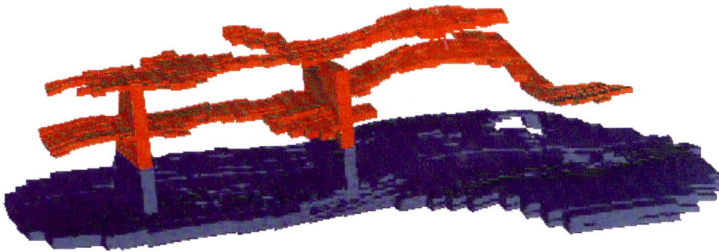

图 7-14 S67 单元河道分布状况

S67 单元从 1999 年开始开发,经历了试采期、上产期、递减期、注水期、注气期 5 个开发阶段:1999 年 11 月开始试采,2001 年 2 月开始进行天然能量开发,2004 年 1 月进入天然能量开发递减阶段,2009 年 8 月开始进行单井注水替油、单元注水驱油开采,2012 年 12 月开始进行单井注气替油、单元注气驱油开采,如图 7-15 所示。

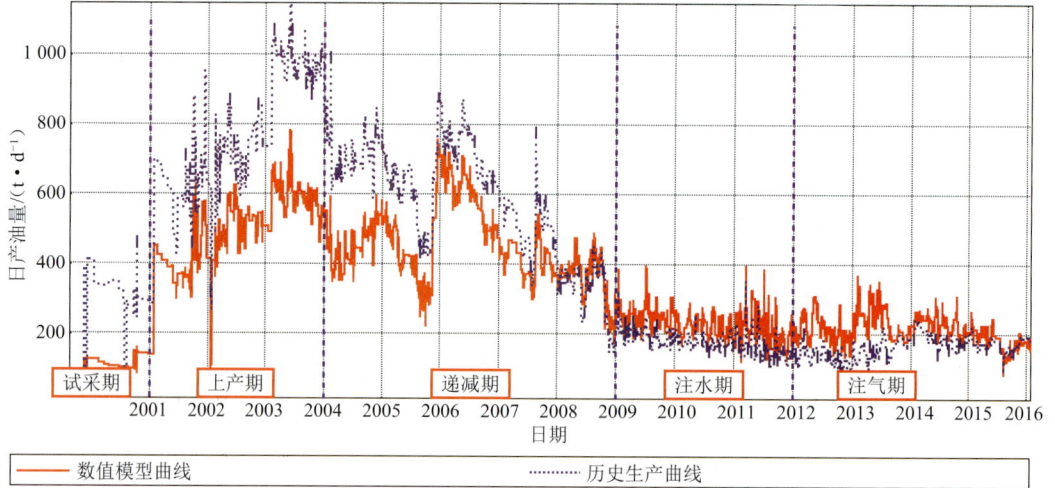

图 7-15　S67 单元开发历史生产阶段曲线

目前,S67 单元具有 6 个明显响应的井组,分别为 TK643-S67 井组、TK666-TK667 井组、TK765CH-TK667 井组、TK765CH-TK711 井组、TK765CH-TK746X 井组、TK766-TK7-637H 井组,如图 7-16 所示。

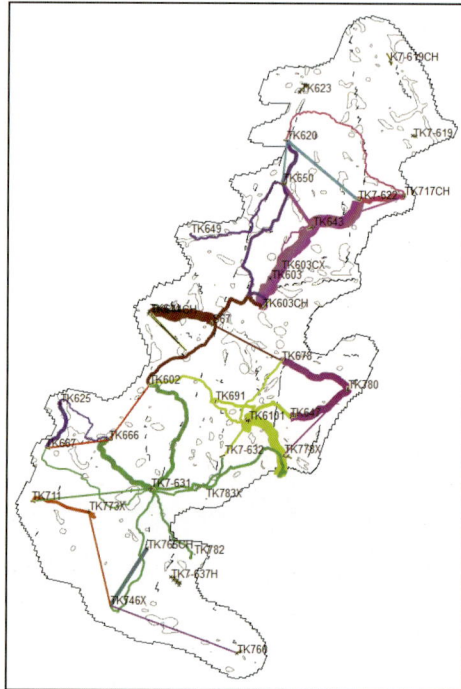

图 7-16　注采关系图

基于 ROCKTYPE 建模方法，结合模型岩性、物性及流体等资料，建立最高网格精度为 1.2 m 的 S67 单元碳酸盐岩缝洞型油藏精细数值模型。模型面积为 2 226.9 m²，网格数量为 $101×279×95＝267.7×10^4$ 个，平面网格平均尺寸为 25.8 m，纵向网格平均尺寸为 1.2 m，见表 7-18，如图 7-17 和图 7-18 所示。

表 7-18　S67 单元数值模型基本参数表

储层参数	储层温度/℃	地层水压缩系数/MPa⁻¹	地下水密度/(kg·m⁻³)	岩石压缩系数/bar⁻¹
数　值	120	$4.4×10^{-6}$	1 000	$1×10^{-5}$

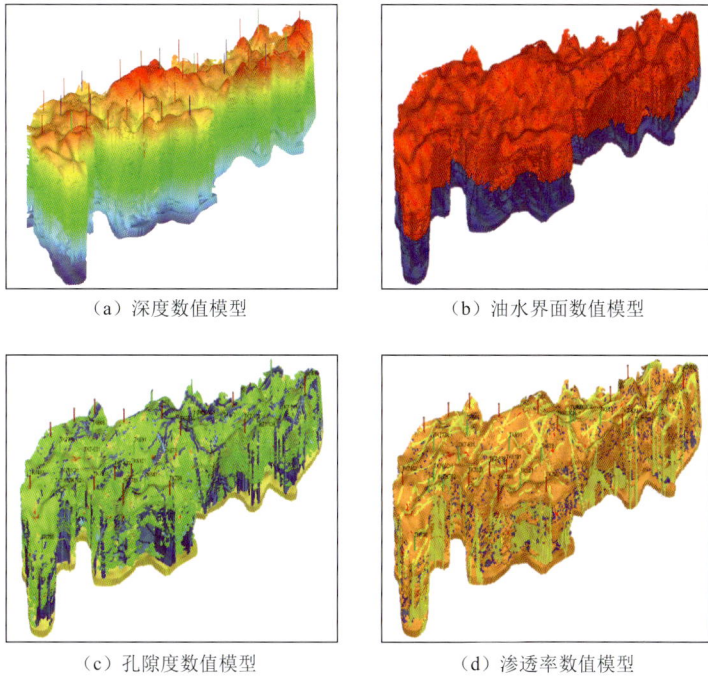

（a）深度数值模型　　（b）油水界面数值模型

（c）孔隙度数值模型　　（d）渗透率数值模型

图 7-17　S67 单元数值模型

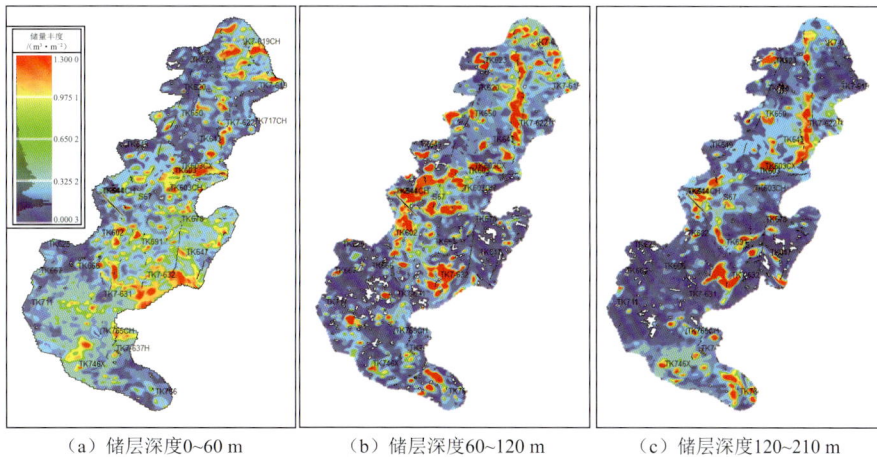

（a）储层深度0~60 m　　（b）储层深度60~120 m　　（c）储层深度120~210 m

图 7-18　S67 单元储量丰度图

S67 单元经过以上 5 个开发阶段后,剩余油分布呈现出在纵向上主要分布于油藏中高部位,平面上主要分布于井间以及未布井部位的特征。结合储量丰度图与注采关系图,本书提出河注边采与边注河采两套注气井网设计方案,如图 7-19 所示。

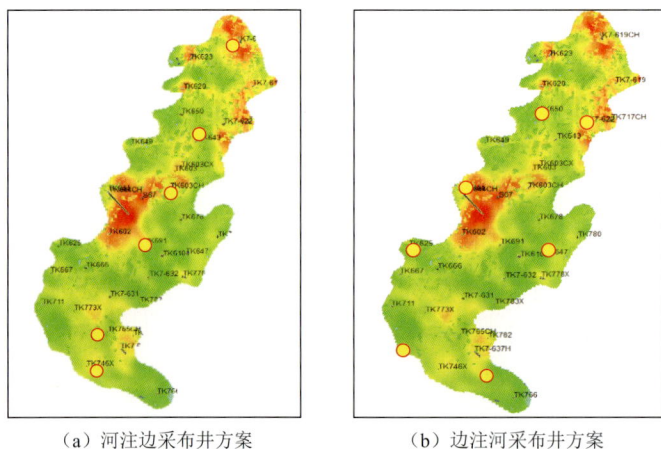

(a) 河注边采布井方案　　　　　(b) 边注河采布井方案

图 7-19　注采井网方案设计图

S67 单元数值模拟结果(表 7-19)显示,河注边采方案受效井有 24 口,明显关联受效井组 6 个;边注河采方案受效井相对较少,有 18 口受效井,5 个明显关联受效井组,如图 7-20 所示。

表 7-19　注采关联井组表

河注边采		边注河采	
注入井	受效井数/口	注入井	受效井数/口
TK7-619CH	3	TK625	2
TK643	5	TK644	1
TK644CH	2	TK647	4
TK691	6	TK649	5
TK7-631	5	TK7-622	3
TK765CH	3	TK711	3

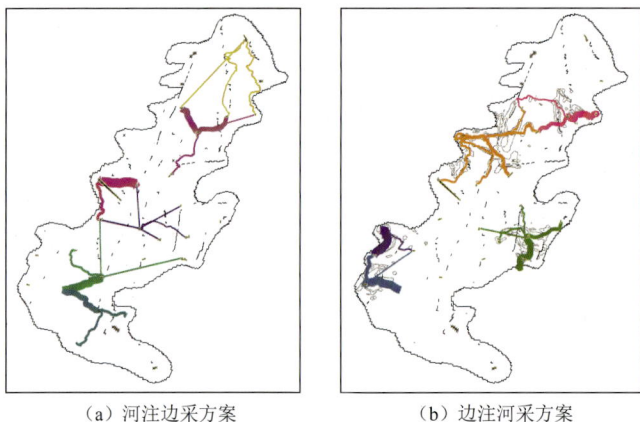

(a) 河注边采方案　　　　　(b) 边注河采方案

图 7-20　注采井受效关系图

从增油效果角度分析,边注河采方案较河注边采方案的日产油量高,注气后生产初期日产油量可达 601.14 t/d,而同期河注边采方案日产油量仅 490.25 t/d,如图 7-21 所示。一个周期内,边注河采方案较河注边采方案累计多产油 1.62%。

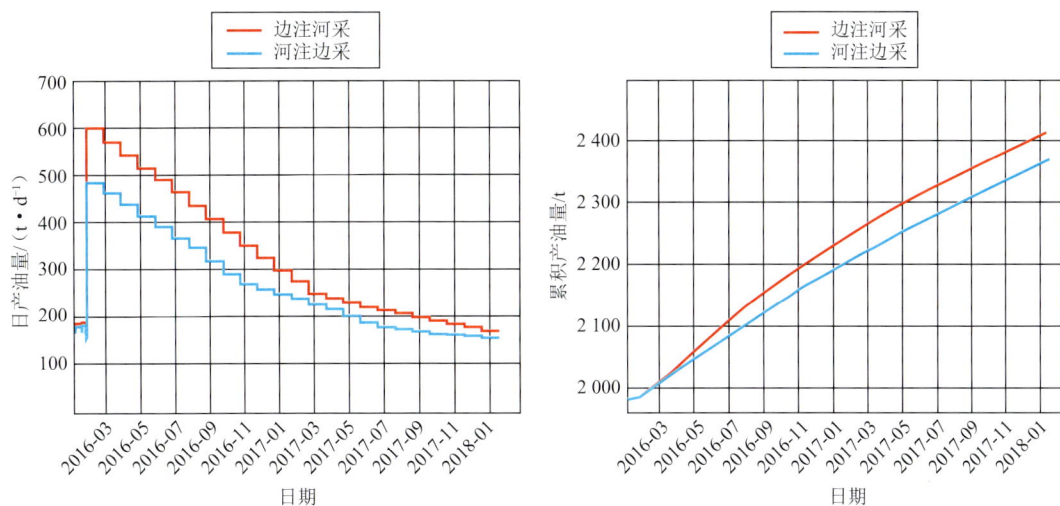

图 7-21　不同方案生产曲线对比

综上可知,河注边采方案受效井数更多,但边注河采方案增油效果更好,说明边注河采方案的单井增油量更高。由于两种方案设计注入量相同,注气成本一致,因此 S67 单元宜采用边注河采方案以获得更大的经济效益。

根据注采井网设计研究成果,采用边注河采方案,设计 5×10^4 m³/d,8×10^4 m³/d,10×10^4 m³/d 三种注气速度方案,分别对不同注气速度下的受效井数、增油效果以及生产状况进行研究。通过对受效井数研究可知,受效井数随注气速度的增加而增加,如图 7-22 所示。当注气速度达到 8×10^4 m³/d 时,受效井数不再增加,此时共有 22 口受效井。

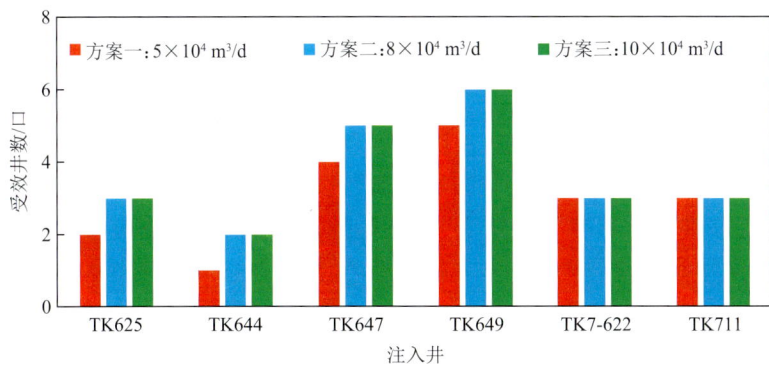

图 7-22　注采受效井数统计图

研究边注河采方案井网下不同注气速度的生产关系可知,在氮气注入速度为 8×10^4 m³/d 时产油量最高,单元注气后生产初期总产油量可达 623.23 m³/d,一个周期内的累积产油量较 5×10^4 m³/d 和 10×10^4 m³/d 两种注入方案分别高 1.23% 和 1.65%,如图 7-23 所示。

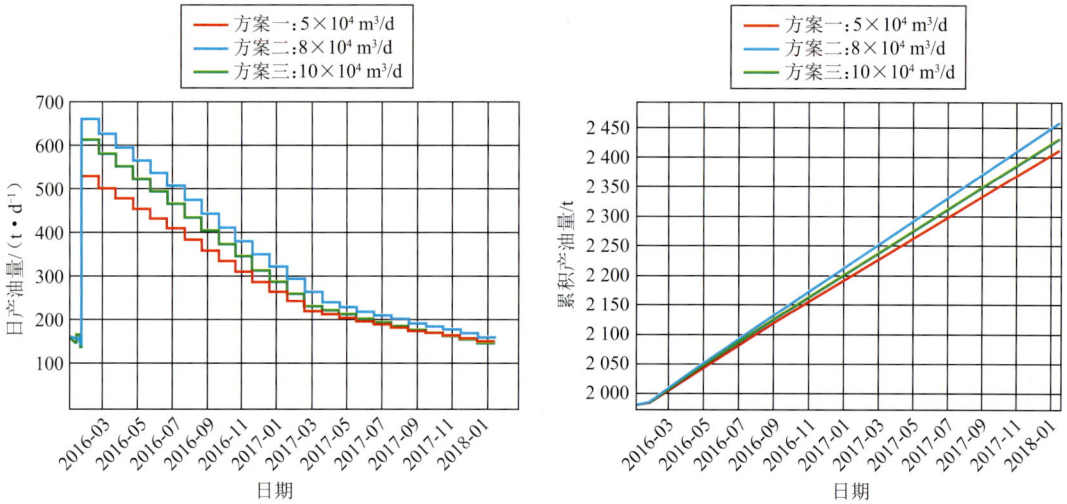

图 7-23 不同方案生产曲线对比

7.2.3 单元注气效果评价

结合矿场常用的注气效果评价指标，对单元注气效果从不同的评价角度进行归纳总结，见表 7-20。

表 7-20 注气效果评价指标统计表

类 型		评价指标
注采连通状况类指标		气驱储量控制程度、注采对应率、注采井数比、井网密度、单井控制储量、气驱动用程度
注气类指标	注气利用状况	存气率
	含水变化状况	含水率、含水上升率、含水上升速度、含水-可采储量采出程度关系
	产油类指标	地质储量采油速度、无因次采油速度、自然递减率、综合递减率、总递减率、采油指数、产能保有率、平均日增油水平、累积增油量、周期增油量
注采类指标	注采关系类指标	含水率、含水上升率
	注采平衡类指标	储采平衡系数、储采比、剩余可采储量、采油速度、地层压力、地层总压降、生产压差、地层压力保持水平、新增可采储量、累积注采比、自然递减率
效果效益类指标		地质储量采出程度、可采储量采出程度、采收率、平均日增油水平、方气换油率、累积增油量、周期增油量、提高采出程度

1）不同阶段的注气效果评价体系

碳酸盐岩缝洞型油藏注气通常在水驱完成后进行，一般会进行多个轮次的注气驱替，因此气驱效果需要根据气驱时间的不同进行精细划分评价。

（1）注气前效果评价体系。

注气前效果评价的核心意义是评价油藏的水驱效果，因此建立碳酸盐岩缝洞型油藏注气前效果评价体系注气前效果评价体系，见表 7-21。

表 7-21　碳酸盐岩缝洞型油藏井组注气前效果评价体系

评价角度	评价指标	评价目的
开采状态	累积注采比	评价注采的平衡状态
	存水率	评价注水的利用状态
	含水上升率	评价生产的含水状态
剩余油生产能力	能量保持程度	从能量角度评价剩余油生产能力
	自然递减率	从产能角度评价剩余油生产能力
效果对比指标	提高采出程度	评价注气前状况，作为注气后效果对比指标

（2）注气中效果评价体系。

由于注入氮气的密度和油气界面张力较小，因此注气替油是一个逐渐进行的缓慢过程。碳酸盐岩缝洞型油藏注气替油通常采用多个轮次进行，不同轮次可能采用不同的注气速度、注气量以及注气周期，因此不同轮次的驱替效果也有较大差异。碳酸盐岩缝洞型油藏注气中效果评价体系需着重考虑不同轮次的替油效果，见表 7-22。

表 7-22　碳酸盐岩缝洞型油藏井组注气中效果评价体系

类　　型	指标名称	定义、计算方法
注采连通状况类指标	气驱动用程度	同一关联井组内，注气井注入气所波及空间范围内的地质储量与井组总地质储量之比
注采平衡类指标	累积注采比	注水和注气的总注入量与产气和产液的总产量之比
	自然递减率	注气前后或不同受效阶段自然递减率的变化幅度，反映了增产效果的稳定性
开发水平类指标	轮次存气率	该轮次注入气量与产出气量的差与该轮次注入气量之比
	含水上升率	注气增产时地层含水率的变化快慢
效果效益类指标	累积增油量	注气开采后总产油量与未采取增油措施产油量之差
	提高采出程度	累积增油量与可采储量之比
	周期增油量	累积增油量与周期个数之比
	平均日增油水平	累积增油量与开井天数之比
	方气换油率	$1\ m^3$ 气能够增加的原油采出量

（3）注气后效果评价体系。

注气后效果评价是指注气开发完成之后，对整个注气阶段的生产效果进行的评价，此时不再局限于生产过程中具体的生产指标，而是突出整个注气过程中的生产状态、生产效果以及生产效益，见表 7-23。

表 7-23　碳酸盐岩缝洞型油藏井组注气后效果评价体系

类　型	指标名称	定义、计算方法
注采连通状况类指标	气驱动用程度	同一关联井组内,注气井注入气所波及空间范围内的地质储量与井组总地质储量之比
注采平衡类指标	累积注采比	注水和注气的总注入量与产气和产液的总产量之比
	自然递减率	注气前后或不同受效阶段自然递减量的变化幅度,反映了增产效果的稳定性
开发水平类指标	累积存气率	累积注入气量与产出气量的差与累积注入气量之比
	含水上升率	注气增产时地层含水率的变化快慢
效果效益类指标	累积增油量	注气开采后总产油量与未采取增产措施产油量之差
	提高采出程度	累积增油量与可采储量之比
	平均日增油水平	累积增油量与开井天数之比
	方气换油率	1 m³ 气能够增加的原油采出量

2) 评价指标权重设置

从评价核心目的、主要评价目标、基本评价指标及常用技术指标几方面考虑,采用 Delphi 层次分析法设置权重。

(1) 核心评价目标。注气开发成本较高,评价注气效果首先需要评价注气效益,核心表征指标为方气换油率。

(2) 主要评价目标。为凸显注气效果,需从不同角度评价注气后增油状况,主要表征指标为提高采出程度、周期增油量以及累积增油量。

(3) 基本评价指标。权重集中体现出注气开发后油井的产能状况,主要表征指标为平均日增油水平、自然递减率、气驱动用程度及含水上升率。

(4) 常用技术指标。加入油井注气效果评价中常用的技术表征指标,主要有存气率以及累积注采比。

根据上述原则,分析得到权重方案排序,见表 7-24。

表 7-24　方案重要性排序表

评价指标	方气换油率	提高采出程度	周期增油量	累积增油量	平均日增油水平	自然递减率	气驱动用程度	存气率	含水上升率	累积注采比
排序方案	1	2	3	4	5	6	7	8	9	10

在上述排序表的基础上,采用 Delphi 方法建立对比矩阵,见表 7-25～表 7-28。

表 7-25　Delphi 层次分析矩阵

评价指标	方气换油率	提高采出程度	周期增油量	累积增油量	平均日增油水平	自然递减率	气驱动用程度	存气率	含水上升率	累积注采比
方气换油率	1.00	1.11	1.25	1.43	1.67	2.00	2.50	3.33	5.00	10.00

评价指标	方气换油率	提高采出程度	周期增油量	累积增油量	平均日增油水平	自然递减率	气驱动用程度	存气率	含水上升率	累积注采比
提高采出程度	1.00	1.00	1.13	1.29	1.50	1.80	2.25	3.00	4.50	9.00
周期增油量	1.00	0.89	1.00	1.14	1.33	1.60	2.00	2.67	4.00	8.00
累积增油量	1.00	0.78	0.88	1.00	1.17	1.40	1.75	2.33	3.50	7.00
平均日增油水平	1.00	0.67	0.75	0.86	1.00	1.20	1.50	2.00	3.00	6.00
自然递减率	1.00	0.56	0.63	0.71	0.83	1.00	1.25	1.67	2.50	5.00
气驱动用程度	1.00	0.44	0.50	0.57	0.67	0.80	1.00	1.33	2.00	4.00
存气率	1.00	0.33	0.38	0.43	0.50	0.60	0.75	1.00	1.50	3.00
含水上升率	1.00	0.22	0.25	0.29	0.33	0.40	0.50	0.67	1.00	2.00
累积注采比	1.00	0.11	0.13	0.14	0.17	0.20	0.25	0.33	0.50	1.00

表 7-26　注气前权重指标分析成果

评价指标	提高采出程度	自然递减率	能量保持程度	含水上升率	存水率	累积注采比
权　重	0.26	0.22	0.17	0.15	0.12	0.08

表 7-27　注气中权重指标分析成果

评价指标	方气换油率	提高采出程度	周期增油量	累积增油量	平均日增油水平	自然递减率	气驱动用程度	轮次存气率	含水上升率	累积注采比
权　重	0.20	0.16	0.14	0.11	0.10	0.08	0.07	0.06	0.05	0.03

表 7-28　注气后权重指标分析成果

评价指标	方气换油率	提高采出程度	累积增油量	平均日增油水平	自然递减率	气驱动用程度	累积存气率	含水上升率	累积注采比
权　重	0.19	0.17	0.15	0.13	0.11	0.09	0.07	0.05	0.04

3）气驱效果综合评价

（1）注气前效果评价。

根据注气前效果评价指标体系,基于综合效果评价方法,对 16 个井组进行注气前效果评价,见表 7-29。

表 7-29　注气井组综合效果评价表

井　组	岩溶背景	开发阶段	提高采出程度/%	自然递减率/%	能量保持程度/%	含水上升率%	存水率/%	累积注采比	模糊综合评价分值	BP 神经网络评价分值
S76	主干断裂控制区	注气前	8.55	45.00	90.00	−7.00	51.18	0.08	75.70	96.01

井　组	岩溶背景	开发阶段	提高采出程度/%	自然递减率/%	能量保持程度/%	含水上升率%	存水率/%	累积注采比	模糊综合评价分值	BP神经网络评价分值
TK825	主干断裂控制区	注气前	7.26	45.00	86.00	−5.00	96.40	0.09	86.05	73.10
T702B	主干断裂控制区	注气前	6.89	45.00	89.00	−1.00	27.12	0.07	89.95	74.21
S91	主干断裂控制区	注气前	3.62	45.00	83.00	10.00	−2.02	0.02	76.70	73.75
TH10206	主干断裂控制区	注气前	4.68	39.00	73.00	−6.00	−18.29	0.10	78.87	70.77
T705	主干断裂控制区	注气前	1.66	33.00	95.00	11.10	78.09	0.04	68.94	70.39
TH10309CH	主干断裂控制区	注气前	2.05	39.00	92.00	−5.00	18.70	0.04	66.62	70.75
TH10259	主干断裂控制区	注气前	1.05	45.00	76.00	6.30	−17.63	0.04	78.95	67.97
TH12118	主干断裂控制区	注气前	4.25	30.00	75.00	−7.00	65.19	0.08	60.26	64.19
TK7-456	主干断裂控制区	注气前	6.49	27.00	88.00	9.60	120.00	0.09	47.19	56.31
TH12101	主干断裂控制区	注气前	2.34	33.00	85.00	2.00	−18.06	0.08	44.24	47.64
TH10402	主干断裂控制区	注气前	1.74	36.00	84.00	8.10	57.04	0.07	41.93	38.09
TH10303	主干断裂控制区	注气前	7.95	30.00	80.00	4.00	−12.99	0.04	21.70	21.92
T7-444	古暗河	注气前	3.90	42.00	78.00	6.00	39.57	0.07	97.26	87.88
T313	古暗河	注气前	4.10	39.00	75.00	3.00	10.84	0.03	79.76	67.05
S67	古暗河	注气前	4.98	33.00	93.00	8.00	83.07	0.05	42.21	53.02

（2）注气中效果评价。

根据注气中效果评价指标体系，基于综合评价方法，对 18 个井组进行注气中效果评价，见表 7-30。

表 7-30　注气井组综合效果评价表

井　组	岩溶背景	轮次	方气换油率	提高采出程度/%	周期增油量/t	累积增油量/t	平均日增油水平/(t·d⁻¹)	自然递减率/%	气驱动用程度/%	轮次存气率/%	含水上升率/%	累积注采比	模糊综合评价分值	BP神经网络评价分值
T705	主干断裂控制区	1	2.47	1.04	35 661.57	35 661.57	0.01	−8.12	18.80	64.19	1.92	0.67	83.67	94.55
S48	风化壳＋古暗河	1	0.78	1.01	38 537.06	67 726.46	42.46	3.15	10.89	89.82	−0.26	1.11	80.09	94.51
S76	主干断裂控制区	1	0.82	2.54	19 231.72	19 231.72	47.05	−3.54	68.81	79.07	−32.24	0.90	92.16	90.31

续表 7-30

井　组	岩溶背景	轮次	方气换油率	提高采出程度/%	周期增油量/t	累积增油量/t	平均日增油水平/(t·d⁻¹)	自然递减率/%	气驱动用程度/%	轮次存气率/%	含水上升率/%	累积注采比	模糊综合评价分值	BP神经网络评价分值
T740	次级断裂控制区	1	3.51	2.21	17 331.00	17 331.00	0.81	−2.46	33.64	37.67	29.13	0.12	75.03	87.78
S91	主干断裂控制区	1	2.64	0.25	4 345.04	6 357.69	28.69	1.32	27.19	77.38	−8.58	0.06	59.18	71.01
T739	主干断裂控制区	1	1.26	0.72	42 020.98	42 020.98	0.00	−6.03	56.52	81.28	−68.21	0.66	76.99	70.06
S67	古暗河	1	0.81	0.65	30 699.54	30 699.54	40.48	−0.76	21.87	80.08	4.45	2.26	70.34	66.12
S48	风化壳＋古暗河	2	0.21	0.41	11 040.19	79 409.52	25.96	−5.68	7.66	90.89	−7.50	1.17	62.28	61.65
TK409	古暗河	1	0.36	0.32	13 241.65	13 241.65	24.10	−4.16	41.96	91.38	−43.81	0.82	48.00	55.68
TK825	主干断裂控制区	1	1.26	0.27	3 307.73	3 307.73	4.99	−6.12	25.07	79.53	35.00	0.10	48.29	55.06
S80	古暗河	1	2.29	0.29	7 587.51	12 798.31	32.15	4.32	13.71	73.86	−17.23	0.11	53.33	51.73
T313	古暗河	1	0.96	0.48	5 502.27	5 502.27	21.81	−5.68	30.30	68.40	7.20	0.16	47.68	50.54
S48	风化壳＋古暗河	3	0.27	0.54	16 684.80	16 684.80	21.00	1.16	8.84	89.01	−75.57	1.36	46.27	46.73
S80	古暗河	2	0.40	1.39	5 210.81	5 210.81	27.70	−2.11	36.25	73.86	0.00	0.44	39.82	45.79
S65	风化壳＋古暗河	1	0.35	1.06	13 628.16	13 628.16	11.59	−0.36	30.16	90.33	−58.67	0.86	43.71	44.14
T701	次级断裂控制区	1	1.17	0.23	1 770.21	1 770.21	2.18	1.62	22.62	90.17	13.73	0.06	38.56	43.18
TH10402	主干断裂控制区	1	2.29	0.90	6 427.64	6 427.64	3.11	3.16	20.39	54.53	45.00	0.07	42.53	42.95
T702B	主干断裂控制区	1	0.29	0.11	1 311.12	1 311.12	19.57	−2.30	20.42	77.57	8.38	0.17	34.54	41.11

（3）注气后效果评价。

根据注气后效果评价指标体系，基于综合效果评价方法，对 15 个井组进行注气后效果评价，见表 7-31。

表 7-31　注气井组综合效果评价表

井　组	岩溶背景	开发阶段	方气换油率	提高采出程度/%	累积增油量/t	平均日增油水平/(t·d^{-1})	自然递减率/%	气驱动用程度	累积存气率/%	含水上升率/%	累积注采比	模糊综合评价	神经网络评价
T705	主干断裂控制区	注气后	2.47	7.30	35 661.57	12.10	−8.12	63.88	91.00	1.92	0.67	83.12	98.08
S76	主干断裂控制区	注气后	0.82	11.34	19 231.72	27.05	−3.54	50.87	85.89	−32.24	0.90	94.92	95.87
T740	次级断裂控制区	注气后	3.51	7.73	17 331.00	3.81	−2.46	33.64	74.93	29.13	0.12	78.89	85.20
T739	主干断裂控制区	注气后	1.26	5.01	42 020.98	2.10	−6.03	40.40	67.74	−68.21	0.66	72.44	84.75
TK825	主干断裂控制区	注气后	1.26	9.44	3 307.73	4.99	−6.12	50.07	49.40	35.00	0.10	65.62	70.22
T313	古暗河	注气后	8.33	5 502.27	0.96	21.81	−8.12	18.35	57.00	7.20	0.16	64.28	68.13
S91	主干断裂控制区	注气后	2.64	8.62	6 357.69	28.69	1.32	27.19	49.40	−8.58	0.06	71.44	67.87
TK409	古暗河	注气后	0.36	11.04	13 241.65	24.10	−4.16	55.95	68.78	−43.81	0.82	59.86	60.46
S65	风化壳＋古暗河	注气后	0.35	7.44	13 628.16	11.59	−0.36	30.16	67.99	−58.67	0.86	51.20	49.66
T701	次级断裂控制区	注气后	1.17	7.90	1 770.21	2.18	1.62	17.99	91.00	13.73	0.06	40.74	45.63
TH10402	主干断裂控制区	注气后	2.29	12.60	6 427.64	3.11	3.16	71.03	59.07	45.00	0.07	38.00	44.08
TH12118	主干断裂控制区	注气后	0.27	9.30	3 904.12	19.20	−0.98	16.70	87.29	−2.69	0.34	37.73	43.01
T702B	主干断裂控制区	注气后	0.29	7.77	1 311.12	19.57	−2.30	20.42	77.00	8.38	0.17	45.00	40.95
S67	古暗河	注气后	0.20	9.27	34 940.94	10.38	2.03	27.23	78.46	2.94	0.61	38.54	37.38
S48	风化壳＋古暗河	注气后	0.02	3.31	68 369.33	0.03	7.13	11.09	67.02	0.00	0.62	29.47	33.60

4）气驱综合评分分布规律研究

研究表明，低分井组存气率（76%）与井组平均存气率（78%）差异较小，说明目前井组注气量较为充足，注气量并不是影响注气效果的主要原因。同时，低分井组周期产油量（36 t）远低于注气井组的平均水平（782 t），进一步说明了结合不同井组的地质状况，细致研究不同轮次的波及范围，实施精准注气的必要性。

第8章
碳酸盐岩缝洞型油藏开发方案
油藏工程设计要点

8.1 开发方案油藏工程设计基本内容

开发方案是油藏开发工作的依据,主要包括以下内容。

1) 油藏概况

简要概述区块自然条件、区域地质情况、勘探开发简历、油藏动态情况及目前资料录取情况等。

2) 油藏特征及储量

油藏特征主要包括地层特征、构造特征、地震预测缝洞储集体特征、储集体的岩溶特征及实钻特征、储集体的静态连通特征等,在这些特征的基础上,划分储集体类型并根据储集体性质分类,开展缝洞单元划分与评价。随后进行流体性质、温度压力系统的评价,分析油气充注路径、油气富集特征及控制因素,确定缝洞单元的油水界面和油柱高度,阐述油水关系和油水分布特征。依据岩溶地质背景、PVT 资料、油水关系资料等确定油藏类型,进行缝洞单元储量计算与评价。

3) 缝洞单元试采特征

缝洞单元试采特征主要包括能量特征、产能特征、含水特征及递减特征等,在这些特征的基础上,统计油井投产初期和目前生产数据,分析地层能量变化特征,并进行分级评价。缝洞单元开发效果评价包括天然能量驱阶段开发效果分析评价及注水、注气效果分析评价。

4) 油藏工程方案设计

油藏工程方案设计包括开发原则、开发程序、开发层系划分,开发方式(天然能量开发、注水开发、注气开发)选择,开发井网、井型、井距确定,油藏合理采油速度确定及单井产能设计等。根据开发方式、井网、井型和井距等论证结果,提出多套开发方案,进行开发指标预测、采收率预测及最佳方案优选等。

8.2　开发方案油藏工程设计要点

1）缝洞单元储量计算与评价

油藏储量是开发方案编制的重要依据,储量计算的准确性对方案编制起着重要作用。由于碳酸盐岩缝洞型油藏严重的非均质性,目前主要采用容积法和以地震手段为主的"雕刻体积法"进行地质储量计算,并依据行业标准开展缝洞单元储量可靠性评价和储量综合评价。

需要的主要数据表有缝洞单元地质储量计算表。

2）缝洞单元试采特征

通过试油试采及监测资料分析地层能量变化特征、油井自然产能情况,分析产能递减特征、含水变化规律及影响因素,包括缝洞规模、井洞关系、缝洞结构连通状况、能量状况等,评价开发效果,为开发方式确定、开发层系划分、油井工作制度选择提供依据。

需要的主要图件有开发方案井位部署平面图、井间连通图、注采井网平面图、注采井网剖面图、方案主要指标预测曲线。主要数据表有方案工作量表、方案主要指标预测数据表。

3）开发方式

开发方式是指依靠哪种能量开发油藏,主要取决于油藏地质条件、天然能量状况和油田对开发速度的要求。目前世界上依靠天然能量开发的油藏采收率一般较低,注水开发是国内外油田开发的主要方式。

塔河油田碳酸盐岩缝洞型油藏大多数开发单元天然能量不足,需要补充地层能量。塔河油田碳酸盐岩缝洞型油藏自 1997 年正式开发以来,先后经历了天然能量开发、注水开发及注气开发 3 个阶段。

（1）天然能量开发。

2005 年以前主要依靠天然能量开发,此阶段主要表现出低采收率、高递减率的开发特征。

（2）注水开发。

① 注水方式。

根据储集体的规模、连通状况、地层能量状况选择合理的注水方式。规模较大的碳酸盐岩缝洞型油藏单元储集体天然能量不足时,可实施同部位水平注水,起到平面水驱油作用;也可实施低部位注水,产生次生底水,抬升油水界面,起到纵向驱油作用,同时还可抑制底水沿裂缝上升。规模小的碳酸盐岩缝洞型油藏单元储集体天然能量不足时,不能像砂岩油藏一样建立注采关系,但其具有导流能力强、界面张力弱、油水易于置换等特点,通过注水一方面给储集体补充能量,另一方面利用重力分异原理,将剩余油重新富集于溶洞上部,使生产井恢复生产。

由于塔河主体区储集体规模较大、井间连通性好,采用单元注水开发;塔河油田西部及西南部十区、十二区、托甫台区井间连通性差,多采用单井注水开发。

② 单元注水优化设计。

根据多井缝洞单元的岩溶地质背景，从注采井网、注水时机、注水方式、注采参数等方面优化设计单元注水参数。

③ 单井注水优化设计。

从注水时机、周期注采比、日注水量、注入压力、焖井时间、开井工作制度等方面优化设计单井注水参数。

（3）注气开发。

① 注气方式。

与注水开发类似，单井缝洞单元采用单井注气开发，多井缝洞单元采用单元注气开发。

② 单元注气优化设计。

根据多井缝洞单元的岩溶地质背景，从注采井网、注气方式、注气时机、注气量、注采比、采液强度等方面优化设计单元注气参数。

③ 单井注气优化设计。

从注气方式、注气时机、周期注气量、焖井时间、采液强度等方面优化设计单井注气参数。

4）方案部署及优化

（1）井网。

针对缝洞的空间配置关系、井洞关系、油水关系、开发方式，优化空间结构井网设计，提高缝洞储集体的控制程度。因为缝洞储集体具有严重的非均质性、分布的不规则性及较高的裂缝导流能力，一般采用灵活的不规则井网。

（2）井型。

根据缝洞储集体的分布特点及地面限制情况，优化井型设计，包括直井、斜井、水平井、侧钻水平井，以达到安全、有效地动用储集体的目的。

（3）井距。

根据缝洞储集体的预测规模、空间分布形态、静态连通情况及储集体的物性决定井距的大小，在满足一定经济效益的条件下，合理优化井距。

根据开发方式、井网、井型和井距等论证结果，结合储集体展布及储量分布状况，提出多套开发方案，进行累积产油量、累积产水量、自然递减率、含水率、地层压力、采收率等开发指标预测，优选最佳开发方案。

参 考 文 献

[1] 宋传真,朱桂良,刘中春.缝洞型油藏氮气扩散系数测定及影响因素[J].西南石油大学学报(自然科学版),2020,42(4):95-103.

[2] YANG JINGBIN, HOU JIRUI. Experimental study on gas channeling characteristics of nitrogen and foam flooding in 2-D visualized fractured-vuggy model[J]. Journal of Petroleum Science and Engineering, 2020, 194(3): 107501.

[3] 杨敏,龙喜彬,潜欢欢,等.塔河缝洞型油藏试井曲线特征及储集体识别[J].油气井测试,2020,29(3):64-70.

[4] 李红波,王翠丽,牛阁,等.有封闭水体的缝洞型油藏动态储量评价——以塔里木盆地哈拉哈塘油田为例[J].新疆石油地质,2020,41(3):321-325.

[5] 李小波,刘学利,杨敏,等.缝洞型油藏不同岩溶背景注采关系优化研究[J].油气藏评价与开发,2020,10(2):37-42,53.

[6] 胡文革.塔河碳酸盐岩缝洞型油藏开发技术及攻关方向[J].油气藏评价与开发,2020,10(2):1-10.

[7] 谭涛,郭臣,陈勇,等.高温高压缝洞型油藏注 N_2 驱提高采收率机理研究及实践[J].油气藏评价与开发,2020,10(2):60-64.

[8] 杨敏,李小波,谭涛,等.古暗河油藏剩余油分布规律及挖潜对策研究——以塔河油田TK440 井区为例[J].油气藏评价与开发,2020,10(2):43-48.

[9] 杜春晖,仇鹤,陈小凡,等.基于数值模拟的流势分析技术在缝洞型油藏开发中的应用[J].油气藏评价与开发,2020,10(2):83-89.

[10] 操银香,李柏颉,郭媛.高压注水扩容在缝洞型碳酸盐岩油藏中的应用——以塔河S1 井为例[J].油气藏评价与开发,2020,10(2):49-53.

[11] 张冰岩,陈小凡,乐平.水侵缝洞型碳酸盐岩底水油藏弹性驱动单元开采研究[J].油气藏评价与开发,2020,10(2):71-75.

[12] 崔书岳,邸元.缝洞型油藏基于重力分异假定的数值模拟[J].应用基础与工程科学学报,2020,28(2):331-341.

[13] 康志江,李阳,计秉玉,等.碳酸盐岩缝洞型油藏提高采收率关键技术[J].石油与天然气地质,2020,41(2):434-441.

[14] 窦莲,吴鲜.塔河油田缝洞型油藏气驱示踪剂响应特征分析[J].中国石油和化工标

准与质量,2020,40(6):108-109.

[15] 崔书岳,黄晓辉,陈云亮,等.基于 HMM 的缝洞型油藏产量预测算法[J].西南大学学报(自然科学版),2020,42(2):137-144.

[16] 曾成,陈本池,李宗杰,等.塔河油田十区西碳酸盐岩缝洞型油藏的宏观油水分布控制因素[J].中国岩溶,2020,39(1):71-79.

[17] SONG ZHAOJIE, LI MENG, ZHAO CHUANG, et al. Gas injection for enhanced oil recovery in two-dimensional geology-based physical model of Tahe fractured-vuggy carbonate reservoirs: karst fault system[J]. Petroleum Science,2020,17(2):419-433.

[18] 张世亮,李璐,李柏颉,等.缝洞型油藏自喷井合理产能确定方法研究[J].新疆石油天然气,2019,15(4):56-60,4.

[19] 张新宝,李留仁.碳酸盐岩缝洞型油藏井间连通性的示踪剂监测——以塔河油田T402注采井组为例[J].西安石油大学学报(自然科学版),2019,34(6):55-59.

[20] 王嘉新,周彦.塔河4区缝洞型碳酸盐岩油藏剩余油分布研究[J].石化技术,2019,26(9):302-303,356.

[21] 赵艳艳,崔书岳,张允.基于流线数值模拟精细历史拟合的缝洞型油藏剩余油潜力评价[J].西安石油大学学报(自然科学版),2019,34(5):45-51,56.

[22] 姜瑞忠,张春光,郜益华,等.缝洞型碳酸盐岩油藏水平井分形非线性渗流[J].岩性油气藏,2019,31(6):118-126.

[23] 邵仁杰,邸元,崔书岳,等.油藏数值模拟的裂缝/溶洞嵌入式计算模型[J].东北石油大学学报,2019,43(4):99-106,124,11.

[24] 王震,文欢,胡文革.塔河油田碳酸盐岩缝洞空间位置预测方法研究[J].工程地球物理学报,2019,16(4):433-438.

[25] 焦方正.塔里木盆地深层碳酸盐岩缝洞型油藏体积开发实践与认识[J].石油勘探与开发,2019,46(3):552-558.

[26] 郑松青,杨敏,康志江,等.塔河油田缝洞型碳酸盐岩油藏水驱后剩余油分布主控因素与提高采收率途径[J].石油勘探与开发,2019,46(4):746-754.

[27] 张冬丽,崔书岳,张允.缝洞型油藏多尺度裂缝模拟方法[J].水动力学研究与进展(A 辑),2019,34(1):13-20.

[28] 朱桂良,孙建芳,刘中春.塔河油田缝洞型油藏气驱动用储量计算方法[J].石油与天然气地质,2019,40(2):436-442,450.

[29] 刘洪光,牟雷.含水率与采出程度关系曲线图版改进及其在缝洞型油藏的应用[J].石化技术,2018,25(12):104-105.

[30] 王建峰.塔河油田油-气-水三相 Darcy-Stokes 流动模型与应用研究[D].成都:西南石油大学,2018.

[31] 杨阳,刘慧卿,张萌,等.一种适用于缝洞油藏的流动单元划分方法[J].数学的实践与认识,2018,48(22):97-106.

[32] 龙喜彬,曾清勇,刘国昌,等.缝洞型油藏见水预警软件系统研究[J].石油工业计算机应用,2018,26(Z1):56-59,2.

[33] 汤妍冰,巫波,周洪涛.缝洞型油藏不同控因剩余油分布及开发对策[J].石油钻采工艺,2018,40(4):483-488.

[34] 尹洪军,邢翠巧,计秉玉,等.大尺度溶洞发育的缝洞型油藏试井解释模型研究[J].特种油气藏,2018,25(5):84-88.

[35] 宋兆杰,杨柳,侯吉瑞,等.缝洞型油藏裂缝内油水两相流动特征研究[J].西安石油大学学报(自然科学版),2018,33(4):49-54.

[36] 刘遥,荣元帅,杨敏.碳酸盐岩缝洞型油藏缝洞单元储量精细分类评价[J].石油实验地质,2018,40(3):431-438.

[37] 田亮,李佳玲,袁飞宇,等.塔河油田碳酸盐岩缝洞型油藏定量化注水技术研究[J].石油地质与工程,2018,32(2):86-89,124-125.

[38] 刘中春,汪勇,侯吉瑞,等.缝洞型油藏泡沫辅助气驱提高采收率技术可行性[J].中国石油大学学报(自然科学版),2018,42(1):113-118.

[39] 吕爱民,王立伟,龙涛,等.基于 Buckley-Leverett 理论的典型缝洞油藏一维驱替开发指标计算方法[J].西安石油大学学报(自然科学版),2018,33(1):61-67,74.

[40] 郑松青,崔书岳,牟雷.缝洞型油藏物质平衡方程及驱动能量分析[J].特种油气藏,2018,25(1):64-67.

[41] 周于皓,刘慧卿,祁鹏,等.基于循环神经网络的缝洞型油藏油井产量预测[J].计算物理,2018,35(6):668-674.

[42] 鲁新便,荣元帅,李小波,等.碳酸盐岩缝洞型油藏注采井网构建及开发意义——以塔河油田为例[J].石油与天然气地质,2017,38(4):658-664.

[43] 雷刚,张东晓,杨伟,等.缝洞型油藏井钻遇大尺度部分充填溶洞数学模型[J].地球科学,2017,42(8):1413-1420.

[44] 宋世瀚,邸元,刘中春,等.离散缝洞网络油水两相流动的数值模拟[J].浙江科技学院学报,2017,29(3):172-177.

[45] 张晓,李小波,荣元帅,等.缝洞型碳酸盐岩油藏周期注水驱油机理[J].复杂油气藏,2017,10(2):38-42.

[46] 庞明越,唐海,吕栋梁.缝洞型油藏水驱曲线研究综述[J].重庆科技学院学报(自然科学版),2017,19(3):48-50,65.

[47] 赵艳艳.缝洞型油藏井间连通程度定量评价方法及其应用[J].西安石油大学学报(自然科学版),2017,32(3):68-72.

[48] 吕心瑞,韩东,李红凯.缝洞型油藏储集体分类建模方法研究[J].西南石油大学学报(自然科学版),2018,40(1):68-77.

[49] 吕心瑞,刘中春,朱桂良.基于 PDA 方法的缝洞型油藏井控储量评价[J].断块油气田,2017,24(2):233-237.

[50] 赵凤兰,屈鸣,吴頠衡,等.缝洞型碳酸盐岩油藏氮气驱效果影响因素[J].油气地质与采收率,2017,24(1):69-74.

[51] 熊陈微,林承焰,任丽华,等.缝洞型油藏剩余油分布模式及挖潜对策[J].特种油气藏,2016,23(6):97-101,146.

[52] 窦之林,张烈辉,鲁新便,等.碳酸盐岩缝洞型油藏注水开发研究[J].科技资讯,

2016,14(5):166-167.

[53] 金强,邹胜章,钟建华,等.碳酸盐岩缝洞型油藏缝洞单元形成机制及模式研究进展报告[J].科技创新导报,2016,13(4):161-162.

[54] 窦之林,张烈辉,鲁新便,等.碳酸盐岩缝洞型油藏注水开发研究[J].科技创新导报,2016,13(4):165-166.

[55] 李阳,侯加根,李永强.碳酸盐岩缝洞型储集体特征及分类分级地质建模[J].石油勘探与开发,2016,43(4):600-606.

[56] 陈利新,王连山,高春海,等.缝洞型油藏动态储量计算的一种新方法——以塔里木盆地哈拉哈塘油田为例[J].新疆石油地质,2016,37(3):356-359.

[57] 高艳霞,李小波,彭小龙,等.缝洞型油藏大尺度缝洞体等效模拟方法研究[J].长江大学学报(自科版),2016,13(14):66-69,6.

[58] 田飞.塔河油田碳酸盐岩岩溶缝洞结构和充填模式研究[D].青岛:中国石油大学(华东),2014.

[59] 吕爱民.碳酸盐岩缝洞型油藏油藏工程方法研究——以塔河油田为例[D].青岛:中国石油大学(华东),2007.

[60] 鲁新便.缝洞型碳酸盐岩油藏开发描述及评价——以塔河油田奥陶系油藏为例[D].成都:成都理工大学,2004.

[61] 康志宏.碳酸盐岩油藏动态储层评价——以塔里木盆地塔河油田为例[D].成都:成都理工大学,2003.